FiNALE
Prüfungstraining

Nordrhein-Westfalen
Mittlerer Schulabschluss 2011
Realschule,
Hauptschule Typ B und
Gesamtschule Erweiterungskurs

Arbeitsheft

Mathematik

Bernhard Humpert
Dr. Alexander Jordan
Dr. Martina Lenze
Dr. Bernd Liebau
Prof. Bernd Wurl
Prof. Dr. Alexander Wynands

westermann

FiNALE
Der Online-Test

Liebe Schülerin, lieber Schüler,

unter **www.finaleonline.de** findest du interaktive Testaufgaben, mit denen du vorab deinen Leistungsstand ermitteln kannst. Das Testergebnis verweist dann auf Seiten in diesem Arbeitsheft, mit denen du zu deinem Fehlerschwerpunkt üben kannst.
Außerdem findest du hier die Original-Prüfungsaufgaben 2010 mit ausführlichen Lösungen. Sobald die Prüfungsaufgaben zur Veröffentlichung freigegeben sind, kannst du die Materialien mit folgendem Codewort kostenlos herunterladen:

NRW2011-mams

Druck A[1] / Jahr 2010
Alle Drucke der Serie A sind im Unterricht parallel verwendbar.

Redaktion: Dr. Heike Bütow
Herstellung: Sandra Grünberg
Layout & Typographie: Heike Rieper
Umschlaggestaltung: nach einem Entwurf von Edgar Rüttger, idee design, Langlingen
Zeichnungen: Peter Langner; Illustrationen: Dietmar Griese
Satz: media service schmidt, Hildesheim
Bildquellen: Seite 9 © Elizabeth Whiting & Associates/CORBIS; Seite 21, 71 o. l., 83 A. Wynands, Königswinter; Seite 50 DB AG, Berlin; Seite 69 M. Lenze, Berlin; Seite 71/1. und 2. Max Schröder, Koblenz; Seite 71/3. Mareike Witt, Berlin; Seite 85 Pilatus-Bahnen, CH-Luzern; Seite 86 F. G. Nordmann; Seite 87 picture alliance/dpa/dpa web
Es ist leider nicht in allen Fällen gelungen, die Rechteinhaber zu erreichen. Ansprüche der Rechteinhaber werden selbstverständlich im Rahmen der üblichen Konditionen abgegolten.
Druck und Bindung: westermann druck GmbH, Braunschweig

ISBN 978-3-14-**171108**-0

FiNALE Prüfungstraining

Nordrhein-Westfalen
Mittlerer Schulabschluss 2011
Realschule,
Hauptschule Typ B und
Gesamtschule Erweiterungskurs

Lösungen

Mathematik

Bernhard Humpert
Dr. Alexander Jordan
Dr. Martina Lenze
Dr. Bernd Liebau
Prof. Bernd Wurl
Prof. Dr. Alexander Wynands

ISBN 978-3-14-171108-0

westermann

22

1 Es ist sinnvoll, die Zahlen zum besseren Vergleich dezimal zu schreiben.

a) $0{,}4 \;|\; \frac{3}{6} = 0{,}5 \;|\; 0{,}38 \;|\; \frac{1}{4} = 0{,}25 \;|\; \frac{3}{8} = 0{,}375 \;|\; 0{,}44$

$\frac{1}{4} < \frac{3}{8} < 0{,}38 < 0{,}4 < 0{,}44 < \frac{3}{6}$

b) $-1\frac{1}{2} = -1{,}5 \;|\; -\frac{7}{5} = -1{,}4 \;|\; -\frac{3}{4} = -0{,}75 \;|\; -0{,}8 \;|\; -\frac{11}{8} = -1{,}375 \;|\; -1{,}3$

Bei negativen Zahlen hat die größere Zahl den kleineren Betrag.

$-1\frac{1}{2} < -\frac{7}{5} < -\frac{11}{8} < -1{,}3 < -0{,}8 < -\frac{3}{4}$

c) $0{,}7 \;|\; -\frac{3}{4} = -0{,}75 \;|\; -1{,}34 \;|\; \frac{4}{5} = 0{,}8 \;|\; -\frac{4}{3} = -1{,}\overline{3} \;|\; \frac{17}{20} = 0{,}85$

$-1{,}34 < -\frac{4}{3} < -\frac{3}{4} < 0{,}7 < \frac{4}{5} < \frac{17}{20}$

2

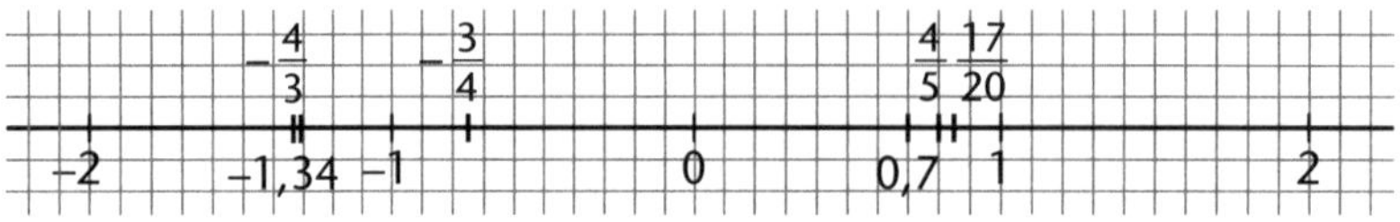

3 a) $A = a \cdot b$
$A = 11\text{ cm} \cdot 7\text{ cm}$
$A = 77\text{ cm}^2$

b) $u = 2a + 2b$
$u = 2 \cdot 11\text{ cm} + 2 \cdot 7\text{ cm}$
$u = 36\text{ cm}$

4 $a = 7\text{ cm}$; $b = 10\text{ cm}$, $(7\text{ cm} + 3\text{ cm})$
$A = 7\text{ cm} \cdot 10\text{ cm}$
$A = 70\text{ cm}^2$

$u = 2 \cdot 7\text{ cm} + 2 \cdot 10\text{ cm}$
$u = 34\text{ cm}$

5 a) $A = 32\text{ m} \cdot 24\text{ m}$
$A = 768\text{ m}^2$

b) Der Preis P berechnet sich so:
$P = 768\text{ m}^2 \cdot 75\,\frac{€}{\text{m}^2}$ $\quad P = 57\,600\text{ €}$

6 a) Es muss der Umfang des Spielplatzes berechnet und davon drei Meter abgezogen werden (3 Türen von je 1 m Breite).
$u - 3\text{ m} = 2 \cdot 45\text{ m} + 2 \cdot 26\text{ m} - 3\text{ m} = 139\text{ m}$

b) Da der 139 m lange Zaun 2 m hoch ist, beträgt die Fläche A des Zauns:
$A = 139\text{ m} \cdot 2\text{ m} \quad A = 278\text{ m}^2$

7 $A = 5\text{ m} \cdot 30\text{ m} + 13\text{ m} \cdot 35\text{ m} \quad A = 605\text{ m}^2$

$u = 5\text{ m} + 30\text{ m} + \underbrace{8\text{ m} + 35\text{ m}}_{(65\text{ m} - 30\text{ m})} + \underbrace{13\text{ m}}_{(5\text{ m} + 8\text{ m})} + 65\text{ m} \qquad u = 156\text{ m}$

24

1 a) Hauptschulabschluss: $\frac{1}{10}$ von 450 = 45 Hauptschulabschluss

Realschulabschluss: $\frac{1}{3}$ von 450 = 150 Realschulabschluss

Abiturientinnen und Abiturienten: 450 – 45 – 150 = 255 Abitur

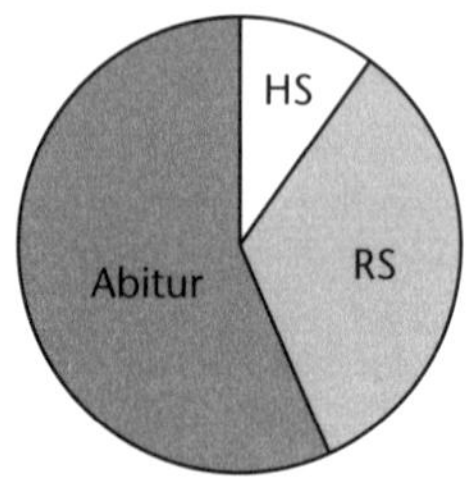

b) HS: 10 % ≙ 36°; (10 · 3,6°)

RS: $33\frac{1}{3}$ % ≙ 120°; $(33{,}\overline{3} \cdot 3{,}6°)$

A: $56\frac{2}{3}$ % ≙ 204°; $(56{,}\overline{6} \cdot 3{,}6°)$

2 Gesamtschülerzahl: 261 + 108 + 81 = 450

deutsche Nationalität: $\frac{261}{450} = 0{,}58 = 58$ % ≙ 209°

türkische Nationalität: $\frac{108}{450} = 0{,}24 = 24$ % ≙ 86°

andere Nationalität: $\frac{81}{450} = 0{,}18 = 18$ % ≙ 65°

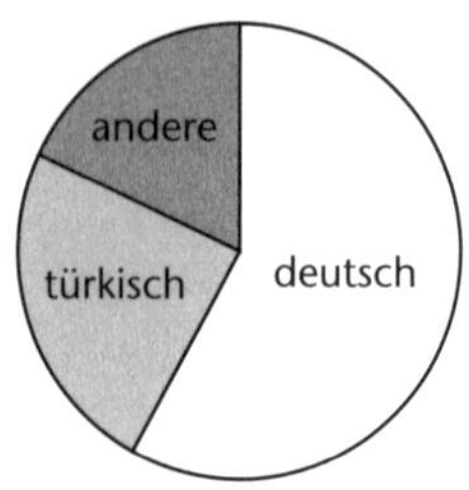

24 **3** a) Um die Winkel besser messen zu können, sollte man die Radien verlängern.

Partei A: 72° (: 3,6) ≙ 20,0 %

Partei B: 35° (: 3,6) ≙ 9,7 %

Partei C: 90° (: 3,6) ≙ 25,0 %

Partei D: 163° (: 3,6) ≙ 45,3 %

360° ≙ 100 %

b) Partei A: $\frac{95450}{100} \cdot 20{,}0 = 19090$

Partei B: $\frac{95450}{100} \cdot 9{,}7 \approx 9259$

Partei C: $\frac{95450}{100} \cdot 25{,}0 \approx 23863$

Partei D: $\frac{95450}{100} \cdot 45{,}3 \approx 43239$

Bei b) ergibt sich die Abweichung von 1 Person durch Runden.

4 Gesamtpersonenzahl: 64 + 248 + 488 = 800

unter 18 Jahre: $\frac{64}{800} = 0{,}08 = 8\ \%$

18 bis 60 Jahre: $\frac{248}{800} = 0{,}31 = 31\ \%$

über 60 Jahre: $\frac{488}{800} = 0{,}61 = 61\ \%$

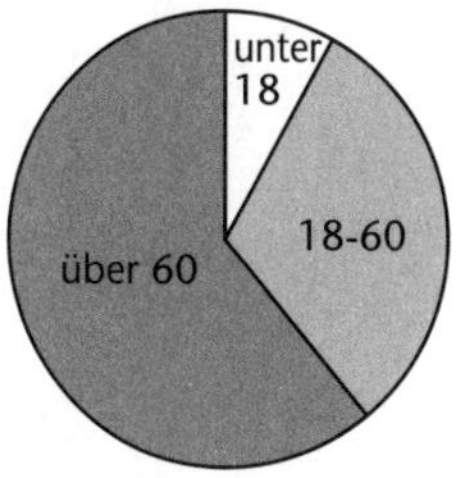

Umrechnung in Winkel für das Kreisdiagramm (· 3,6):

8 % ≙ 29° 31 % ≙ 112° 61 % ≙ 220°

26 **1** a)

x	1,5	3
y	4,5	**9**

b)

x	1	**3**
y	5	15

2 a)

x	7	0,5
y	3,5	**49**

b)

x	12	**10**
y	5	6

3 (1) Die doppelte Menge an getankten Litern kostet den doppelten Preis. Die Zuordnung ist proportional.

(2) Ist ein Apfel 50 g schwer, sind 100 Äpfel in dem 5-kg-Netz. Wiegt ein Apfel doppelt so viel (also 100 g), sind in dem Netz nur halb so viele Äpfel (nämlich 50). Die Zuordnung ist antiproportional.

(3) Es gibt junge und alte Menschen, deren Schuhgröße 42 beträgt. Es liegt keine proportionale und keine antiproportionale Zuordnung vor.

(4) Je größer ein Feld auf einem Schachbrett ist, desto größer ist das Schachbrett mit 64 Feldern. Verdoppelt sich der Flächeninhalt eines Feldes, verdoppelt sich auch der Flächeninhalt des gesamten Schachbrettes. Die Zuordnung ist proportional.

(5) Laufen zwei Staffelläufer eine 10 km-Strecke, so muss jeder Läufer 5 km laufen. Laufen vier Staffelläufer eine 10 km-Strecke, so muss jeder Läufer eine Teilstrecke von nur 2,5 km laufen. Die Zuordnung ist antiproportional.

4 Wir rechnen mit gerundeten Zahlen in gleichen Einheiten:

1,9 t sind 1 900 kg. Also:

$\frac{490\text{ kg}}{1900\text{ kg}} \approx \frac{500\text{ kg}}{2000\text{ kg}}$ $\frac{5}{20} = \frac{1}{4} = \frac{25}{100} = 25\ \%$

Anzukreuzen sind also ein Viertel und 25 %.

5 Gleichwertige Ausdrücke sind:

- ein Hundertstel = $\frac{1}{100}$ = 1 %
- 5 von 10 = $\frac{5}{10} = \frac{1}{2}$ = die Hälfte
- Das 2-fache einer Zahl a bedeutet 2 · a, also das Doppelte von a.
- Jeder Vierte bedeutet 1 Person von 4 Personen oder 25 von 100 Personen, also 25 %.

6

Dein Alter in Jahren	Alter in Tagen	Alter in Stunden	Die Hälfte davon
15	5 475	131 400	65 700
16	5 840	140 160	70 080

Hättest du die Hälfte deines bisherigen Lebens mit Schlafen verbracht, so wären dies insgesamt ungefähr 70 000 Stunden.

26

7 Überschlag: $(4{,}4 + 3{,}7) \cdot 3 \approx 8 \cdot 3 = 24$
Ergebnis: 24,3

Überschlag: $\frac{245}{50} \approx \frac{250}{50} = 5$
Ergebnis: 4,9

Überschlag: $0{,}95 \cdot 0{,}4 \approx 1 \cdot 0{,}4 = 0{,}4$
Ergebnis: 0,38

Überschlag: $89{,}9 : 29 \approx 90 : 30 = 3$
Ergebnis: 3,1

28

1 Setzt man $y = 0$ in die verschiedenen Gleichungen ein, kommt man zur Lösung. Für Produktterme gilt: Ist einer der beiden Faktoren gleich 0, so ist es auch das Produkt.
a) $x = 0$ *oder* $x = 1$ b) $x = 4$

2 a)
$8 + (x - 3)^2 = 57 \mid -8$
$(x - 3)^2 = 49 \mid \sqrt{\ }$
$x - 3 = 7$ *oder* $x - 3 = -7$
$x = 10$ *oder* $x = -4$

b)
$x^2 - 4x + 4 = 0$
$(x - 2)^2 = 0 \mid \sqrt{\ }$
$x - 2 = 0 \mid +2$
$x = 2$

3 a) Der x-Wert, der zu $y = 0$ gehört, steht in Zelle D1, und zwar: $x = 0$.
b) Das Programm berechnet den Wert in Zelle F2 mit der Formel "=8–2*(F1–2)^2"
c) Die Zellen E1 und G1 der Tabelle geben an:
$y = 6$ für $x = 1$ und für $x = 3$.
d) Hier setzt man für y den Wert 0 ein und bestimmt durch Umformen der Gleichung die gesuchten x-Werte:
$8 - 2 \cdot (x - 2)^2 = 0 \quad \mid -8$
$-2 \cdot (x - 2)^2 = -8 \quad \mid :(-2)$
$(x - 2)^2 = 4 \quad \mid \sqrt{\ }$, also
$x - 2 = -2$ oder $x - 2 = 2$
$x = 0$ oder $x = 4$
Die gesuchten Werte sind 0 und 4.

4 a) Setzt man für x den Wert -2 in die Gleichung ein, so erhält man
$y = -2 \cdot (-2 - 1)^2 + 8$
$y = -2 \cdot (-3)^2 + 8$
$y = -2 \cdot 9 + 8$
$y = -18 + 8 = -10$
Für $x = -2$ hat y also den Wert -10.

b) Hier vereinfacht man zunächst die Gleichung.
$y = -2 \cdot (x - 1)^2 + 8$
$y = -2 \cdot (x^2 - 2x + 1) + 8$
$y = -2x^2 + 4x - 2 + 8$
$y = -2x^2 + 4x + 6$
$y = -2\,(x^2 - 2x - 3)$
Dann setzt man für y den Wert 0 in die Gleichung ein und kommt durch Umformungen zu den gesuchten x-Werten.
$-2 \cdot (x^2 - 2x - 3) = 0 \mid :(-2)$
$x^2 - 2x - 3 = 0 \mid +1$ Quadratische Ergänzung
$x^2 - 2x + 1 - 3 = 1$
$(x - 1)^2 - 3 = 1 \mid +3$
$(x - 1)^2 = 4 \mid \sqrt{\ }$
$x - 1 = 2$ *oder* $x - 1 = -2$
$x = 3$ *oder* $x = -1$
Die gesuchten x-Werte lauten 3 und -1.

28

5 a) Das Koordinatensystem zeigt den Graph der linearen Funktion $y = m \cdot x + n$ durch die Punkte P, Q und R.

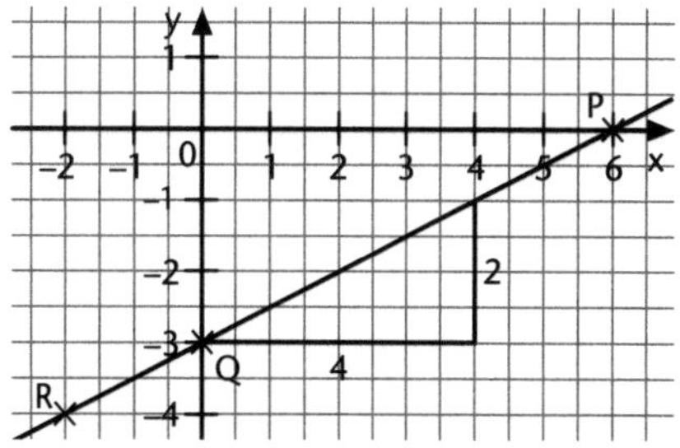

b) Zwei mögliche Lösungswege:

① Die Steigung m und den y-Achsenabschnitt n aus der grafischen Darstellung ablesen:
$n = -3$ und $m = \frac{2}{4} = 0{,}5$.
Funktionsgleichung: $y = 0{,}5x - 3$

② Mithilfe der Zwei-Punkte-Form lässt sich z. B. aus R(−2|−4) und Q(0|−3) die Steigung m berechnen:

$$\frac{y_2 - y_1}{x_2 - x_1} = \frac{-3-(-4)}{0-(-2)} = \frac{1}{2}$$

n wird ermittelt, indem man die Koordinaten eines Punktes, z. B: P (6|0), in die Funktionsgleichung $y = 0{,}5x + b$ einsetzt, also $0 = 0{,}5 \cdot 6 + b$; $n = -3$
Funktionsgleichung: $y = 0{,}5\,x - 3$

6 a) Alle Funktionsgleichungen besitzen die Form $y = a \cdot x^2$.
- Der Graph g_2 geht durch den Punkt (1|1) und gehört zur Normalparabel mit der Funktionsgleichung $y = x^2$.
- Der Graph g_4 entsteht durch Spiegelung der Normalparabel an der x-Achse. Die Parabel ist nach unten geöffnet, der Faktor a vor x^2 muss also kleiner als 0 sein. Die zugehörige Funktionsgleichung ist daher $y = -x^2$.
- Im Vergleich zur Normalparabel ist der Graph g_1 schlanker, d.h., die Öffnung ist enger ($|a| > 1$). Die Parabel ist nach oben geöffnet ($a > 0$). Der Faktor a muss also größer als 1 sein, dies trifft nur auf die Funktionsgleichung $y = 3x^2$ zu.
- Im Vergleich zur Normalparabel ist der Graph g_3 breiter, d.h., die Öffnung ist weiter ($|a| < 1$). Die Parabel ist nach oben geöffnet ($a > 0$). Der Faktor a muss also zwischen 0 und 1 liegen, dies trifft nur auf die Funktionsgleichung $y = 0{,}5x^2$ zu.

b) Bei $a < 0$ ist die Parabel nach unten geöffnet. Außerdem ist der Scheitelpunkt (0|0), und der Graph ist symmetrisch zur y-Achse.

30

1 a) Daten der Größe nach geordnet:
65,80 €; 84,30 €; 99,70 €; 107,20 €; 111,40 €
Median ist bei ungerader Anzahl der Wert in der Mitte: 99,70 €
arithmetisches Mittel:

$$\frac{65{,}80\,€ + 84{,}30\,€ + 99{,}70\,€ + 107{,}20\,€ + 111{,}40\,€}{5} = 93{,}68\,€$$

Spannweite ist die Differenz zwischen größtem und kleinstem Wert: 111,40 − 65,80 € = 45,60 €.

b) Daten der Größe nach geordnet:
4,20 m; 4,50 m; 4,60 m; 4,80 m; 5,10 m; 5,30 m
Median ist bei gerader Anzahl der Mittelwert der beiden Werte links und rechts von der Mitte:

$$\frac{4{,}60\text{ m} + 4{,}80\text{ m}}{2} = 4{,}70\text{ m}$$

arithmetisches Mittel:

$$\frac{4{,}20\text{ m} + 4{,}50\text{ m} + 4{,}60\text{ m} + 4{,}80\text{ m} + 5{,}10\text{ m} + 5{,}30\text{ m}}{6} = 4{,}75\text{ m}$$

Spannweite: 5,30 m − 4,20 m = 1,10 m

2 Zunächst ist es sinnvoll, die Gewichte der Größe nach zu ordnen:
54,5 kg; 56,8 kg; 67,5 kg; 72,2 kg; 73,8 kg; 78,2 kg; 78,5 kg; 81,4 kg; 84,3 kg; 93,4 kg; 96 kg; 98,6 kg

a) Das arithmetische Mittel (Summe aller 12 Gewichte, geteilt durch 12) ist $77{,}9\bar{3}$ kg.
Der Durchschnitt von 80 kg wird also unterschritten.

b) Spannweite: 98,6 kg − 54,5 kg = 44,1 kg

c) Bei 12 Werten ist der Median der Mittelwert zwischen dem 6. und dem 7. Wert. Median = $\frac{78{,}2\text{ kg} + 78{,}5\text{ kg}}{2} = 78{,}35$ kg
Der Unterschied zwischen Median und arithmetischem Mittel beträgt
$78{,}35\text{ kg} - 77{,}9\bar{3}\text{ kg} = 0{,}41\bar{6}\text{ kg} \approx 0{,}42\text{ kg}$

30

3 Die bekannten 5 Sprünge werden der Größe nach geordnet und addiert:
3,95 m; 4,10 m; 4,20 m; 4,45 m; 4,65 m (Summe: 21,35 m)
Da das arithmetische Mittel aller 7 Sprünge 4,20 m beträgt, ist Sabine insgesamt 4,20 m · 7, also 29,40 m weit gesprungen. Im 6. und 7. Versuch hat sie zusammen eine Weite von 8,05 m erreicht (29,40 m – 21,35 m; Gesamtweite 7 Sprünge – Gesamtweite 5 Sprünge).

a) Da Sabines 6. Sprung zugleich ihre schlechteste Weite war, muss er weniger als 3,95 m weit gewesen sein. Die Spannweite zwischen bestem und schlechtestem Sprung beträgt 90 cm. Sabine ist im 6. Sprung deshalb wohl 4,65 m – 0,90 m, also 3,75 m weit gesprungen.

b) Im 7. Versuch ist Sabine dann 8,05 m – 3,75 m, also 4,30 m weit gesprungen. Dieses Resultat bestätigt auch die Lösung von a), denn der 7. Versuch kann kein „Rekordergebnis" mehr gehabt haben.

c) Alle 7 Weitsprungdaten der Größe nach geordnet:
3,75 m; 3,95 m; 4,10 m; 4,20 m; 4,30 m; 4,45 m; 4,65 m
Der Median ist 4,20 m.

32

1 a)
$$\begin{aligned} &\text{I. } 20x + 5y = 1 \quad | \cdot 2 \\ &\text{II. } 13x - 10y = 3{,}3 \end{aligned}$$
$$\begin{aligned} &\text{I. } 40x + 10y = 2 \\ &\text{II. } 13x - 10y = 3{,}3 \quad (+) \end{aligned}$$
$$\begin{aligned} 53x &= 5{,}3 \quad | :53 \\ x &= 0{,}1 \\ \rightarrow \text{I. } 20 \cdot 0{,}1 + 5y &= 1 \\ 2 + 5y &= 1 \quad | -2 \\ 5y &= -1 \quad | :5 \\ y &= -0{,}2 \end{aligned}$$
Lösung: $x = 0{,}1$ und $y = -0{,}2$.

b)
$$\begin{aligned} &\text{I. } 3x + 2y = 16 \quad | \cdot 2 \\ &\text{II. } 2x + 3y = 19 \quad | \cdot 3 \end{aligned}$$
$$\begin{aligned} &\text{I. } 6x + 4y = 32 \\ &\text{II. } 6x + 9y = 57 \quad (-) \end{aligned}$$
$$\begin{aligned} -5y &= -25 \quad | :(-5) \\ y &= 5 \\ \rightarrow \text{I. } 3x + 2 \cdot 5 &= 16 \\ 3x + 10 &= 16 \quad | -10 \\ 3x &= 6 \quad | :3 \\ x &= 2 \end{aligned}$$
Lösung: $x = 2$ und $y = 5$

c)
$$\begin{aligned} &\text{I. } 3x + 4y = 1 \quad | \cdot 2 \\ &\text{II. } 6x + 8y = 0 \end{aligned}$$
$$\begin{aligned} &\text{I. } 6x + 8y = 2 \\ &\text{II. } 6x + 8y = 0 \quad (-) \end{aligned}$$
$$0 = 2$$
Das ist aber für alle Wertepaare x und y falsch. Deshalb gibt es keine Lösungen.

d)
$$\begin{aligned} &\text{I. } 3x + 2y = 8 \quad | \cdot 3 \\ &\text{II. } 9x + 6y = 24 \end{aligned}$$
$$\begin{aligned} &\text{I. } 9x + 6y = 24 \\ &\text{II. } 9x + 6y = 24 \end{aligned}$$
Die beiden Gleichungen sind gleich. Es gibt unendlich viele Lösungen, die man mit jeder der beiden Gleichungen bestimmen kann.

2 x: Anzahl der kleinen Scheine (5 €-Scheine); y: Anzahl der größeren Scheine (10 €-Scheine)
$$\begin{aligned} &\text{I. } 5x + 10y = 50 \\ &\text{II. } x = 3y \end{aligned}$$
$$\begin{aligned} \rightarrow \text{I. } 5 \cdot 3y + 10y &= 50 \\ 25y &= 50 \quad | :25 \\ y &= 2 \end{aligned}$$
$$\begin{aligned} \rightarrow \text{II. } x &= 3 \cdot 2 \\ x &= 6 \end{aligned}$$
Es sind zwei 10 €-Scheine und sechs 5 €-Scheine.

3 Lösung mit Gleichungen:
x = Preis der Flasche (in €); y = Preis des Korkens (in €)
$$\begin{aligned} &\text{I. } x + y = 1{,}1 \\ &\text{II. } x = y + 1 \end{aligned}$$
$$\begin{aligned} \rightarrow \text{I. } (y + 1) + y &= 1{,}1 \\ 2y + 1 &= 1{,}1 \quad | -1 \\ 2y &= 0{,}1 \quad | :2 \\ y &= 0{,}05 \end{aligned}$$
$$\rightarrow \text{II. } x = 0{,}05 + 1 = 1{,}05$$
Die Flasche kostet 1,05 € und der Korken 0,05 € (5 Cent).

4

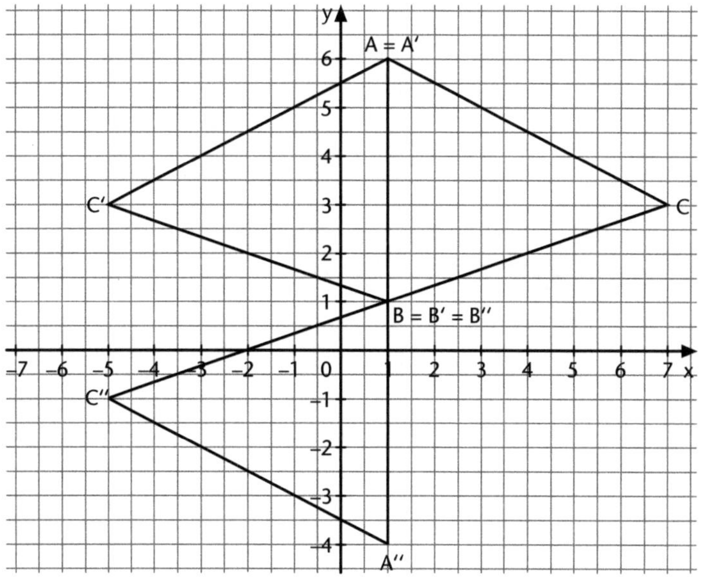

a) geeignet ist c = $\overline{AB}$ als Grundseite und h_c als zugehörige Höhe.
c = 5 cm, h_c = 6 cm

$A = \frac{5\text{ cm} \cdot 6\text{ cm}}{2} = 15\text{ cm}^2$

b) C' (–5|3)

c) AC'BC ist ein Drachenviereck mit dem Flächeninhalt A = 30 cm²; (15 cm² · 2).

5

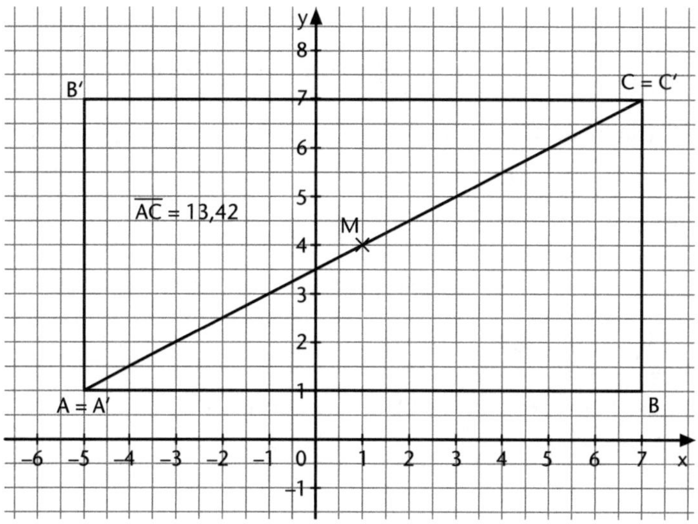

a) $\overline{AB}$ = 12 cm; $\overline{BC}$ = 6 cm
Die Strecke b = $\overline{AC}$ wird mit dem Satz des Pythagoras berechnet.
$b^2 = 12^2 + 6^2$
$b^2 = 180$ $b \approx 13{,}42$ cm
u = 12 cm + 6 cm + 13,42 cm   u = 31,42 cm

b) M (1|4): x_m = 1 ist der Mittelwert von –5 und 7
y_m = 4 ist der Mittelwert von 1 und 7

c) Zusammen bilden die Dreiecke ein Rechteck mit A = 72 cm²; (12 cm · 6 cm).

32

6

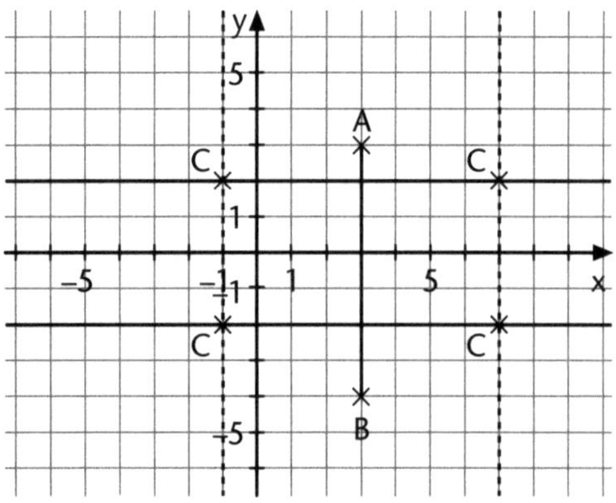

Der Punkt C liegt auf einer der beiden waagerechten Geraden (2 cm Abstand von der x-Achse). Außerdem gilt $g = \overline{AB} = 7$ cm, also muss h = 4 cm gelten, damit der Flächeninhalt 14 cm² groß ist. Das bedeutet: C liegt auch auf einer der gestrichelten Geraden, muss also einer der eingekreisten Punkte sein;
C (–1|–2) *oder* C (–1|2);
C (7|2) *oder* C (7|–2)

34

1 Ein 20-€-Schein ist ca. 13 cm lang und 7 cm breit.
$A \approx 13\text{ cm} \cdot 7\text{ cm}$, $A \approx 91\text{ cm}^2$ (= 0,91 dm^2 bzw. 9100 mm^2)
Von den Auswahllösungen passt nur 9570 mm^2.

2 Es geht sozusagen um die „Oberfläche" eines Eisbären, die am besten in der Einheit „m^2" beschrieben wird.
48 000 cm^2 = 4,8 m^2, 480 000 mm^2 = 0,48 m^2, 4800 dm^2 = 48 m^2
Sicherlich sind 0,48 m^2 zu klein und 48 m^2 zu groß. Richtig sind also 48 000 cm^2.

3 Hier muss man kalkulieren: Die Schülerin ist 6 Zeitstunden pro Tag, 5 Tage in der Woche, 40 Wochen im Jahr und 10 Jahre in der Schule.
6 h · 5 · 40 · 10 = 12 000 h; 12 000 h = 12 000 · 60 · 60 s = 43 Mio. s
Von den Auswahllösungen kommen nur 36 000 000 s in Frage.

4 Um die Mengen besser vergleichen zu können, rechnet man alle Angaben in die Einheit „m^3" um:
30 hl = 3 m^3, 300 000 ml = 0,3 m^3, 30 000 *l* = 30 m^3
Sicherlich sind 0,3 m^3 für den Innenraum eines Pkw zu wenig, 30 m^3 sind zu viel, also trifft die Angabe 30 hl zu.

5 $V = 2\text{ m} \cdot 4{,}5\text{ m} \cdot 5\text{ m}$ $V = 45\text{ m}^3$

6 $V = 4\text{ m} \cdot 2{,}5\text{ m} \cdot 1{,}8\text{ m}$ $V = 18\text{ m}^3$ Es mussten 18 m^3 Erde ausgehoben werden.

7 Da 1 *l* = 1 dm^3 gilt, rechnet man am besten in der Einheit dm.
$V = 8\text{ dm} \cdot 4{,}5\text{ dm} \cdot 5{,}5\text{ dm}$ (6 dm – 0,5 dm)
$V = 198\text{ dm}^3 = 198\ l$ Es befinden sich 198 *l* Wasser im Aquarium.

8 Das Schwimmbecken ist 8 · 1,50 m, also 12 m breit.
Für die Höhe h (hier ist h die Wassertiefe) gilt die Formel: $25\text{ m} \cdot 12\text{ m} \cdot h = 750\text{ m}^3$
$300\text{ m}^2 \cdot h = 750\text{ m}^3 \quad | : 300\text{ m}^2$
$h = \frac{750\text{ m}^3}{300\text{ m}^2}$
Das Schwimmbecken ist 2,50 m tief. $h = 2{,}5\text{ m}$

9 (1) Man findet die Lösung durch Probieren:

Breite	Länge	Höhe	Volumen
1 cm	2 cm	3 cm	6 cm^3
2 cm	4 cm	6 cm	48 cm^3

(2) Man kann die Breite x nennen, dann beschreiben die Terme 2x die Länge und 3x die Höhe und es gilt die Gleichung:
$x \cdot 2x \cdot 3x = 48$
$6x^3 = 48 \quad | : 6$
$x^3 = 8$
$x = 2$

Beide Wege führen zur Lösung: Der Quader ist 2 cm breit.

36

1 (1) Preis der Kinokarte für eine Person: x;
Preis für Getränke und Popcorn: 17 €
Gleichung: $5x + 17 = 57$. Passt.
(2) Preis für 1 Flasche Wein: x; Preis für 1 Flasche Sekt: y
Gleichung: $5x + 17y = 57$. Passt nicht.
(3) Ein 5 km langer Rundkurs für Crossräder wird x-mal durchfahren. Der Kurs liegt 17 km von Tannendorf entfernt. Es sind 57 Teilnehmer am Start. Hierzu lässt sich keine sinnvolle Gleichung aufstellen.
(4) Ladung des kleinen Lkw: x; Ladung des großen Lkw: 17
Gleichung: $5x + 17 = 57$. Passt.
(5) Länge des Rechtecks: x; Breite des Rechtecks: 5
Gleichung: $5x + 17 = 57$ Passt.

2 Der Winkel AMC entspricht in der Zeichnung dem Winkel mit der Größe $6\,\beta$. Da ein gestreckter Winkel 180° groß ist, gilt: $6\,\beta + 3\,\beta = 180°$, also $\beta = 20°$. Die Größe des Winkels AMC beträgt demnach 120°.

3 Aus der Konstruktion der Figur ist abzuleiten:
(1) $\overline{AM} = \overline{CM} = \overline{BM}$ (Kreisradius)
(2) Das Dreieck BCM ist gleichschenklig ($\overline{BM} = \overline{CM}$).
(3) Das Dreieck ABC ist rechtwinklig (Thaleskreis), also ist $\gamma = 90°$ groß.
(4) Da die Winkelsumme im Dreieck 180° beträgt und der Winkel CMB zusammen mit dem 60°-Winkel ebenfalls 180° (gestreckter Winkel) ergibt, müssen die Basiswinkel im Dreieck BCM zusammen ebenfalls 60° ergeben. Ein Basiswinkel ist damit 30° groß, also $\beta = 30°$.
(5) Mithilfe der Winkelsumme im Dreieck lässt sich auch der dritte Winkel berechnen:
$\alpha = 180° - 90° - 30° = 60°$

4 Es sind 12 Kugeln im Behälter.

$\frac{1}{6}$ von 12 = 2; $\frac{1}{3}$ von 12 = 4; $\frac{1}{2}$ von 12 = 6

2 Kugeln müssen rot, 4 Kugeln blau und 6 Kugeln grün gefärbt werden.

5 Im Behälter befinden sich 20 Kugeln, davon sind 6 Kugeln weiß, 12 Kugeln blau und 2 Kugeln schwarz.
a) p(weiße Kugel) $= \frac{6}{20} = \frac{3}{10} = 30\,\%$
b) 18 Kugeln sind weiß oder blau.

p(keine schwarze Kugel) $= \frac{18}{20} = \frac{9}{10} = 90\,\%$

38

1 a) Der Mantel ist ein Rechteck, siehe nebenstehende Abbildung.
$M = 2\pi \cdot r \cdot h$
$M = 2\pi \cdot 4\text{ cm} \cdot 15\text{ cm}$
$M \approx 377\text{ cm}^2$

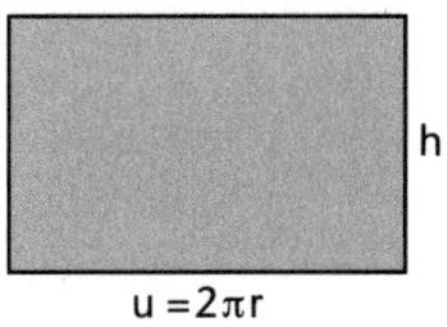

b) $O = 2G + M$ $O = 2\,\pi r^2 + M$
$O \approx 2\pi \cdot (4\text{ cm})^2 + 376{,}99\text{ cm}^2$ $O \approx 477{,}5\text{ cm}^2$
c) Wegen 1 l = 1 dm³ wird bei der Volumenberechnung mit der Einheit „dm" gearbeitet.
$r = 0{,}4$ dm; $h = 1{,}5$ dm
$V = \pi r^2 h$ $V = \pi \cdot (0{,}4\text{ dm})^2 \cdot 1{,}5\text{ dm}$ $V \approx 0{,}754\text{ dm}^3$ also $V \approx 0{,}754\ l$

2 a) 998 ml = 998 cm³
Bei der Volumenberechnung wird deshalb mit der Einheit „cm" gearbeitet.
$r = 5{,}15\text{ cm} \approx (10{,}3\text{ cm} : 2)$; $h = 12$ cm
$V = \pi r^2 h$ $V = \pi \cdot (5{,}15\text{ cm})^2 \cdot 12\text{ cm}$ $V \approx 999\text{ cm}^3$
Die Inhaltsangabe trifft zu.

38

b) Da der Papierbedarf in „m²" angegeben werden soll, wird mit der Einheit „m" gerechnet.
Die Banderole entspricht dem Mantel der zylinderförmigen Dose.

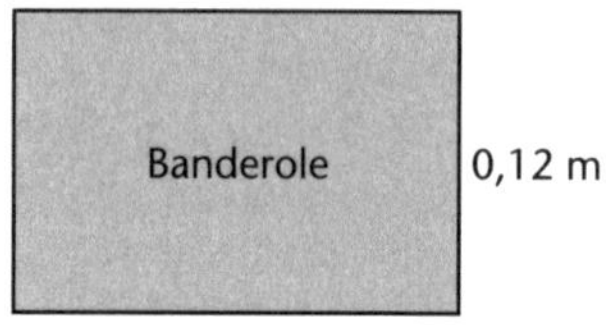

$M = 2\pi \cdot r \cdot h$
$M = \pi \cdot 0{,}103\ m \cdot 0{,}12\ m$
$50000 \cdot M = 50000 \cdot \pi \cdot 0{,}103\ m \cdot 0{,}12\ m$
$M \approx 1\,941{,}5\ m^2$
Es werden ungefähr 1 942 m² Papier benötigt.

3 a) Der Umfang der kreisförmigen Grundfläche beträgt 1,5 dm = 15 cm.
$u = 2\pi r \mid : 2\pi$
$r = \frac{u}{2\pi}$
$r = \frac{15\ cm}{2\pi}$
$r \approx 2{,}39\ cm \qquad d \approx 4{,}78\ cm$

b) $V = \pi r^2 h \quad V = \pi \cdot (2{,}39\ cm)^2 \cdot 8\ cm \quad V \approx 143{,}56\ cm^3$

4 a) $0{,}4 \cdot 650\ € = 260\ €$ b) $0{,}23 \cdot 40\ m = 9{,}20\ m$

5 a) $\frac{374}{800} = 0{,}4675 = 46{,}75\,\%$ b) $\frac{35\ €}{1400\ €} = 0{,}025 = 2{,}5\,\%$

6 $0{,}45 \cdot x = 288\ m \mid : 0{,}45$
$x = \frac{288\ m}{0{,}45}$
$x = 640\ m$ Von 640 m sind 45 % 288 m.

7 a) $Z = 0{,}03 \cdot 3200\ € = 96\ €$ b) $Z = 0{,}025 \cdot 560\ € = 14\ €$

8 $16\ ha = 160\,000\ m^2$
$W = 13\,\%$ von $160\,000\ m^2$
$W = 0{,}13 \cdot 160\,000\ m^2$
$W = 20\,800\ m^2$ Das Fußballstadion nimmt 20 800 m² ein.

9 $\frac{43}{827} \approx 0{,}0519 \approx 0{,}052$ also 5,2 %
5,2 % der kontrollierten Fahrzeuge waren mit Mängeln versehen.

40

1 Die Graphen zeigen den zurückgelegten Weg des Steins in Abhängigkeit von der Zeit. Grundsätzlich muss der Punkt (0|0) auf dem passenden Graphen liegen, denn in 0 Sekunden fällt der Stein 0 Meter. Damit scheiden die Graphen (A) und (C) aus.
Graph (B): Je mehr Zeit vergeht, desto schneller wächst der vom Stein zurückgelegte Weg.
Graph (D): Je mehr Zeit vergeht, desto kürzer ist der Weg, den der Stein in einer Zeiteinheit zurückgelegt. Der Stein fällt allmählich immer langsamer. Dies widerspricht jeglicher Alltagserfahrung.
Die richtige Antwort lautet also (B).

2 Die Graphen zeigen die Geschwindigkeit in Abhängigkeit von dem zurückgelegten Weg. Je tiefer ein Punkt des Graphen liegt, desto langsamer rollt die Murmel. Bevor man die Murmel loslässt, beträgt ihre Geschwindigkeit $0\ \frac{cm}{s}$. Damit scheidet Graph (2) aus. Auf dem steil abfallenden Teilstück der Murmelbahn nimmt die Geschwindigkeit nach und nach immer rascher zu und verringert sich dann allmählich auf dem nach oben gebogenen Bahnteil. Auf dem anschließend wieder nach unten abfallenden Teilstück am Ende der Murmelbahn steigt die Geschwindigkeit leicht an. Bei Graph (3) nimmt die Geschwindigkeit anfangs linear zu.
Richtig ist also Graph (1).

3 a) Je steiler der Graph verläuft, desto höher ist die Geschwindigkeit des Fahrzeugs. Da der Lastwagen vom Motorrad überholt wird, gehört der Graph mit der größten Steigung (1) zur Fahrt von Peter. Dieser Graph geht durch die Punkte (0|0) und (10|15). Der Graph (2) gehört zum Lkw.

40

b) Die gesuchte Entfernung zwischen dem Motorrad und dem Lastwagen lässt sich auf der y-Achse ablesen. Sie beträgt 10 km.

c) Die Geschwindigkeit des Lastwagens lässt sich aus der Steigung m des zugehörigen Graphen ablesen, der durch die Punkte P (0|10) und Q (10|15) geht.
Aus dem Koordinatensystem ist abzulesen:
In 10 min legt der Lkw 5 km zurück. Dann legt er in 6 · 10 min (1 h) die 6-fache Strecke, also 6 · 5 km = 30 km zurück. Die Geschwindigkeit des Lastwagens beträgt damit 30 $\frac{km}{h}$.

d) (1) $y = 1{,}5x$ (2) $y = 0{,}5x + 10$

42

1 Wahrscheinlichkeit für die Zahl Vier: $\frac{2}{6} = \frac{1}{3}$ (6 mögliche, 2 günstige Ergebnisse)

2 Wahrscheinlichkeit für eine gerade Zahl: $\frac{3}{6} = \frac{1}{2}$ (6 mögliche, 3 günstige Ergebnisse)

3 Wahrscheinlichkeit für keine Sechs: $\frac{5}{6}$ (6 mögliche, 5 günstige Ergebnisse)

4 Die Wahrscheinlichkeit p (Primzahl) wird bei der großen Zahl von Versuchen nahe der relativen Häufigkeit rH(P) liegen.

$rH(P) = \frac{548}{800} = 0{,}685 = 68{,}5\ \%$

Würfel (1): $p(P) = \frac{4}{6} = \frac{2}{3} \approx 67\ \%$ Würfel (2): $p(P) = \frac{2}{6} = \frac{1}{3} \approx 33\ \%$

Würfel (3): $p(P) = \frac{2}{6} \approx 33\ \%$

Es wurde wohl mit Würfel (1) gewürfelt.

5 $rH(\text{unter } 3) = \frac{252}{1\,500} = 0{,}168 \approx 17\ \%$

Würfel (1): $p(\text{unter } 3) = \frac{2}{6} \approx 33\ \%$ Würfel (2): $p(\text{unter } 3) = \frac{1}{6} = 0{,}1\bar{6} \approx 17\ \%$

Würfel (3): $p(\text{unter } 3) = \frac{1}{6} \approx 17\ \%$

Es könnte mit Würfel (2) oder mit Würfel (3) gewürfelt worden sein.

6 $rH(E) = \frac{197}{600} \approx 33\ \%$

$p(6) = \frac{1}{6}$, $p(1) = \frac{1}{6}$ $p(\text{größer als } 3) = \frac{5}{6}$

$p(2) = 0$, $p(5) = \frac{1}{3}$ ← $p(\text{weder 4 noch 5}) = \frac{1}{3}$ ←

$p(4) = \frac{1}{3}$ ← $p(\text{größer als } 2) = \frac{5}{6}$ $p(\text{Primzahl}) = \frac{1}{3}$ ←

Die mit einem Pfeil markierten Ergebnisse können es gewesen sein.

7 Die Wahrscheinlichkeiten für die Ergebnisse 1, 2 und 3 sind verschieden; in der Summe müssen sie 1 ergeben. Die hohe Anzahl von Versuchen bedeutet, dass die ermittelten relativen Häufigkeiten nahe bei den Wahrscheinlichkeiten liegen.

Gruppe 1: $rH(2) = \frac{198}{800} = 0{,}2475$ Gruppe 4: $rH(1) = \frac{188}{500} = 0{,}376$

Gruppe 2: $rH(1) = \frac{339}{900} \approx 0{,}3767$ Gruppe 5: $rH(2) = \frac{253}{1\,000} = 0{,}253$

Gruppe 3: $rH(3) = \frac{346}{700} \approx 0{,}4943$ Gruppe 6: $rH(3) = \frac{453}{1\,200} = 0{,}3775$

a) Offenbar hat eine der beiden Gruppen falsch gezählt, die als Zielzahl „3" hatten, denn die beiden relativen Häufigkeiten 0,4943 (Gruppe 3) und 0,3775 (Gruppe 6) liegen zu weit auseinander.
Um zu ermitteln, welche Gruppe falsch gezählt hat, addieren wir die gerundeten Wahrscheinlichkeiten für die Ergebnisse 1 und 2.

$\left.\begin{array}{l} p(1) \approx 0{,}38 \\ p(2) \approx 0{,}25 \end{array}\right\} p(1 \text{ oder } 3) \approx 0{,}63$

Dann gilt wegen $p(1) + p(2) + p(3) = 1$ für $p(3)$: $\underline{p(3)} = 1 - 0{,}63 = \underline{0{,}37}$

Also hat die Gruppe 3 falsch gezählt; ihre relative Häufigkeit von 0,4943 ist anders nicht zu erklären.

b) $p(1) \approx 0{,}38$ (Felder a x c) $p(3) \approx 0{,}37$ (Felder b x c)
Demnach ist davon auszugehen, dass a und b etwa gleich lang sind.

44

1 a) Da die Schnittkante der Länge x parallel zur Seite $\overline{AB}$ verläuft, treten zwei ähnliche Dreiecke auf und es gilt: x : 60 cm = 110 cm : 150 cm

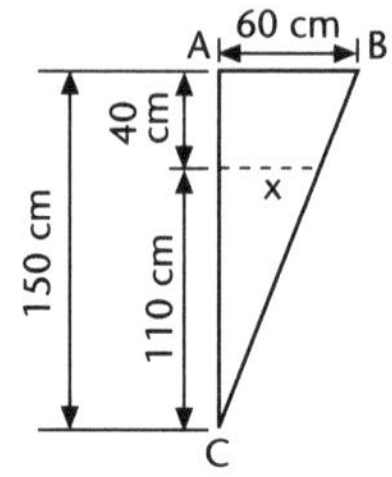

$\frac{x}{60\text{ cm}} = \frac{110\text{ cm}}{150\text{ cm}}$ $\quad x = \frac{110\text{ cm} \cdot 60\text{ cm}}{150\text{ cm}}$ $\quad x = 44\text{ cm}$

b) Dreieck: $A_D = \frac{1{,}1\text{ m} \cdot 0{,}44\text{ m}}{2}$ $\quad A_D = 0{,}242\text{ m}^2$

$A_{\text{abgeschnittenes Stück}} = A_{\triangle ABC} - A_D$

$= \frac{1{,}5\text{ m} \cdot 0{,}6\text{ m}}{2} - 0{,}242\text{ m}^2$

$= 0{,}208\text{ m}^2$

2 Die beiden dick gezeichneten Linien sind parallel, also treten ähnliche Dreiecke auf und es gilt:
x : 8 m = 33 m : 5 m

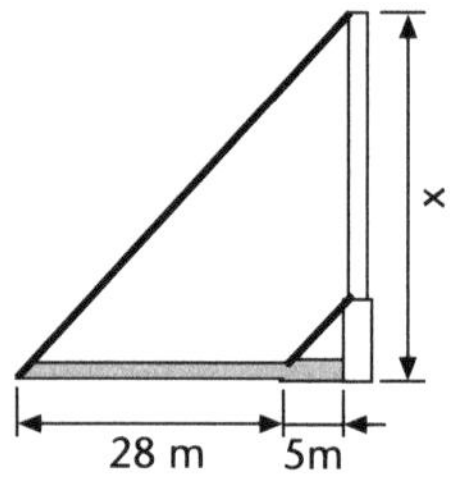

$x = \frac{8\text{ m} \cdot 33\text{ m}}{5\text{ m}}$

$x = 52{,}8\text{ m}$

Der Schornstein ist 52,80 m hoch.

3 Die Sachsituation entspricht weitgehend der Aufgabe 2. Nennt man die Größe von Sebastian x, so gilt x : 1,45 m = 1,50 m : 1,20 m

$x = \frac{1{,}50\text{ m} \cdot 1{,}45\text{ m}}{1{,}20\text{ m}} = 1{,}8125\text{ m}$

Sebastian ist ungefähr 1,80 m groß.

4 Der Graph von (1) schneidet die y-Achse an der Stelle –5 und steigt
(1 zur Seite, 2 nach oben) : y = 2x – 5; zugehöriger Graph B
Der Graph von (2) schneidet die y-Achse an der Stelle 3 und fällt
(1 zur Seite, 1 nach unten) : y = –x + 3; zugehöriger Graph C
Der Graph von (3) schneidet die y-Achse an der Stelle 2,5 und steigt
(1 zur Seite, 1,5 nach oben): y = 1,5x + 2,5; zugehöriger Graph D
Der Graph von (4) schneidet die y-Achse an der Stelle 0 (Nullpunkt) und fällt
(1 zur Seite, $\frac{1}{5}$ nach unten): $y = -\frac{1}{5}x + 0$; zugehöriger Graph A

5 a) Der Graph ist eine Gerade, die parallel zur x-Achse durch die Stelle –2 der y-Achse verläuft.
b) Der Graph ist eine Gerade, die durch den Nullpunkt verläuft und fällt; und zwar bei einer Einheit zur Seite um 2 Einheiten nach unten (m = –2).

6

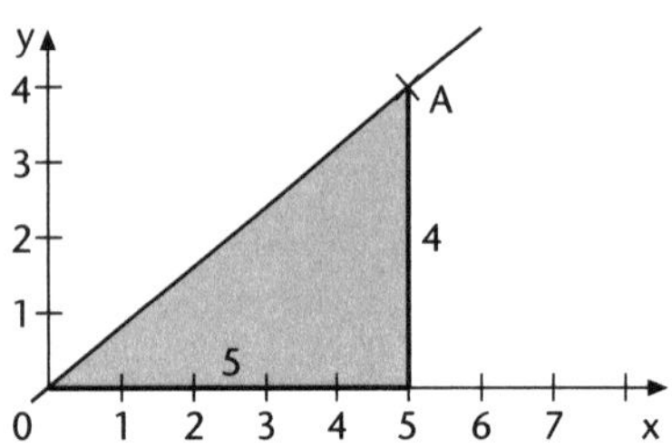

Am grauen Steigungsdreieck kann die Steigung m ermittelt werden:
$m = \frac{4}{5}$
$m = 0{,}8$

46

1 80 % = 0,8
x ist die Anzahl der Runden, die Silke geschafft hat.
80 % von x = x · 0,8 = 12

$x \cdot 0{,}8 = 12 \quad |:0{,}8$

$x = \frac{12}{0{,}8}$

$x = 15$

Silke hat 15 Runden geschafft.

46

2 $\frac{1293{,}50}{1990} = 0{,}65 = 65\,\%$ (Formel $p\,\% = \frac{W}{G}$)

Man zahlt bei Buchung bis Ende März nur 65 % des Normalpreises, spart also 35 % gegenüber dem Normalpreis (100 % – 65 % = 35 %).

3 Der Preis des Autos im Vorjahr wird x genannt. Es gilt dann: 100 % – 8 % = 92 %, 92 % = 0,92

$x \cdot 0{,}92 = 22\,264$

$x = \frac{22\,264}{0{,}92}$

$x = 24\,200$

Im Vorjahr kostete das Auto 24 200 €.

4 840 HMT (Hausmülltonnen) · 1,15 = 966 HMT (+ 15 %)

18 kg · 1,05 = 18,9 kg (+ 5 %)

Das Jahr 2010 hat 52 Wochen.

966 · 18,9 kg · 52 = 949 384,8 kg = 949,3848 t

Die Stadtreinigungswerke mussten knapp 950 t Abfall aus Hausmülltonnen abtransportieren.

5 Anzahl der Schülerinnen und Schüler zum Beginn von 2008/2009 : x

Anzahl der Schülerinnen und Schüler zum Beginn von 2009/2010 : x · 1,5

Anzahl der Schülerinnen und Schüler zum Beginn von 2010/2011 : (x · 1,5) · 1,4

Es gilt also die Gleichung $(x \cdot 1{,}5) \cdot 1{,}4 = 189$

$x \cdot 2{,}1 = 189$

$x = \frac{189}{2{,}1}$

$x = 90$

Die Regionalschule nahm den Betrieb mit 90 Schülerinnen und Schülern auf.

47

1 $u_1 = 2a + 2b$

$\cdot 2$ $u_2 = 2 \cdot (2a) + 2 \cdot (2b)$

$u_2 = 2\,(2a + 2b)$

Der Umfang verdoppelt sich.

2 $A_1 = \pi\, r^2 \xrightarrow{\cdot 16}$

$A_2 = \pi \cdot (4r)^2 \rightarrow A_2 = \pi \cdot 16r^2 \rightarrow A_2 = 16 \cdot (\pi r^2)$

Der Flächeninhalt versechzehnfacht sich.

3 $V_1 = a^3 \xrightarrow{\cdot \frac{1}{8}}$

$V_2 = (\frac{1}{2}a)^3 \rightarrow V_2 = \left(\frac{1}{2}\right)^3 \cdot a^3 \rightarrow V_2 = \frac{1}{8}a^3$

Das Volumen verringert sich auf ein Achtel.

4 Nennt man den Radius der kleinen Kugeln r, so hat die große Kugel den Radius 2r.

$4 \cdot V_1$ ist das gesamte Volumen aller kleinen Kugeln, V_2 das Volumen der großen Kugel.

$4V_1 = 4 \cdot \frac{4}{3}\pi \cdot r^3$ $\qquad V_2 = \frac{4}{3}\pi (2r)^3$

$4V_1 = \frac{16}{3}\pi r^3$ $\qquad V_2 = \frac{4}{3}\pi \cdot 8r^3$

$\cdot 2$ / $:2$ $\qquad V_2 = \frac{32}{3}\pi r^3$

Die vier kleinen Kugeln haben zusammen das halbe Volumen der großen Kugel, wiegen also zusammen 3,5 kg.

5 a) $O_1 = 2\,ab + 2\,ac + 2\,bc$ $\qquad O_2 = 2 \cdot (2a)(2b) + 2\,(2a)(2c) + 2\,(2b)(2c)$

$O_2 = 8ab + 8ac + 8bc$

$\cdot 4$ / $:4$ $\qquad O_2 = 4\,(2ab + 2ac + 2bc)$

Die Oberfläche vervierfacht sich.

b) $V_1 = a \cdot b \cdot c$ $\qquad V_2 = (2a) \cdot (2b) \cdot (2c)$

$\cdot 8$ / $:8$ $\qquad V_2 = 8\,(a \cdot b \cdot c)$

Das Volumen verachtfacht sich.

47 **6** Generell gilt: Werden die Kantenlängen im Körper um den Faktor k vergrößert oder verkleinert, vergrößert oder verkleinert sich die Oberfläche um den Faktor k^2 und das Volumen um den Faktor k^3.

Im Bild wird deutlich, dass die gesamte Pyramide aus der Pyramidenspitze entsteht, wenn man die Kanten um den Faktor 4 vergrößert (Ähnlichkeit).

a) Die gesamte Pyramide hat das 4^3-fache, also das 64-fache Volumen der Spitze. Deshalb wiegt die abgeschnittene Spitze 31,25 g (2000 g : 64).

b) Die gesamte Pyramide hat die 4^2-fache, also die 16-fache Oberfläche der Spitze. Deshalb ist der Wert $\frac{1}{16}$ anzukreuzen.

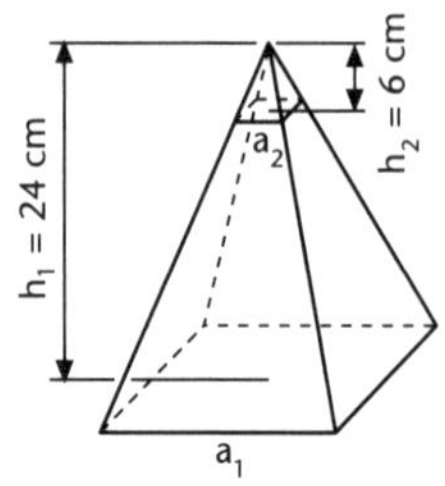

48 **1** a) Aus dem Graphen, der Inas Fahrt beschreibt, ist abzulesen, dass

- Ina nach einer Viertelstunde erst 4 km zurückgelegt hat (NEIN).
- Ina nach 30 Minuten (um 19.30 Uhr) eine Rast einlegt (JA).
- Inas durchschnittliche Geschwindigkeit zu Beginn ihrer Fahrt 4 km in 15 Minuten, also 16 km in 60 Minuten bzw. $16\,\frac{\text{km}}{\text{h}}$ beträgt (NEIN).

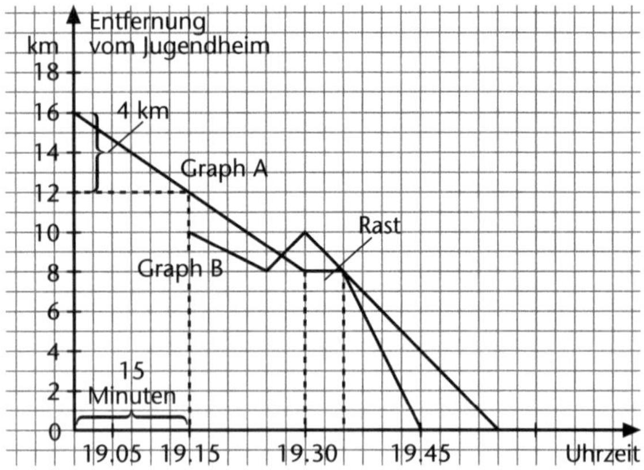

b) Eine mögliche Beschreibung wäre: Paul steigt um 19.15 Uhr auf sein Fahrrad und macht sich auf den Weg zum Jugendheim. Nach 2 km Fahrt (oder nach 10 Minuten) stellt er fest, dass er seinen Haustürschlüssel zu Hause vergessen hat. Er kehrt um und radelt schnell (mit der doppelten Geschwindigkeit als zuvor) zurück. Schon von weitem sieht er seinen Vater mit dem Schlüsselbund vor dem Haus auf ihn warten. Nur ein kurzes Dankeschön und schon radelt Paul wieder los. Ohne Pause und mit gleichbleibender Geschwindigkeit legt er nun die 10 km lange Fahrt zurück. Kurz vor Beginn der Party (um 19.55 Uhr) trifft Paul am Jugendheim ein.

c) Paul startet um 19.15 Uhr. Wäre er zeitgleich mit Ina um 19.45 Uhr angekommen, hätte er den 10 km langen Weg von Zuhause bis zum Jugendheim in 30 Minuten zurücklegen müssen. Dies gelingt mit einer konstanten (gleichbleibenden) Geschwindigkeit von 10 km in 30 Minuten bzw. 20 km in 60 Minuten. Die Antwort lautet also: Paul hätte die gesamte Strecke mit einer konstanten Geschwindigkeit von $20\,\frac{\text{km}}{\text{h}}$ fahren müssen, um zeitgleich mit Ina anzukommen.

2 Eine mögliche Lösung ist im Koordinatensystem dargestellt. Je langsamer die Wandergeschwindigkeit ist, desto geringer ist die Steigung des entsprechenden Graphenabschnitts.

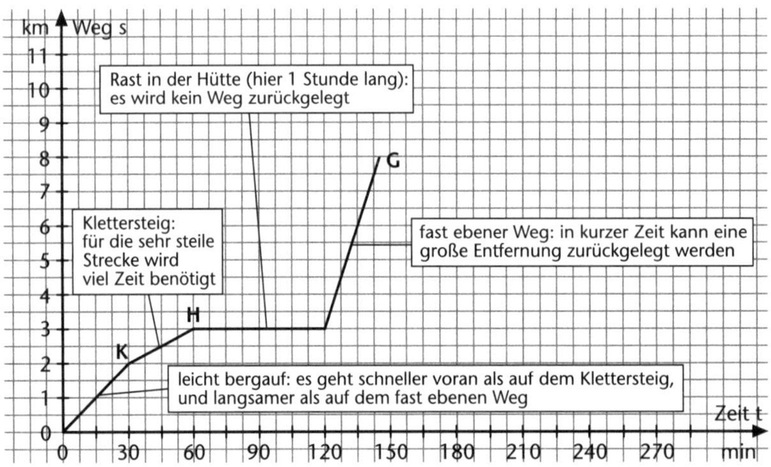

49 **1** a) Die Aktie ist von G = 33,90 € um W = 3,70 € gesunken.

$p\,\% = \frac{3{,}70\,€}{33{,}90\,€}$ $\quad p\,\% = 0{,}10914\,\ldots;$ $\quad p\,\% \approx 10{,}9\,\%$

49 b) $\frac{33{,}60\ € + 32{,}10\ € + 34{,}10\ € + 34{,}60\ € + 33{,}90\ € + 30{,}20\ €}{6} = 33{,}08\bar{3}\ €$

Den Durchschnitt des letzten Jahres hat die Aktie nicht erreicht.

c) Der Eindruck entsteht dadurch, dass die €-Achse nicht bei 0 €, sondern bei 30 € beginnt.

d)

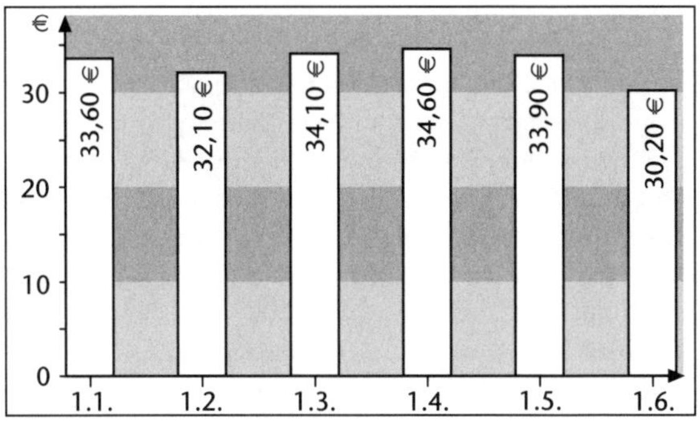

2 a) Schule 1:

Mädchen im Sportverein

$p\,\% = \frac{74}{745} \approx 9{,}9\,\% \rightarrow 36°$

Jungen im Sportverein

$p\,\% = \frac{91}{745} \approx 12{,}2\,\% \rightarrow 44°$

Schule 2:

Mädchen im Sportverein

$p\,\% = \frac{69}{571} \approx 12{,}1\,\% \rightarrow 43{,}5°$

Jungen im Sportverein

$p\,\% = \frac{84}{571} \approx 14{,}7\,\% \rightarrow 53°$

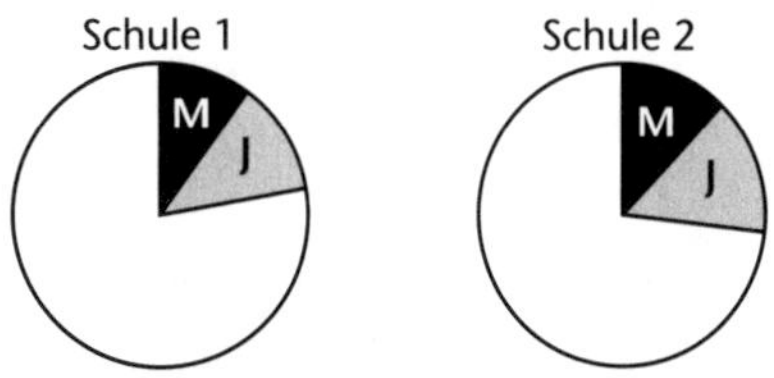

M: Mädchen im Sportverein

J: Jungen im Sportverein

b) Die Statistik erlaubt diese Aussage nicht; in der anderen Schule ist der Anteil der Schülerinnen und Schüler in einem Sportverein höher.

c) Um diese Aussage überprüfen zu können, müsste man für beide Schulen wissen, wie sich die Gesamtschülerschaft aus Mädchen und Jungen zusammensetzt.

50 **1** Der Zeitraum von 5.15 Uhr bis 21.38 Uhr umfasst 16 h und 23 min.

2 Rechnet man von 16.07 Uhr eine Stunde zurück, erhält man die Uhrzeit 15.07 Uhr. Die Zugfahrt dauerte aber noch weitere 24 Minuten. Also: 15 h 7 min – 24 min = 14 h 67 min – 24 min = 14 h 43 min. Jürgen begann seine Bahnfahrt um 14.43 Uhr.

3

	Uhrzeit	C. Sandschepers Zeiten
START	7.00 Uhr	
3,8 km Schwimmen	7:58 Uhr	58 min
180 km Rad fahren	13:02 Uhr	5 h 4 min
Marathon		3 h 13 min 14 s
ZIEL	16:15:14 Uhr	

4 Martina muss eine Stunde vor Abflug, also um 14.10 Uhr am Flughafen sein. Für die Autofahrt zum Flughafen veranschlagt sie 45 Minuten. Dann muss sie also um 13.25 Uhr aufbrechen, um pünktlich am Check-in-Schalter zu sein.

50 **5** a) Um die Geschwindigkeit des Zuges berechnen zu können, benötigt man die Angabe von Zeit und zurückgelegter Strecke für ein und denselben Zugteil. Dies ist in der Aufgabenstellung nicht der Fall: Wir wissen lediglich, dass der Triebwagen um 12.56 Uhr in den Tunnel einfährt und dass der letzte Wagen den Tunnel zwei Minuten später, also um 12.58 Uhr, verlässt. Da aber der Zug mit konstanter Geschwindigkeit fährt, dürfen wir folgende Lösungsidee nutzen: Wäre der Tunnel 500 m länger, würde die Lok um 12.58 Uhr den (längeren) Tunnel verlassen. Dann hätte die Lok eine Strecke von 6 km in 2 Minuten zurückgelegt. Das entspricht einer Geschwindigkeit von 180 $\frac{km}{h}$. Da der Zug mit gleichbleibender Geschwindigkeit fährt, und zwar unabhängig von der Länge des Tunnels, lautet die Antwort: Der Zug fährt mit einer Geschwindigkeit von 180 $\frac{km}{h}$ durch den Tunnel.

b) Jeder Wagen des Zuges legt 5,5 km Tunnelstrecke zurück. Jeder Wagen bewegt sich mit einer Geschwindigkeit von 180 $\frac{km}{h}$, das entspricht einer Strecke von 3 km in der Minute oder auch 500 m in 10 Sekunden.
Der Zug fährt um 12.56 Uhr in den Tunnel ein. Wenn der Zug 250 m zurückgelegt hat, erreicht Tims Wagen (Mitte des 500 m langen Zuges) den Tunnel. Da die Lok 500 m in 10 Sekunden zurücklegt, fährt Tims Wagen also 5 Sekunden nach 12.56 Uhr in den Tunnel ein.
Tims Wagen legt 500 m in 10 Sekunden zurück, den 5,5 km langen Tunnel durchfährt er also in 10 Sekunden.
Seit 12:56:05 Uhr sind also 10 Sekunden vergangen, als Tim auf die Uhr sieht. Zu diesem Zeitpunkt zeigt seine Uhr also 12:57:55 Uhr.

51 **1** Das Plastikband besteht aus zwei Halbkreisen, die zusammen einen Kreis bilden, und zwei Strecken der angegebenen Längen.

$l = 6r + 6r + 2\pi r$

$l = 6 \cdot 5\text{ cm} + 6 \cdot 5\text{ cm} + 2\pi \cdot 5\text{ cm}$

$l \approx 91{,}4\text{ cm}$

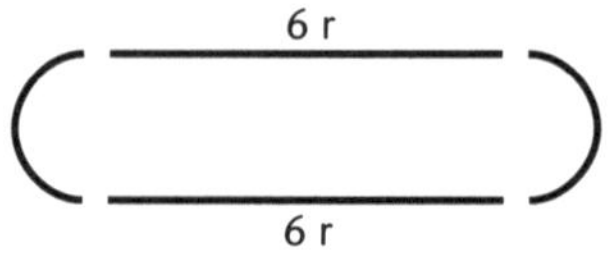

2 Das Plastikband besteht aus drei Drittelkreisen, die zusammen einen Kreis bilden, und drei Strecken der angegebenen Längen.

$l = 4r + 4r + 4r + 2\pi r = 12r + 2\pi r$

$l = 12 \cdot 6\text{ cm} + 2\pi \cdot 6\text{ cm}$

$l \approx 109{,}7\text{ cm}$

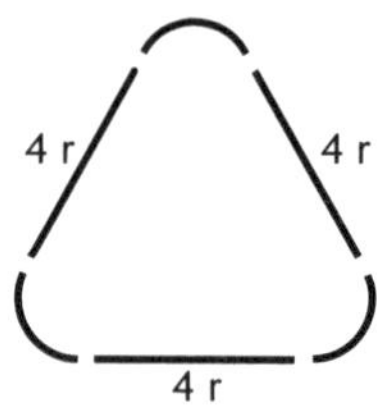

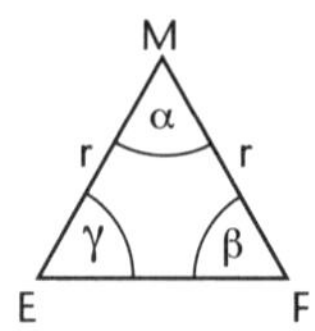

3 a) $\alpha = 60°$, nämlich der 6.Teil vom Vollwinkel 360°;
β und γ sind gleich groß, weil das Dreieck gleichschenklig ist;
Wegen der Winkelsumme von 180° gilt: $\beta = \gamma = 60°$.
Das Dreieck FME ist also gleichseitig.

b) Die einzelnen Teilstrecken sind jeweils 8 cm lang, wie aus den Überlegungen zu Teilaufgabe a) folgt.
$u_6 = 6 \cdot 8\text{ cm} = 48\text{ cm}$

c) $u_K = 2 \cdot \pi \cdot 8\text{ cm} = 50{,}2655\ldots\text{ cm}$
$u_6 = 48\text{ cm}$
Der Grundwert G = 48 cm ist um W = 2,2655 cm gewachsen.

$p\,\% \approx \frac{2{,}2655}{48} \approx 4{,}7\,\%$

Der Umfang des Kreises ist um etwas mehr als 4,7 % größer als der Umfang des regelmäßigen Sechsecks.

d) Nach dem Satz des Pythagoras gilt:

$h^2 + (4\text{ cm})^2 = (8\text{ cm})^2$

$h^2 + 16\text{ cm}^2 = 64\text{ cm}^2 \quad |-16\text{ cm}^2$

$h^2 = 48\text{ cm}^2$

$h \approx 6{,}93\text{ cm}$

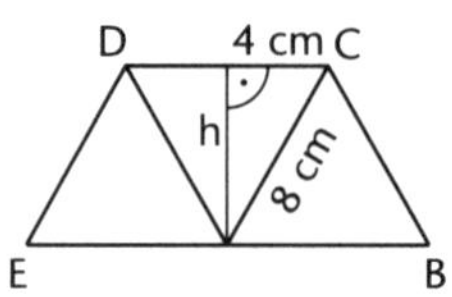

$A = \frac{a + c}{2} \cdot h \qquad A \approx \frac{16\text{ cm} + 8\text{ cm}}{2} \cdot 6{,}93\text{ cm}$

$A \approx 83{,}16\text{ cm}^2$

51

e) ohne Trapezformel: Das Trapez besteht aus drei Dreiecken mit der Grundseite 8 cm und der Höhe 6,93 cm.

$A = 3 \cdot \frac{8\text{ cm} \cdot 6{,}93\text{ cm}}{2}$

$A = 83{,}16\text{ cm}^2$

Der Flächeninhalt vervierfacht sich ($k = 2$, $k^2 = 4$). Der Umfang verdoppelt sich ($k = 2$).

4 Es gilt $A = 0{,}25\text{ m}^2$

$a^2 = 0{,}25\text{ m}^2$

$a = 0{,}5\text{ m}$

Der Kreis hat einen Durchmesser von 0,5 m und deshalb einen Radius von 0,25 m.

a) $A_K = \pi \cdot (0{,}25\text{ m})^2$ $u_K = 2\pi \cdot 0{,}25\text{ m}$

$A_K \approx 0{,}196\text{ m}^2$ $u_K \approx 1{,}57\text{ m}$

b) Von $0{,}25\text{ m}^2$ Platte werden $0{,}25\text{ m}^2 - 0{,}196\text{ m}^2 = 0{,}054\text{ m}^2$ als Abfall abgesägt.

$p\,\% = \frac{0{,}054\text{ m}^2}{0{,}25\text{ m}^2} = 21{,}6\,\%$ Abfall

52

1 a) Das Volumen des Quaders berechnet sich aus $40\text{ cm} \cdot 15\text{ cm} \cdot 30\text{ cm} = 18\,000\text{ cm}^3$.

b) Pro Minute fließen 150 cm^3 in den Behälter ein, für $18\,000\text{ cm}^3$ werden dann $18\,000\text{ cm}^3 : \frac{150\text{ cm}^3}{\text{min}} = 120$ Minuten, also 2 h benötigt.

c) Da der Behälter gleichmäßig gefüllt wird, ist die zugehörige Funktion linear und der Funktionsgraph eine Gerade. Um den Graph zeichnen zu können, braucht man nur 2 Punkte.
- Der Graph verläuft durch den Punkt P(0|0), da der Behälter zu Beginn keine Flüssigkeit enthält, die Füllhöhe also 0 cm beträgt.
- Nach 120 Minuten ist der Behälter voll, d. h. die Füllhöhe nach 120 Minuten entspricht der Höhe des Behälters, nämlich 30 cm. Damit kennen wir einen zweiten Punkt des Graphen: Q(120|30).

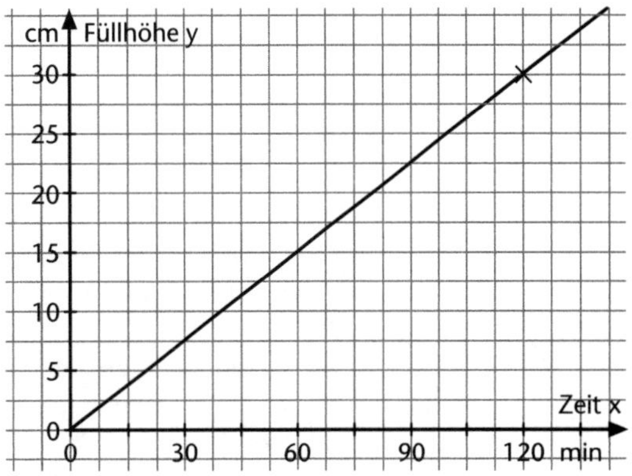

d) Die zugehörige Funktionsgleichung hat die Form $y = m \cdot x + n$. Ein möglicher Lösungsweg ist es, die Werte für m und n aus dem Graphen abzulesen:

$n = 0$ und $m = \frac{30}{120} = \frac{1}{4}$.

Die gesuchte Funktionsgleichung lautet also: $y = 0{,}25x$.

2 a) $V = V_1 + V_2$

$V = 40\text{ cm} \cdot 15\text{ cm} \cdot 10\text{ cm} + 20\text{ cm} \cdot 15\text{ cm} \cdot 20\text{ cm}$

$V = 6\,000\text{ cm}^3 + 6\,000\text{ cm}^3$

$V = 12\,000\text{ cm}^3$

Da 150 cm^3 in der Minute in den Behälter fließen, dauert der Füllvorgang $12\,000\text{ cm}^3 : 150\,\frac{\text{cm}^3}{\text{min}} = 80$ Minuten.

b) Bei diesem zusammengesetzten Körper ist auch der zugehörige Graph aus Teilgraphen zusammengesetzt, die jeweils den Füllvorgang eines Teilkörpers beschreiben. Der Teilkörper 1 ist in $6\,000\text{ cm}^3 : 150\,\frac{\text{cm}^3}{\text{min}} = 40$ Minuten gefüllt. Die Füllhöhe beträgt zu diesem Zeitpunkt 10 cm. Die Punkte (0|0) und (40|10) bestimmen diesen Teil des Graphen. Der Teilkörper 2 ist ebenfalls in 40 Minuten gefüllt. Die Füllhöhe beträgt anfangs 10 cm, bei vollständig gefülltem Körper 30 cm. Die Punkte (40|10) und (80|30) bestimmen diesen Teil des Graphen.

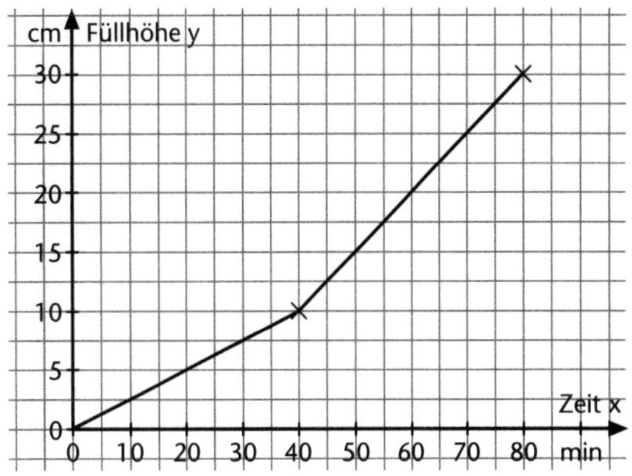

52

3 a)

Gefäß	Graph	Mögliche Begründung
A	④	Der untere Teil des Körpers hat ein geringeres Volumen als der obere. Bei gleichmäßiger Befüllung muss der Graph also einen Wechsel von einem schnelleren zu einem langsameren Füllvorgang zeigen. Da es sich bei beiden Teilkörpern um Quader handelt, verläuft der Füllvorgang stückweise linear.
B	③	Der untere Teil des Körpers hat ein geringeres Volumen als der obere. Bei gleichmäßiger Befüllung muss der Graph also einen Wechsel von einem schnelleren zu einem langsameren Füllvorgang zeigen. Da der obere Teil die Form eines Kegelstumpfes besitzt, verläuft der Füllvorgang nur anfangs linear.
C	①	Für Quader D und Würfel C sind die Füllvorgänge linear. Da die Grundfläche des Quaders größer ist als die des Würfels, verläuft der Füllvorgang des Quaders deutlich langsamer als der des Würfels. Der Graph mit der geringeren Steigung gehört also zum Quader.
D	②	

b) Eine mögliche Lösung ist ein aus 3 Teilquadern zusammengesetztes Gefäß:

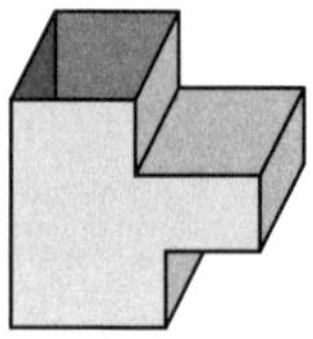

53

1 Die Meldung beinhaltet zwei Fehler.

- Der erste Fehler steckt in der Formulierung „Die letzte Saison fiel dagegen deutlich besser aus". Jedes 3. Spiel zu gewinnen, bedeutet z. B. bei 4 von 12 Spielen als Sieger vom Platz zu gehen. Jedes 6. Spiel zu gewinnen, bedeutet dagegen in diesem Beispiel nur bei 2 von 12 Spielen siegreich zu sein.
- Der zweite Fehler liegt in der Angabe „Steigerung um 50 %". Tatsächlich gewinnt die C-Mannschaft nur noch halb so viele Spiele; richtig wäre es von einer Verminderung um 50 % zu sprechen.

2 Der Fehler steckt in der Formulierung „jeder 64. Einwohner". Laut Grafik verfügen 64 von 100 Einwohnern Japans (J) im Jahr 2002 über einen Mobiltelefonvertrag. Das entspricht einem Anteil von 64 %. Anders: Fast jeder 2. Japaner (denn $100 : 64 \approx 1{,}6$) besitzt einen Mobiltelefonvertrag.

3 Betrachtet man im abgebildeten Diagramm die Säulen, die das Umfrageergebnis zur Freizeitaktivität „Computer" zeigen, erkennt man, dass die Säule zu den Klassen 9/10 dreimal so hoch ist wie die Säule zu den Klassen 5/6. Der Text gibt das Umfrageergebnis korrekt wieder.
In der Grafik der Schülerzeitung sind die verschiedenen Häufigkeiten in Form von Quadern dargestellt. Der den Umfrageergebnissen der Klassen 9 und 10 gehörende Quader besitzt nicht das 3-fache, sondern das 27-fache Volumen des Quaders, der für die Umfrageergebnisse in den Klassen 5 und 6 steht. Die Grafik stellt den Unterschied zwischen den Jahrgangsstufen stark vergrößert und damit unzutreffend dar.

54

1 a) Die Länge der Strecke $\overline{OM}$ entspricht dem Betrag der y-Koordinate des Punktes M.
Die x-Koordinate des Punktes M = 0.
Für $x = 0$ gilt $f(x) = -0{,}04 \cdot 0^2 + 38$
$f(x) = 38$
Die Länge der Strecke $\overline{OM}$ beträgt demnach 38.

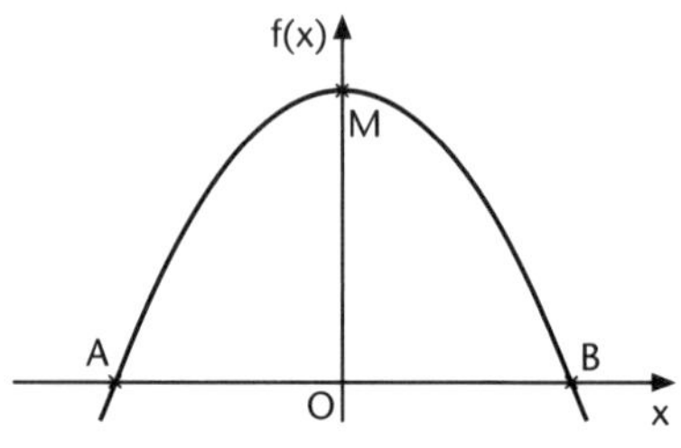

$f(x) = -0{,}04x^2 + 38$

b) Die Punkte A und B liegen symmetrisch zur f(x)-Achse.
Es genügt also, die Länge der Strecke $\overline{OB}$ zu ermitteln.
Für den Punkt B gilt $f(x) = 0$, also ist die Gleichung
$0 = -0{,}04x^2 + 38$ zu lösen.

$0{,}04x^2 = 38$

$x^2 = \frac{38}{0{,}04}$

$x^2 = 950$

$x = \sqrt{950}$ (*oder* $x = -\sqrt{950}$; entfällt bei der Sachaufgabe)

$x \approx 30{,}8$

Die Strecke $\overline{AB}$ ist rund 61,60 m lang $(30{,}8 \cdot 2)$.

54

2 Gesucht ist die Länge der Strecke $\overline{AP}$, denn A markiert das Ende des Balkens und P den hintersten Abdruck beim Landen.

Zu lösen ist die Gleichung:

$0 = -0{,}025x^2 + 0{,}115x + 0{,}15$

$0{,}025x^2 - 0{,}115x - 0{,}15 = 0 \quad |:0{,}025$

$x^2 - 4{,}6x - 6 = 0$

$x_{1/2} = +2{,}3 \pm \sqrt{(2{,}3)^2 + 6}$

$x_{1/2} = +2{,}3 \pm \sqrt{11{,}29}$

$x_{1/2} \approx 2{,}3 \pm 3{,}36$

$x_1 \approx 5{,}66$

x_2 ist negativ und entfällt als Lösung.

Karsten hat eine Weite von 5,66 m erzielt.

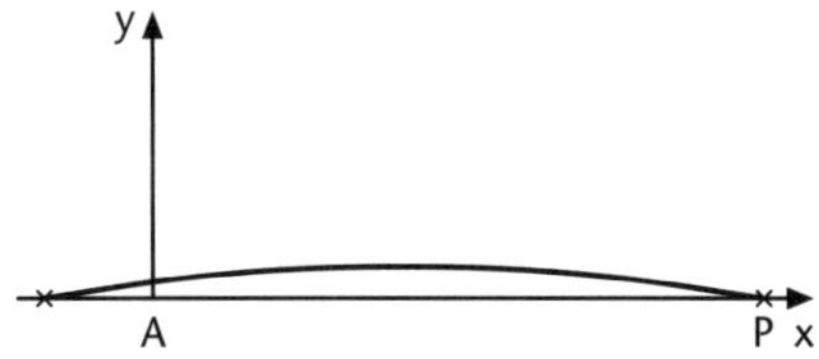

$y = -0{,}025x^2 + 0{,}115x + 0{,}15$

3 Der Mittelpunkt M des Korbringes hat die Koordinaten M(11,2|2,52). Dabei ergibt sich 11,2 m als die Differenz von 14 m und 2,80 m. Die Frage ist, ob der Punkt M annähernd auf dem Graphen von f(x) liegt: $f(11{,}2) \approx 2{,}52$?

$f(11{,}2) = -0{,}032 \cdot 11{,}2^2 + 0{,}387 \cdot 11{,}2 + 2{,}2$

$= -4{,}01408 + 4{,}3344 + 2{,}2 = 2{,}52032$

$f(11{,}2) \approx 2{,}52$

Elke trifft den Korbring fast genau in der Mitte.

4 a) Der Punkt (0 | 0) gehört zum Graphen der Funktion:

$0 = a \cdot 0^2 + b \cdot 0 + c$

$0 = c$

b) Die Parabel hat eine Funktionsgleichung der Form $y = ax^2 + bx$

Für $P_1(50 | 14)$ ergibt sich die Gleichung I. $14 = a \cdot 50^2 + b \cdot 50$

I. $14 = 2500a + 50b$

Für $P_2(100 | 0)$ ergibt sich die Gleichung II. $0 = a \cdot 100^2 + b \cdot 100$

II. $0 = 10000a + 100b$

Zu lösen ist dann das folgende Gleichungssystem:

I. $2500a + 50b = 14$

II. $10000a + 100b = 0$

I. $-5000a - 100b = -28$

II. $10000a + 100b = 0$ (+)

$5000a = -28$

$a = -0{,}0056$

Einsetzen von $a = -0{,}0056$ in II.:

$10000 \cdot (-0{,}0056) + 100b = 0$

$-56 + 100b = 0$

$100b = 56$

$b = 0{,}56$

c) Die Funktionsgleichung heißt $y = -0{,}0056x^2 + 0{,}56x$.

55

1 a) Zur Berechnung fehlt die Höhe h, die man mit dem Satz des Pythagoras ermittelt.

$h^2 + 2{,}5^2 = 11^2$

$h^2 = 11^2 - 2{,}5^2$

$h^2 = 114{,}75$

$h \approx 10{,}7$

Das Dreieck ist 10,7 cm hoch.

$A = \frac{g \cdot h}{2} \longrightarrow A = \frac{5 \cdot 10{,}7}{2}$

$A = 26{,}75$

(Bei anderer Rundung von h auch 26,78.)

Der Flächeninhalt des Dreiecks beträgt rund 26,75 cm².

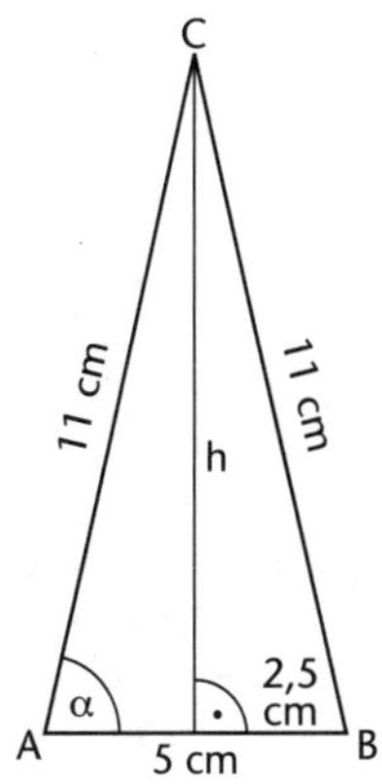

55

b) α kann man mit der Kosinusfunktion berechnen.

$\cos \alpha = \frac{2{,}5}{11}$

$\cos \alpha = 0{,}2\overline{27}$

$\alpha \approx 76{,}9°$

Da das Dreieck gleichschenklig ist, gilt auch $\beta \approx 76{,}9°$

Für γ arbeitet man mit der Winkelsumme im Dreieck:

$76{,}9° + 76{,}9° + \gamma = 180°$

$153{,}8° + \gamma = 180°$

$\gamma = 26{,}2°$

Die Innenwinkel des Dreiecks sind 76,9°, 76,9° und 26,2° groß.

2 a) Die Grundfläche berechnet man mit der Trapezformel.

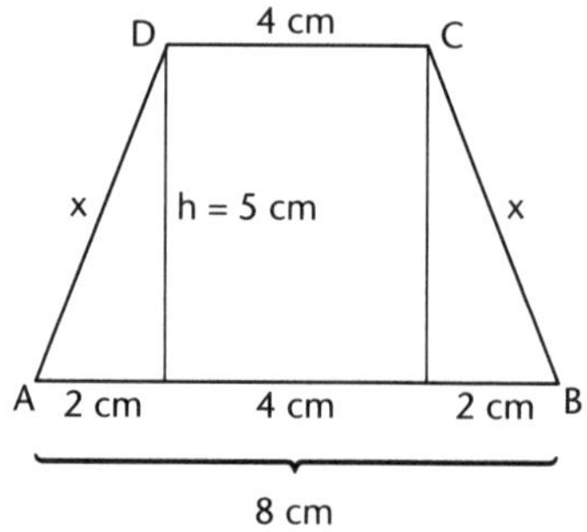

$G = \frac{(a + c) \cdot h}{2} \longrightarrow G = \frac{(4\text{ cm} + 8\text{ cm}) \cdot 5\text{ cm}}{2}$

$G = 30\text{ cm}^2$

$V = G \cdot h$ (Prisma-Formel)

$V = 30\text{ cm}^2 \cdot 14\text{ cm}$

$V = 420\text{ cm}^3$

Das Werkstück hat ein Volumen von 420 cm³.

b) $O = 2G + M$ (Formel Oberflächeninhalt eines Prismas)

Der Mantel M ist ein Rechteck, dessen Länge der Umfang der Grundfläche und dessen Breite 14 cm ist.

Für den Umfang der Grundfläche benötigt man die Länge x (siehe Zeichnung), die man mit dem Satz des Pythagoras berechnen kann.

$x^2 = 5^2 + 2^2$

$x^2 = 25 + 4$

$x^2 = 29$

$x \approx 5{,}385$

Der Umfang u der Grundfläche berechnet sich so: $u = 2 \cdot x + 8\text{ cm} + 4\text{ cm}$

$u = 10{,}77\text{ cm} + 12\text{ cm}$

$u = 22{,}77\text{ cm}$

$M = u \cdot h$

$M = 22{,}77\text{ cm} \cdot 14\text{ cm}$

$M = 318{,}78\text{ cm}^2$ Aus a) ist bekannt: $G = 30\text{ cm}^2$.

$O = 2 \cdot G + M$

$O = 2 \cdot 30\text{ cm}^2 + 318{,}78\text{ cm}^2$

$O = 378{,}78\text{ cm}^2$

Die Oberfläche des Werkstücks beträgt knapp 379 cm².

c) Bei gleichschenkligem Trapez gilt $\alpha = \beta$ und $\gamma = \delta$, außerdem $\alpha + \delta = 180°$

$\tan \alpha = \frac{5}{2}$

$\tan \alpha = 2{,}5$

$\alpha \approx 68{,}2°$

$\delta \approx 180° - 68{,}2°$

$\delta \approx 111{,}8°$

Die Innenwinkel der Trapezfläche sind 68,2°, 68,2°, 111,8° und 111,8° groß.

3 a) Der Strafraum mit Torraum ist ein Rechteck mit einer Breite von 16,5 m und einer Länge von 16,5 m + 7,32 m + 16,5 m, also 40,32 m.

$A_1 = 16{,}5\text{ m} \cdot 40{,}32\text{ m}$

$A_1 = 665{,}28\text{ m}^2$

Der Torraum ist 5,5 m breit und 18,32 m lang.

$A_2 = 5{,}5\text{ m} \cdot 18{,}32\text{ m}$

$A_2 = 100{,}76\text{ m}^2$

$A_1 - A_2 = 665{,}28\text{ m}^2 - 100{,}76\text{ m}^2$

$= 564{,}52\text{ m}^2$

Der Strafraum außerhalb des Torraums ist ungefähr 564,5 m² groß.

55

b) Zunächst wird die Entfernung y vom 11m-Punkt bis zum Fußpunkt des Tores berechnet (siehe Zeichnung). 3,66 m ist die Hälfte von 7,32 m.

$y^2 = 11^2 + 3{,}66^2$

$y^2 = 134{,}3956 \qquad (y \approx 11{,}59)$

Für die eigentlich gesuchte Strecke x gilt die zweite Zeichnung.

2,44 m ist die Höhe des Tores.

$x^2 = y^2 + 2{,}44^2$

$x^2 = 134{,}3956 + 5{,}9536$

$x^2 = 140{,}3492$

$x \approx 11{,}85$

Der Ball legt rund 11,85 m zurück.

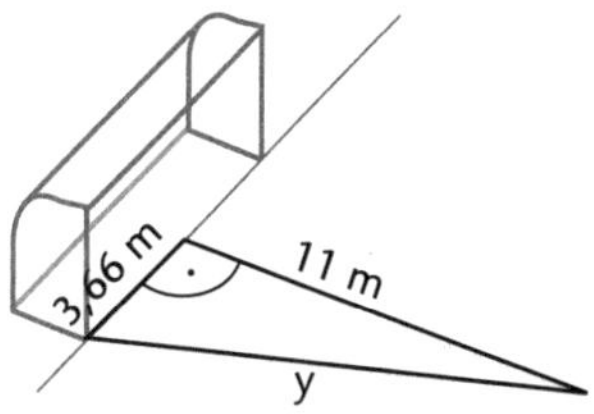

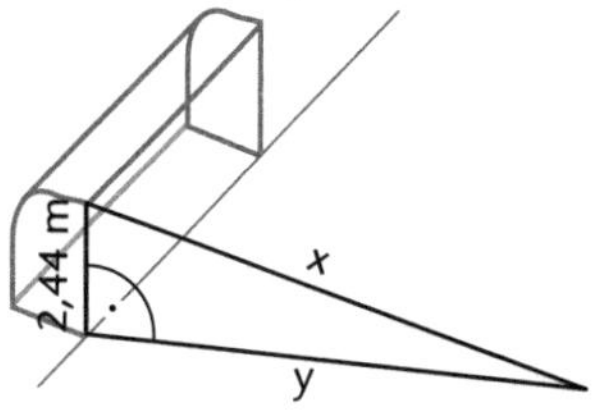

c) $\tan\alpha = \frac{2{,}44}{11{,}59}$

$\tan\alpha = 0{,}210526\ldots$

$\alpha \approx 11{,}9°$

Der Ball hebt unter einem Winkel von knapp 12° vom Boden ab.

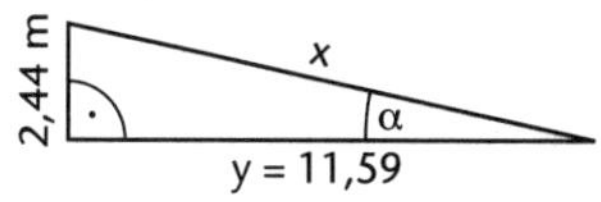

4 $A = g \cdot h$ (Parallelogramm-Formel)

$A = 8{,}5\text{ cm} \cdot 4{,}2\text{ cm}$

$A = 35{,}7\text{ cm}^2$

Der Flächeninhalt des Parallelogramms beträgt 35,7 cm².

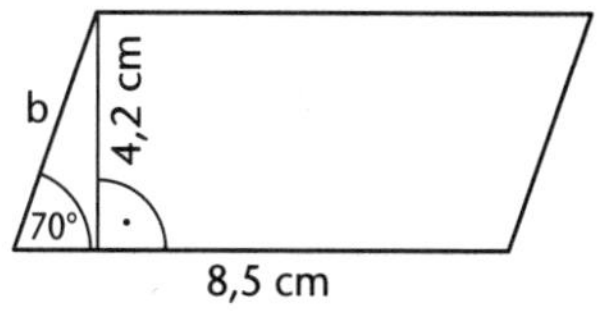

Für den Umfang benötigt man die Länge b.

$\sin 70° = \frac{4{,}2}{b}$

$b \cdot \sin 70° = 4{,}2$

$b = \frac{4{,}2}{\sin 70°}$

$b \approx 4{,}47\text{ cm} \qquad u = 2a + 2b \longrightarrow u = 2 \cdot 8{,}5\text{ cm} + 2 \cdot 4{,}47\text{ cm}$

$u = 25{,}94\text{ cm}$

Der Umfang des Parallelogramms beträgt rund 25,9 cm.

56

1 Mit dem abgebildeten Baumdiagramm ist die Aufgabe zu lösen.
Abkürzungen: A (ausländischer Herkunft), M (Mädchen); J (Jungen)

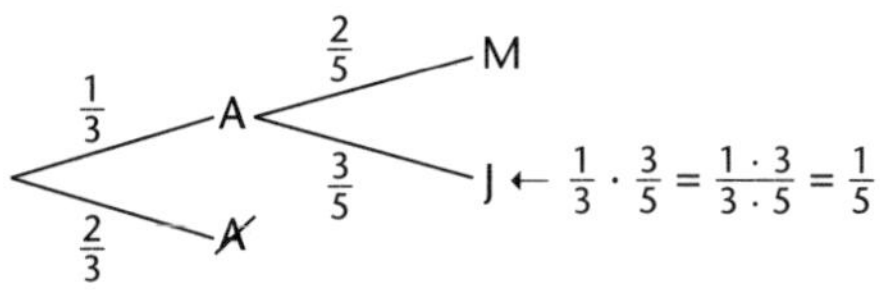

$\frac{1}{5}$ der gesamten Schülerschaft sind ausländische Jungen.

2 Für das Baumdiagramm wurden folgende Abkürzungen gewählt:
F (Mitglied Fußballabteilung), F̸ (Mitglied der Jugendabteilung, aber nicht beim Fußball), M (Mädchen), J (Jungen).

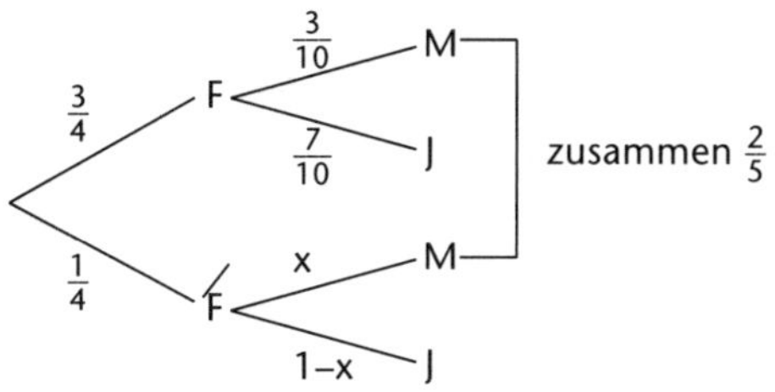

Gleichung:

$\frac{3}{4} \cdot \frac{3}{10} + \frac{1}{4} \cdot x = \frac{2}{5}$

$\frac{9}{40} + \frac{1}{4}x = \frac{2}{5} \quad | - \frac{9}{40}$

$\frac{1}{4}x = \frac{16}{40} - \frac{9}{40}$

$\frac{1}{4}x = \frac{7}{40} \quad | \cdot 4$

$x = \frac{7 \cdot 4}{40} = \frac{7}{10}$

Die Mädchen sind in den anderen Sportarten mit einem Anteil von $\frac{7}{10}$ vertreten.

56

3 Abkürzungen: S_1, S_2, S_3 (Streckenanteil am 1., 2. bzw. 3. Tag)
B_1, B_2, B_3 (Anteil Bergauffahrt am 1., 2. bzw. 3. Tag)

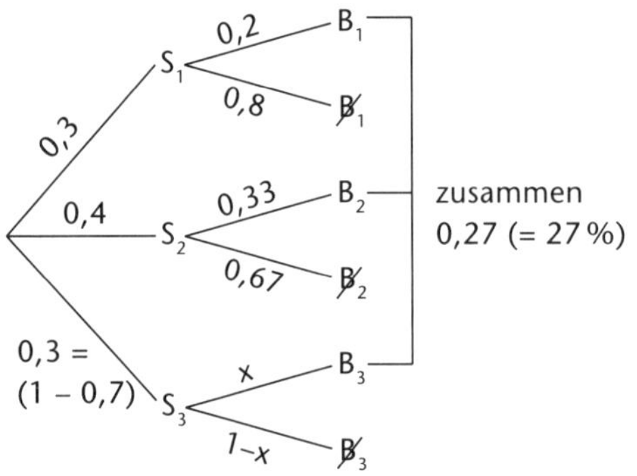

Gleichung:

$$0{,}3 \cdot 0{,}2 + 0{,}4 \cdot 0{,}33 + 0{,}3x = 0{,}27$$
$$0{,}06 + 0{,}132 + 0{,}3x = 0{,}27$$
$$0{,}192 + 0{,}3x = 0{,}27 \quad | -0{,}192$$
$$0{,}3x = 0{,}078 \quad | : 0{,}3$$
$$x = 0{,}26$$

Die letzte Etappe ging zu 26 % bergauf.

4 R (Regen), R̸ (kein Regen), S (Sturm), S̸ (kein Sturm)

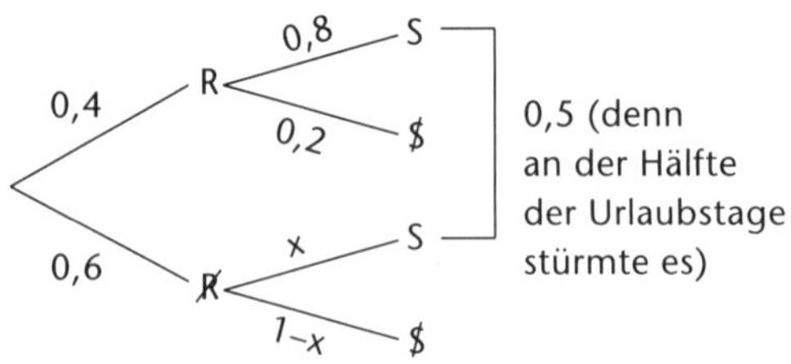

Gleichung:

$$0{,}4 \cdot 0{,}8 + 0{,}6 \cdot x = 0{,}5$$
$$0{,}32 + 0{,}6x = 0{,}5 \quad | -0{,}32$$
$$0{,}6x = 0{,}18 \quad | : 0{,}6$$
$$x = 0{,}3$$

An 30 % der Urlaubstage war es stürmisch, aber trocken.

57

1 a) Laut Grafik verunglückten in NRW 478 von je 100 000 Einwohnern. Von insgesamt 18 000 000 Einwohnern Nordrhein-Westfalens verunglückten dann 180 · 478 = 86 040 Personen.

b) In Berlin verunglückten laut Grafik 490 Personen je 100 000 Einwohner. Das entspricht bei einer Einwohnerzahl von 3,4 Millionen einer Anzahl von 34 · 490 = 16 600 Verunglückten. Dies sind deutlich weniger als in Nordrhein-Westfalen.
Peter hat unrecht, da er sich auf die absolute Zahl von Verunglückten bezieht. Auch prozentual gesehen ist der Unterschied zwischen Berlin und NRW nur gering: in NRW 0,478 % gegenüber 0,49 % in Berlin.

2 Die Reise mit Bus und Bahn dauert 4 h und 9 min. Ein Pkw benötigt laut Werbetext fast 1,5 h länger, also etwa 5 h und 30 min. Bei einer durchschnittlichen Geschwindigkeit von 100 $\frac{km}{h}$ legt der Pkw in dieser Zeit 550 km zurück. Die Entfernung Essen – Berlin beträgt ungefähr 550 km.

3 Für 215 km benötigt der Regionalexpress etwa 3 h. Die Jahresleistung von 3 400 000 km bedeutet, dass diese Strecke im Jahr etwa 3 400 000 km : 215 km = 15 814-mal befahren wird.
Ein einziger Zug würde hierfür 15 814 · 3 h = 47 442 h benötigen. Das entspricht ca. 1 977 Tagen, d. h. fast 66 Monaten bzw. $5\frac{1}{2}$ Jahren.

58

1 a) Zu berechnen sind ein Kegel mit r = 1 m und h = 3 m sowie ein Zylinder mit r = 1 m und h = 5 m.

$V_{Kegel} = \frac{1}{3}\pi \cdot (1\text{ m})^2 \cdot 3\text{ m} \approx 3{,}142\text{ m}^3$

$V_{Zylinder} = \pi \cdot (1\text{ m})^2 \cdot 5\text{ m} \approx 15{,}708\text{ m}^3$

$V_{Gesamt} \approx 18{,}85\text{ m}^3$

Jeder Kubikmeter wiegt 0,7 t, also ist die Masse m ≈ 18,85 · 0,7 t ≈ 13,195 t.
Das Modell wiegt knapp 13,2 t.

58 b) Hier geht es um die Oberfläche O, die aus dem Kegelmantel M_K, dem Zylindermantel M_Z und der Oberfläche G besteht. Zunächst muss s mit dem Satz des Pythagoras berechnet werden:

$s^2 = h^2 + r^2$
$s^2 = 9\ m^2 + 1\ m^2$
$s^2 = 10\ m^2$
$s \approx 3{,}16\ m$
$M_K = \pi \cdot r \cdot s \approx \pi \cdot 1\ m \cdot 3{,}16\ m \approx 9{,}93\ m^2$
$M_Z = 2\pi rh \approx 2\pi \cdot 1\ m \cdot 5\ m \approx 31{,}42\ m^2$
$G = \pi r^2 = \pi \cdot (1\ m)^2 \approx 3{,}14\ m^2$
$O = M_K + M_Z + G \approx 9{,}93\ m^2 + 31{,}42\ m^2 + 3{,}14\ m^2 \approx 44{,}49\ m^2$

Das sind knapp 44,5 m². Da man pro m² einen halben Liter Farbe braucht, sind 22,25 *l* Farbe erforderlich.

2 Um die Masse m des Werkstücks berechnen zu können, muss sein Volumen bekannt sein. Das Volumen V des Werkstücks berechnet sich aus dem Volumen V_Z des Holzzylinders abzüglich des Volumens V_K des herausgebohrten Kegels.

$V_Z = \pi \cdot r^2 \cdot h = \pi \cdot (15\ cm)^2 \cdot 10\ cm \approx 7\,068{,}58\ cm^3$

$V_K = \frac{1}{3}\pi \cdot r^2 \cdot h = \frac{1}{3}\pi \cdot (2\ cm)^2 \cdot 5\ cm \approx 20{,}94\ cm^3$

Das Volumen V des Werkstücks ergibt sich dann aus

$V = V_Z - V_K = 7\,068{,}58\ cm^3 - 20{,}94\ cm^3 = 7\,047{,}64\ cm^3$

Da 1 cm³ Holz 0,76 g wiegt, beträgt die Masse m des Werkstücks

$m = 7\,047{,}64\ cm^3 \cdot 0{,}76\ \frac{g}{cm^3} = 5\,356{,}2064\ g \approx 5{,}356\ kg$

Die Masse des Werkstücks beträgt ca. 5,4 kg.

3 a) Gesucht ist die Körperhöhe h_k der Pyramide.
Gegeben ist das rechtwinklige Dreieck NMO mit $\overline{MN} = 5$ cm und dem Winkel ONM = $\alpha = 67°$.
Die gesuchte Körperhöhe h_k entspricht der Länge der Dreiecksseite $\overline{OM}$.

Es gilt: $\tan 67° = \frac{h_k}{5} \quad | \cdot 5$

$5 \cdot \tan 67° = h_k$, also $h_k \approx 11{,}78$ cm

Die Höhe der abgebildeten Körpers beträgt etwa 11,78 cm.

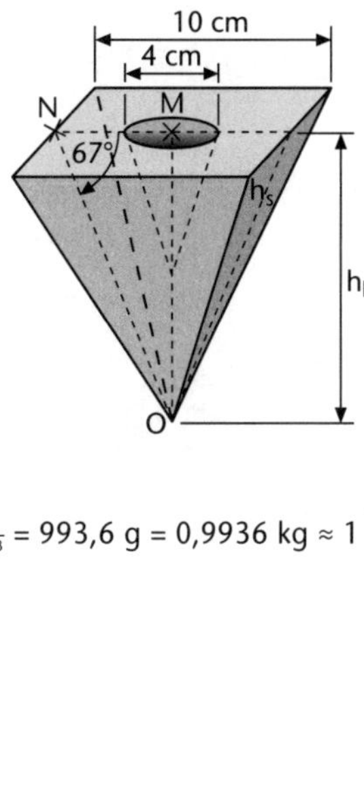

b) Das Volumen V des Werkstücks ergibt sich aus dem Volumen V_P der Pyramide abzüglich des Volumens V_K der kegelförmigen Aushöhlung. Deren Höhe beträgt die Hälfte von h_k, also 5,89 cm.

$V_P = \frac{1}{3} \cdot a^2 \cdot h_k = \frac{1}{3} \cdot (10\ cm)^2 \cdot 11{,}78\ cm \approx 392{,}67\ cm^3$

$V_K = \frac{1}{3}\pi \cdot r^2 \cdot \frac{h_k}{2} = \frac{1}{3}\pi \cdot (2\ cm)^2 \cdot 5{,}89\ cm \approx 24{,}67\ cm^3$

Das gesuchte Volumen V des Werkstücks ergibt sich dann aus:

$V = V_P - V_K \approx 392{,}67\ cm^3 - 24{,}67\ cm^3 = 368\ cm^3$

c) Die Dichte von Aluminium beträgt $2{,}7\ \frac{g}{cm^3}$. Also $m \approx 368\ cm^3 \cdot 2{,}7\ \frac{g}{cm^3} = 993{,}6\ g = 0{,}9936\ kg \approx 1\ kg$

Die Masse m des Werkstücks beträgt etwa 1 kg.

59 **1** a)

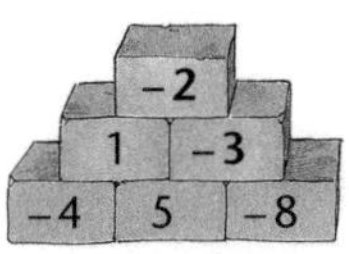

b)

c)

d)

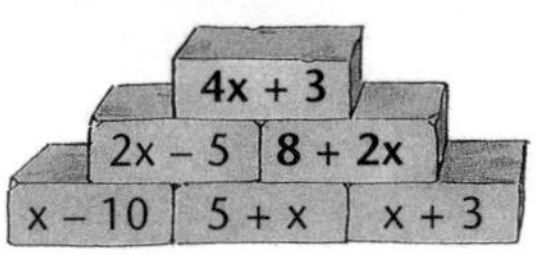

e)

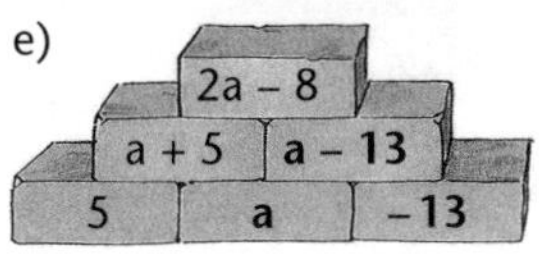

2 a) $-2x - 11$ b) $-3u + 7$

3 a) $-30y - 40$ b) $-8 - (24 + 8u) = -8 - 24 - 8u = -32 - 8u$

59

4 Addiert man zwei ungerade oder zwei gerade Zahlen, ergibt sich eine gerade Zahl.

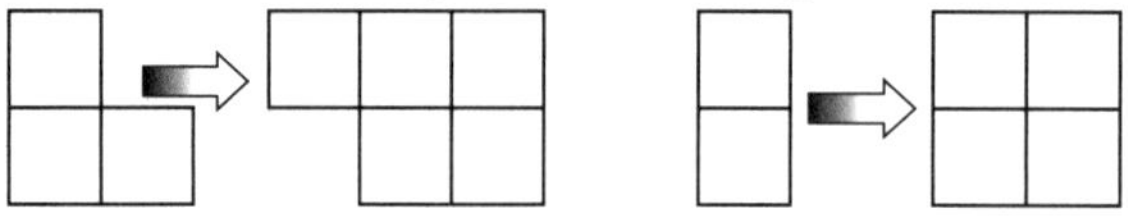

Addiert man eine ungerade und eine gerade Zahl, so ergibt sich wieder eine ungerade Zahl.

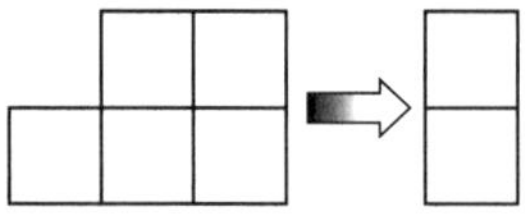

Folgende Terme stellen eine durch 2 teilbare Zahl dar:

	Term	Da n durch 2 teilbar ist, setze n = 2a	
☒	$7n$	$7 \cdot 2a$	gerade
☐	$n - 1$	$2a - 1$	ungerade
☒	$2n$	$2 \cdot 2a$	gerade
☐	$n + 7$	$2a + 7$	ungerade
☒	$n - 8$	$2a - 8 = 2(a - 4)$	gerade
☒	$(n + 1)^2 - 1$	$(2a + 1)^2 - 1 = 4a^2 + 4a + 1 - 1 = 2(2a^2 + 2a)$	gerade
☐	$2n + 1$	$2 \cdot 2a + 1$	ungerade
☒	$n + 2$	$2a + 2 = 2(a + 1)$	gerade
☐	$(n + 1)^2$	$(2a + 1)^2 = 4a^2 + 4a + 1 = 2(2a^2 + 2a) + 1$	ungerade

5 (Kurz: A8, B7; C6; D4; E 2; F5; G1; H9; I3; J10)

A	$3x - 5(y - 1)$	=	$3x - 5y + 5$	8
B	$18y - (x - 6)\,3$	=	$18y - 3x + 18$	7
C	$-4(-1{,}5x + 6)$	=	$6x - 24$	6
D	$3x - 8(x - 1)$	=	$-5x + 8$	4
E	$9 - (6 - x) \cdot 3$	=	$-9 + 3x$	2
F	$3x + 5(-y - 1)$	=	$3x - 5y - 5$	5
G	$(x - 4)(-6)$	=	$-6x + 24$	1
H	$-7x - 2(2x - 4)$	=	$11x + 8$	9
I	$3(6y - x - 6)$	=	$18y - 3x - 18$	3
J	$12 - 3(1 + x)$	=	$9 - 3x$	10

6 a)

b)

c)

d)

e)
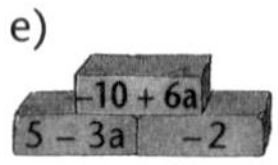

f)
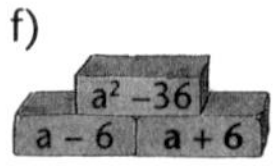

60

1 a) $K_n = 2000\,€ \cdot \left(1 + \frac{6{,}5}{100}\right)^4 \approx 2572{,}93\,€$

b) $K_0 = \frac{773{,}30\,€}{\left(1 + \frac{4{,}5}{100}\right)^1} = \frac{773{,}30\,€}{1{,}045} = 740\,€$

c) Die Laufzeit n ergibt sich aus der Gleichung

$1560\,€ \cdot 1{,}05^n = 2090{,}55\,€ \quad |: 1560\,€$

$1{,}05^n \approx 1{,}34 \quad |$ Logarithmieren

$x \cdot \log 1{,}05 = \log 1{,}34 \quad |: \log 1{,}05$

$x = \frac{\log 1{,}34}{\log 1{,}05} \approx 5{,}998 \approx 6$

Die Laufzeit beträgt 6 Jahre.

60

2 Da die Verdopplungszeit des Kapitals 14 Jahre beträgt, wird es weder 56 noch 35 Jahre dauern, bis sich das Kapital vervierfacht hat. Diese Zeiträume sind zu lang. Schauen wir uns nochmals die zugehörige Zinseszinsformel an:

$K_n = 2\,000\ € \cdot \left(1 + \frac{5}{100}\right)^n$

Eine Vervierfachung tritt dann ein, wenn der Ausdruck $q = \left(1 + \frac{5}{100}\right)^n = 1{,}05^n$ den Wert 4 annimmt.

Für n = 21 ist $q \approx 2{,}79$, für n = 28 ist $q \approx 3{,}9$.
Anzukreuzen ist also: etwa 28 Jahre.

3 a) Aus dem Diagramm ist abzulesen: 1 000 € sind etwa nach 8 Jahren erreicht.

b) Folgende Daten sind bekannt: $K_0 = 500$ €; $K_n = 1\,000$ €, n = 8 Jahre.
Gesucht ist der Zinssatz p %.
Eingesetzt in die Formel ergibt sich:

$$K_n = K_0 \cdot \left(1 + \frac{p}{100}\right)^n$$
$$1\,000\ € = 500\ € \cdot \left(1 + \frac{p}{100}\right)^8 \quad |:500\ €$$
$$2 = \left(1 + \frac{p}{100}\right)^8 \quad |\sqrt[8]{\ }$$
$$\sqrt[8]{2} = 1 + \frac{p}{100}$$
$$1{,}0905077 = 1 + \frac{p}{100} \quad |-1$$
$$\frac{p}{100} \approx 0{,}09051$$

Der Zinssatz beträgt damit 9,05 %.

c) Da die Höhe des Betrages keinen Einfluss auf die Verdopplungszeit hat, dauert es bei einem Zinssatz von 9 % ebenfalls etwa 8 Jahre, bis sich ein Kapital von 50 000 € verdoppelt hat.

61

1 Es gibt 36 mögliche Ergebnisse, wie das Baumdiagramm zeigt, das benutzt werden soll.

a) günstige Ergebnisse:

(1|2) (2|1) (3|1) (4|1) (5|1) (6|1)
(1|3) (2|3) (3|2) (4|2) (5|2) (6|2) $p = \frac{30}{36}$
(1|4) (2|4) (3|4) (4|3) (5|3) (6|3)
(1|5) (2|5) (3|5) (4|5) (5|4) (6|4) $p = \frac{5}{6}$
(1|6) (2|6) (3|6) (4|6) (5|6) (6|5)

b) günstige Ergebnisse:

(4|6)
(5|5) $p = \frac{6}{36}$
(5|6)
(6|4) $p = \frac{1}{6}$
(6|5)
(6|6)

c) günstige Ergebnisse:

(1|1) (3|1) (5|1) $p = \frac{9}{36}$
(1|3) (3|3) (5|3)
(1|5) (3|5) (5|5) $p = \frac{1}{4}$

2 Das Baumdiagramm zeigt:

p_1(Augensumme 12) = $\frac{1}{36}$

p_2(Augensumme 7) = $\frac{6}{36} = \frac{1}{6}$ [(1|6), (2|5), (3|4), (4|3), (5|2), (6|1)]

Herr Schmidt muss 5-mal so oft die Augensumme 7 erzielen wie Frau Schäfer die Augensumme 12. Tatsächlich tritt die Augensumme 7 aber bei einer großen Zahl von Versuchen 6-mal so oft wie die Augensumme 12 auf $\left(\frac{1}{36} \cdot 6 = \frac{6}{36}\right)$.
Herr Schmidt hat also die besseren Gewinnchancen.

61

3 a) Augensumme 2:
2 günstige Ereignisse (die beiden Einsen von (1) mit der Eins von (2) kombiniert)
Augensumme 4: 6 günstige Ereignisse ((1|3) 2x; (3|1) 2x; (2|2) 2x)
Augensumme 6: 8 günstige Ereignisse ((3|3) 2x; (2|4) 6x)

$p = \frac{16}{36}$; $p = \frac{4}{9}$

b) Paar (1|1): 2 günstige Ergebnisse
Paar (2|2): 2 günstige Ergebnisse
Paar (3|3): 2 günstige Ergebnisse
} $p = \frac{6}{36}$; $p = \frac{1}{6}$

c) siehe a): $p = \frac{8}{36}$; $p = \frac{2}{9}$

4

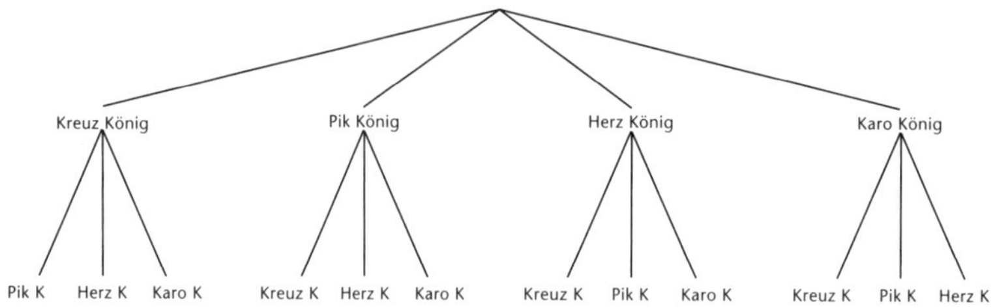

a) ↑ ↑ $p = \frac{2}{12}$; $p = \frac{1}{6}$

b) ↑ ↑ ↑ ↑ ↑ ↑ ↑ ↑ $p = \frac{8}{12}$; $p = \frac{2}{3}$

62

1 a) Gemäß Uwes Plan nimmt die Seitenzahl des noch zu lesenden Textes täglich um 40 Seiten ab. Die zugehörige Funktion ist damit linear und der Graph eine Gerade, also: Graph A passt am besten zu dem geplanten Leseverhalten von Uwe.

b)

(A)	Paul hatte den gesamten Text bereits nach 10 Tagen gelesen.	Nein. Nach 10 Tagen hat Paul noch $800 \cdot 0{,}9^{10} \approx 800 \cdot 0{,}35 = 280$ Seiten zu lesen.
(B)	Uwe hat die Hälfte des Textes in 10 Tagen gelesen.	Ja. In 10 Tagen liest Uwe $10 \cdot 40 = 400$ Seiten, das entspricht der Hälfte von 800 Seiten.
(C)	Nach seinem Plan wird es Paul nie gelingen, den gesamten Text zu lesen.	Ja. Pauls Plan beinhaltet, dass er jeden Tag 10 % der restlichen Seiten liest, also liest er nie die jeweils verbleibenden Seiten vollständig.

2 a)

Wassertiefe (x in cm)	0	1	2	3	4	5
Lichtstärke (L)	1	0,9	0,81	0,729	0,6561	0,59049

· 0,9 · 0,9 · 0,9 · 0,9 · 0,9

b) 50 % der Lichtstärke 1 bedeutet eine Lichtstärke von 0,5. Die Wassertiefe, in der mit dieser Lichtstärke zu rechnen ist, lässt sich auf verschiedene Weisen ermitteln.

① Fortsetzen der Wertetabelle:

Wassertiefe (x in m)	5	6	7
Lichtstärke (L)	0,59049	0,531441	0,4782969

· 0,9 · 0,9

② Lösen der Gleichung:

$$1 \cdot 0{,}9^x = 0{,}5$$
$$0{,}9^x = 0{,}5$$
$$x \cdot \log 0{,}9 = \log 0{,}5 \quad | : \log 0{,}9$$
$$x = \frac{\log 0{,}5}{\log 0{,}9} \approx 6{,}6$$

Ina sollte ab einer Tauchtiefe von etwa 6,5 m auf Unterwasserfotos verzichten.

c) Richtig ist: $L(x) = L_0 \cdot 0{,}9^x$

63

1

Zahlenrätsel		Gleichung	Lösung
①	$a + 3a = 8$ $4a = 8$ $a = 2$	(E)	2
②	$\frac{3a}{8} = \frac{1}{2}a$ $6a = 8a$ $2a = 0$ $a = 0$	(C)	0
③	$3a \cdot 8 = 3$ $24a = 3$ $a = \frac{1}{8}$	(A)	$\frac{1}{8}$
④	$3 - \frac{a}{3} = 8$ $-\frac{a}{3} = 5$ $a = -15$	(B)	-15

2

Für n = 4 sehen die Muster so aus:	
a) 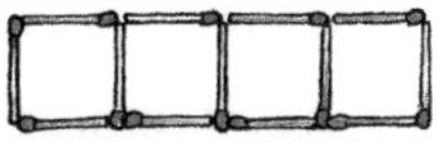	b) 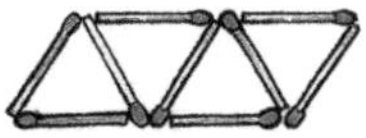
Anzahl der Hölzer: $13 = 1 + 4 \cdot 3$	$9 = 3 + 3 \cdot 2$
Term: $1 + n \cdot 3$	$3 + (n - 1) \cdot 2$

3 a) Um das Zahlenrätsel als Gleichung aufschreiben zu können, muss der Text in die mathematische Sprache „übersetzt" werden:
- Für die gesuchte Zahl schreibt man x.
- „Subtrahieren" steht für die Rechenoperation „–" ;
- „die Hälfte einer Zahl x" bedeutet „$\frac{1}{2}$x oder 0,5x";
- „ein Drittel der Zahl x" schreibt man als „$\frac{1}{3}$x";
- „erhältst du" steht für das Gleichheitszeichen „=".

Die Gleichung lautet also: $\frac{1}{2}x - \frac{1}{3}x = 4 \quad | \cdot 6$

$3x - 2x = 24$

$x = 24$ Die Probe am Text bestätigt die Lösung.

b) Um von der Gleichung zu einem passenden Zahlenrätsel zu kommen, ersetzt man die Terme und Rechenzeichen durch sprachliche Ausdrücke:
- aus „7x" wird „das 7-fache einer Zahl x"
- „–" entspricht „Subtrahieren" oder „Vermindern"
- „2x" meint „das Doppelte einer Zahl x" oder „das Produkt aus einer Zahl x und 2"
- „7x – 48" ist die Differenz aus „dem 7-fachen einer Zahl x und 48".

Ein zur Gleichung passendes Zahlenrätsel ist z. B.: „Subtrahiere vom 7-fachen einer Zahl 48, so erhältst du das Doppelte der Zahl."

Die Lösung der Gleichung erhält man so: $7x - 48 = 2x \quad | -2x + 48$

$5x = 48 \quad | : 5$

$x = 9{,}6$

4 Alter von Frau Krause: x   Alter von Frau Krause in 15 Jahren: x + 15

linke Gleichungsseite: $3x - 5$ (Dreifaches Alter minus 5)

rechte Gleichungsseite: $2(x + 15)$ (Doppeltes Alter in 15 Jahren)

$3x - 5 = 2(x + 15)$

$3x - 5 = 2x + 30$

$x = 35$ Frau Krause ist heute 35 Jahre alt.

64

1 Hier gibt es 4 verschiedene Möglichkeiten, 60 Daten vom kleinsten (1.) bis zum größten (60.) Wert aufzuschreiben. Folgende Bedingungen müssen erfüllt werden:

A: Der Wert (1.) ist 4,7 *l* (kleinster Testwert).

B: Der Wert (60.) ist 7,6 *l* (größter Testwert).

C: Die Werte (29.) und (30.) haben den Mittelwert 5,8 *l* (Median); z. B. beide 5,8 *l*.

64 D: Der Wert (15.) ist 5,4 *l* (unteres Quartil).
E: Der Wert (45.) ist 6,4 *l* (oberes Quartil).
F: Die Werte (2.) bis (14.) bewegen sich zwischen 4,7 *l* und 5,4 *l*.
G: Die Werte (16.) bis (28.) bewegen sich zwischen 5,4 *l* und dem Wert (29.).
H: Die Werte (31.) bis (44.) bewegen sich zwischen dem Wert (30.) und 6,4 *l*.
I: Die Werte (46.) bis (59.) bewegen sich zwischen 6,4 *l* und 7,6 *l*.

2 Insgesamt wurden 267 jugendliche Zigarettenraucher befragt.
- Median ist der Konsum des 134. Befragten in der Rangliste
  3 + 5 + 5 + 6 + 8 + 4 + 5 + 7 + 9 + 12 + 11 + 15 + 14 + 12 = 116
  116 + 35 = 151
  Der 134. Befragte in der Rangliste befindet sich unter den 35 Personen, die einen täglichen Konsum von 19 Zigaretten (genau eine Packung) angegeben haben.
  Median: 19
- Unteres Quartil ist der Mittelwert des Konsums des 66. und des 67. Befragten in der Rangliste. Beide befinden sich in der Gruppe der 11 Personen, die den Konsum 15 angegeben haben.
  unteres Quartil: 15
- Oberes Quartil ist Konsum des 201. Befragten in der Rangliste, der sich unter den 6 Befragten befindet, die den Konsum 23 angegeben haben.
  oberes Quartil: 23
  Kleinster Testwert: 5, größter Testwert: 35, Spannweite: 30

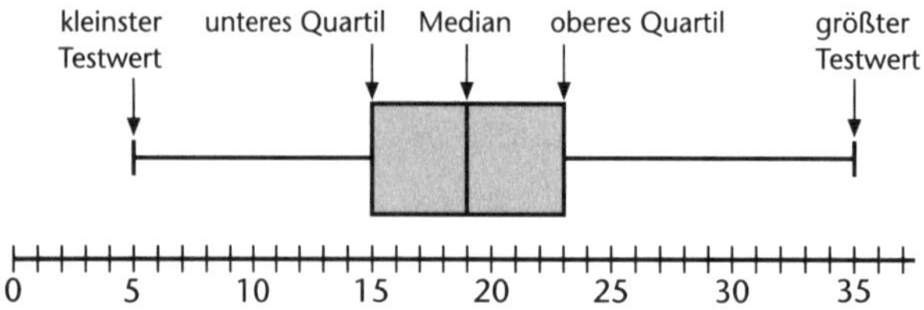

a) Spannweite: 30
b) Median: 19
c) unteres Quartil: 15
d) oberes Quartil 23
e) Die beiden mittleren Bereiche haben jeweils die geringste Streuung, der oberste Bereich hat die größte Streuung.

3 A: Die Spannweite beträgt 71 €.
B: Median ist der Betrag von 24 €.
C: unteres Quartil 21 €, oberes Quartil 31 €.
D: Die höchste Streuung tritt im obersten Viertel auf, die geringste Streuung im zweiten Viertel.

65 **1**

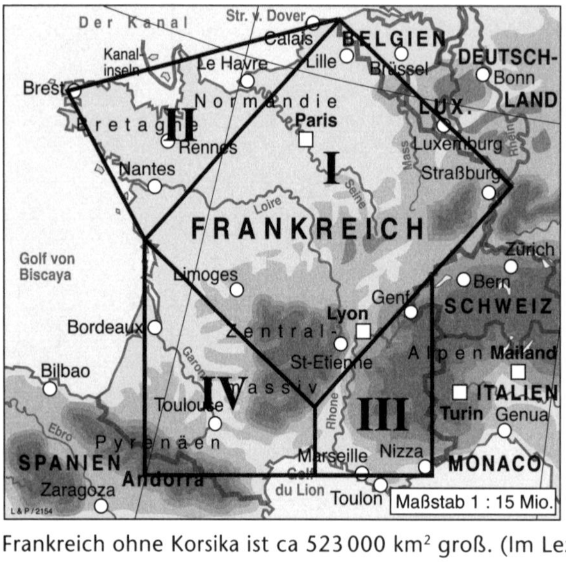

Die Unterteilung Frankreichs in berechenbare Teilflächen kann auf unterschiedlich Art erfolgen; hier ist eine Möglichkeit dargestellt.
Der Maßstab bedeutet: Jeder gemessene Millimeter ist in Wirklichkeit 15 km.

$A_I = 570\text{ km} \cdot 450\text{ km} = 256\,500\text{ km}^2$

$A_{II} = \frac{570\text{ km} \cdot 300\text{ km}}{2} = 85\,500\text{ km}^2$

$A_{III} = \frac{150\text{ km} + 390\text{ km}}{2} \cdot 285\text{ km} = 76\,950\text{ km}^2$

$A_{IV} = \frac{150\text{ km} + 480\text{ km}}{2} \cdot 330\text{ km}^2 = 103\,950\text{ km}^2$

$A_{Gesamt} = 522\,900\text{ km}^2$

Frankreich ohne Korsika ist ca 523 000 km² groß. (Im Lexikon sind 535 000 km² genannt.)

65

2

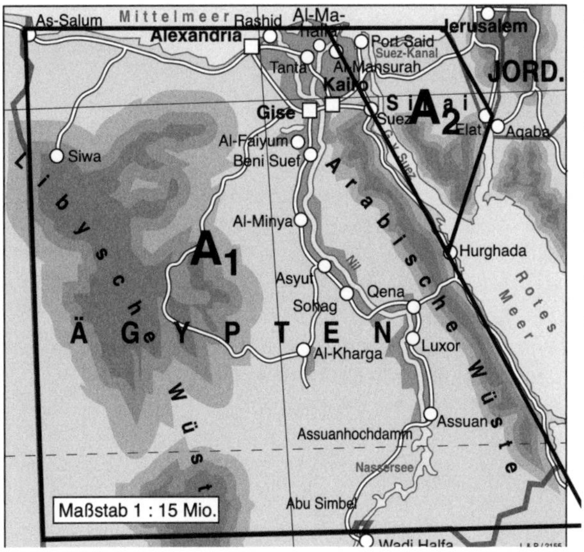

Ägypten kann mit zwei Trapezen gut erfasst werden. Es ist nach Augenschein erheblich größer als Frankreich.

$A_1 = \frac{1080 + 615 \text{ km}}{2} \cdot 975 \text{ km}$

$A_1 \approx 826\,000 \text{ km}^2$

$A_2 = \frac{540 \text{ km} + 225 \text{ km}}{2} \cdot 210 \text{ km}$

$A_2 \approx 80\,300 \text{ km}^2$

$A_{Gesamt} = 906\,600 \text{ km}^2$

Ägypten ist über 900 000 km² groß. (Im Lexikon sind knapp 1 000 000 km² genannt.)

66

1

a) $7x - 3 = 5x + 9 \quad |-5x$
$2x - 3 = 9 \quad |+3$
$2x = 12 \quad |:2$
$x = 6$

b) $4(a - 8) = 8 \quad |:4$
$a - 8 = 2 \quad |+8$
$a = 10$

c) $(y - 8)(y + 2) = 24$
$y^2 + 2y - 8y - 16 = 24 \quad |16$
$y^2 - 6y = 40 \quad |+9$
$(y - 3)^2 = 49$
$y - 3 = 7$ *oder* $y - 3 = -7$
$y = 10$ *oder* $y = -4$

d) $(2x - 4)(x - 8) = 0$
$2x - 4 = 0$ *oder* $x - 8 = 0$
$x = 2$ *oder* $x = 8$

e) $x^2 - 3x = 0$
$x(x - 3) = 0$
$x = 0$ *oder* $x - 3 = 0$
$x = 0$ *oder* $x = 3$

f) $a^2 - 36 = 0$
$(a - 6)(a + 6) = 0$
$a = 6$ *oder* $a = -6$

g) $y^2 + 12y - 13 = 0$
$y^2 + 12y = 13 \quad |+36$
$(y + 6)^2 = 49 \quad |\sqrt{\ }$
$y + 6 = -7$ *oder* $y + 6 = 7$
$y = -13$ *oder* $y = 1$

h) $a^2 + 3a = 4 \quad |+(1{,}5)^2$
$(a + 1{,}5)^2 = -6{,}25 \quad |\sqrt{\ }$
$a + 1{,}5 = -2{,}5$ *oder* $a + 1{,}5 = 2{,}5$
$a = -4$ *oder* $a = 1$

2

a) Höhe von Maikes Taschengeld: x Höhe von Toms Taschengeld: x + 7
$x + (x + 7) = 25$
$2x = 18$
$x = 9$ Maike bekommt 9 €, Tom 16 € Taschengeld.

b) Breite des Rechtecks: a Länge des Rechtecks: 3a
Umfang u
$\overbrace{2(3a + a)} = 8$
$2 \cdot 4a = 8$
$a = 1$ Das Rechteck ist 1 m breit und 3 m lang.

c) Alter von Tina: x Alter von Tinas Opa: 6x
$x + 6x = 84$
$7x = 84$
$x = 12$ Tina ist 12 Jahre, ihr Opa 72 Jahre alt.

3

a) $x = 12 - 5$
$x = 7$

b) $2x = 4$
$x = 2$

c) $4 + 5 + x = 3x + 1$
$9 + x = 3x + 1$
$8 = 2x$
$x = 4$

d) $4x + 14 = 50$
$4x = 36$
$x = 9$

66 **4** a) • Nimmt man von der rechten Waage auf jeder Seite ein blaues Säckchen von der Waagschale, so bleibt die Waage im Gleichgewicht, d.h. wir wissen nun, dass ein weißer Zylinder genauso schwer ist wie zwei Kugeln.
- Ersetzt man bei der linken Waage den weißen Zylinder durch zwei Kugeln, liegen auf der linken Waagschale drei Kugeln und auf der rechten Waagschale drei blaue Säckchen.
- Also: Eine Kugel ist so schwer wie ein blaues Säckchen.

b) • Durch die rechte Waage wissen wir, dass zwei Quader genauso schwer sind wie eine blaue Schale.
- Ersetzt man bei der rechten Waage die blaue Schale durch zwei Quader, so bleibt die Waage im Gleichgewicht.
- Nimmt man auf beiden Seiten der rechten Waage nun je einen Quader fort, kann man ablesen, dass ein Quader so schwer wie vier Kugeln ist.
- Durch die rechte Waage wissen wir, dass zwei Quader genauso schwer sind wie eine blaue Schale.
- Dann gilt: acht Kugeln sind genauso schwer wie eine blaue Schale.

67 **1** a) Baumdiagramm mit Zurücklegen:

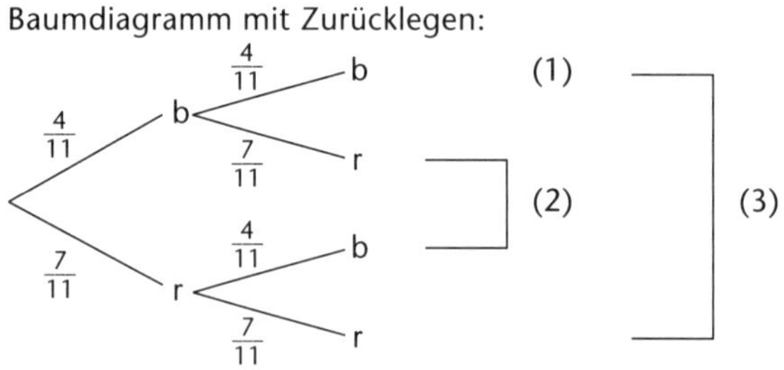

$w\,(1) = \frac{4}{11} \cdot \frac{4}{11} \approx 13\,\%$ $w\,(2) = \frac{4}{11} \cdot \frac{7}{11} + \frac{7}{11} \cdot \frac{4}{11} \approx 46\,\%$

$w\,(3) = \frac{4}{11} \cdot \frac{4}{11} + \frac{7}{11} \cdot \frac{7}{11} \approx 54\,\%$ Probe: $w\,(2) + w\,(3) = 1$

b) Baumdiagramm ohne Zurücklegen:

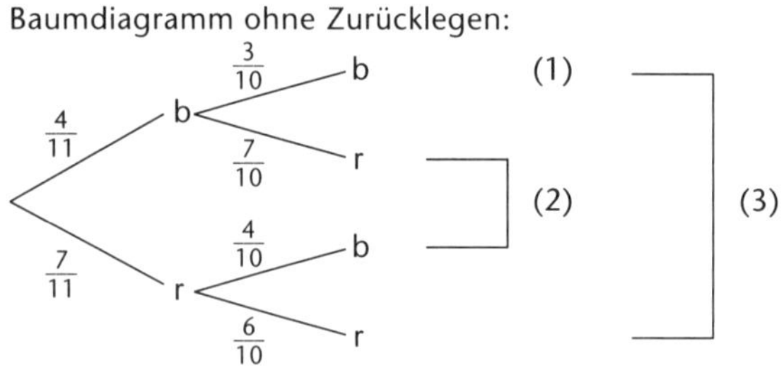

$w\,(1) = \frac{4}{11} \cdot \frac{3}{10} \approx 11\,\%$ $w\,(2) = \frac{4}{11} \cdot \frac{7}{10} + \frac{7}{11} \cdot \frac{4}{10} \approx 51\,\%$

$w\,(3) = \frac{4}{11} \cdot \frac{3}{10} + \frac{7}{11} \cdot \frac{6}{10} \approx 49\,\%$ Probe: $w\,(2) + w\,(3) = 1$

2 Die Wahrscheinlichkeit für „blau" und „weiß" ist jeweils $\frac{1}{2}$.

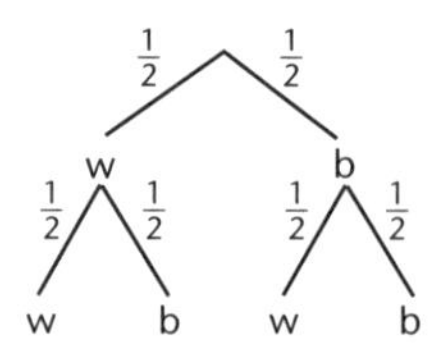

a) zweimal „blau": $p = \frac{1}{2} \cdot \frac{1}{2}$

$p = \frac{1}{4}$

b) letzte Drehung „blau": $p = \frac{1}{2}$

c) keine Farbe zweimal: $p = \frac{1}{2} \cdot \frac{1}{2} + \frac{1}{2} \cdot \frac{1}{2}$

$p = \frac{1}{2}$

d) „weiß" nicht öfter als einmal: $p = \frac{1}{2} \cdot \frac{1}{2} + \frac{1}{2} \cdot \frac{1}{2} + \frac{1}{2} \cdot \frac{1}{2}$

$p = \frac{3}{4}$

67

3 $p(12) = \frac{1}{36}$ $p(11 \text{ oder } 10) = \frac{5}{36}$ [(4|6); (5|5); (5|6); (6|4); (6|5)]

Durchschnittlich nimmt die Klasse bei 36 Spielen 36 € ein, weil der Einsatz 1 € beträgt. Gleichzeitig gibt sie für einen Hauptgewinn 10 € und 5 kleine Preise ebenfalls 10 € (5 · 2 €) aus; es ergibt sich ein durchschnittlicher Überschuss von 16 € (36 € – 20 €) bei jeweils 36 Spielen.

392 € : 16 € = 24,5 (etwa so oft hat es 36 Spiele gegeben)

24,5 · 36 = 882

Natürlich erreicht im Laufe eines Schulfestes die relative Häufigkeit nicht exakt die Wahrscheinlichkeit für ein bestimmtes Ergebnis, kommt ihr aber recht nah.

Deshalb kann man davon ausgehen, dass 893-mal am Würfelspiel teilgenommen wurde.

68

1

	a)	b)	c)
Kapital (K)	1800 €	750 €	3000 €
Zinssatz (p %)	6,5 %	8 %	6,5 %
Zinsen (Z)	117 €	60 €	195 €

2 Am einfachsten löst man eine Aufgabe, indem man:

① sich zunächst ein konkretes Beispiel überlegt und die Höhe der Zinsen mithilfe der Zinsformel bestimmt. Wir nehmen z. B. als Ausgangssituation an:
Tom legt 1 000 € zu 10 % an, am Jahresende erhält er 100 € Zinsen.

② die jeweiligen Angaben zur Veränderung von K oder p in die allgemeine Zinsformel überträgt.

a) Veränderte Situation: Tom legt doppelt so hohe Ersparnisse bei doppelt so hohem Zinssatz an.
Zu ①: Das bedeutet in unserem Beispiel:
Tom legt 2 000 € zu 20 % an, am Jahresende erhält er dann 400 € Zinsen.
Zu ②: Allgemein gilt: $Z = \frac{1}{100}(K \cdot p)$
Setzt man in diese Gleichung statt K für die Verdopplung von Toms Kapital 2 · K ein und entsprechend für den doppelten Zinssatz 2p, sähe die Gleichung so aus:

$$Z = \frac{1}{100}(2K \cdot 2p)$$

$$Z = \frac{1}{100}(4K \cdot p)$$

Tom würde also nach einem Jahr Zinsen in 4-facher Höhe erhalten, also 400 €.

b) Veränderte Situation:
Tom legt doppelt so hohe Ersparnisse bei halb so großem Zinssatz an.
Zu ①: Das bedeutet in unserem Beispiel:
Tom legt 2 000 € zu 5 % an, am Jahresende erhält er dann 100 € Zinsen.
Zu ②: Setzt man in diese Gleichung statt K für die Verdopplung von Toms Kapital 2 · K ein und entsprechend für den halbierten Zinssatz 0,5p, sähe die Gleichung so aus:

$$Z = \frac{1}{100}(2K \cdot 0{,}5p)$$

$$Z = \frac{1}{100}(k \cdot p)$$

Die Verdopplung des Kapitals hat zusammen mit der Halbierung des Zinssatzes keine Auswirkungen auf die Höhe der Zinsen.
Tom würde also nach einem Jahr Zinsen in derselben Höhe erhalten, also 100 €.

c) Veränderte Situation:
Tom legt nur die Hälfte seiner Ersparnisse bei doppelt so hohem Zinssatz an.
Zu ①: Das bedeutet in unserem Beispiel:
Tom legt 500 € zu 20 % an, am Jahresende erhält er dann 100 € Zinsen.
Zu ②: Setzt man diese Gleichung statt K für die Halbierung von Toms Kapital 0,5 · K ein und entsprechend für den doppelten Zinssatz 2p, sähe diese Gleichung so aus:

$$Z = \frac{1}{100}(0{,}5\,k \cdot 2p)$$

$$Z = \frac{1}{100} \cdot (k \cdot p)$$

Die Halbierung des Kapitals hat zusammen mit der Verdopplung des Zinssatzes keine Auswirkungen auf die Höhe der Zinsen.
Tom würde also nach einem Jahr Zinsen in derselben Höhe erhalten, also 100 €.

68 **3** Geht man davon aus, dass alle vier Personen ihr Kapital für denselben Zeitraum fest anlegten und vergleicht dann das jeweilige Anfangs- und Endkapital, dann zeigt sich, dass nur Pia ihr Kapitel fast verdoppeln konnte.
Pia hat also den höchsten Zinssatz für ihr Kapital erzielt.

4 a) Wir betrachten die auftretenden Faktoren, mit denen der anfängliche Mietpreis entsprechend der Zinsformel multipliziert wird. Es ergibt sich:
Angebot A: $1{,}035 \cdot 1{,}045 = 1{,}081575$
Angebot B: $1{,}045 \cdot 1{,}035 = 1{,}081575$
Beide Angebote führen im 2. Jahr zur gleichen Miete. Was aber zahlt Frau Winter konkret in diesen 2 Jahren? Nehmen wir an, Frau Winters Miete beträgt 900 €.

		Angebot A	Angebot B		
Erhöhung der Miete		900,00 €	900,00 €	Erhöhung der Miete	
1. Jahr	3,50 %	931,50 €	940,50 €	1. Jahr	4,50 %
2. Jahr	4,50 %	**973,42 €**	**973,42 €**	2. Jahr	3,50 %

Beide Angebote führen nach 2 Jahren zur gleichen Miete. Aber im 1. Jahr der Erhöhung muss Frau Winter beim Angebot B monatlich 940,50 € – 931,50 € = 9 € mehr bezahlen.

b) Gesucht ist die positive Zahl a, die folgende Gleichung erfüllt:
$a^2 = 1{,}035 \cdot 1{,}045 \quad | \sqrt{\ }$
$a \approx 1{,}03999$
Durch eine prozentuale Mieterhöhung von etwa 4 % pro Jahr könnte dieselbe Miete erzielt werden.

69 **1** Für die Lösung der Aufgabe benötigen wir die Seitenlänge a des quadratischen Spielfeldes. Im ersten Schritt berechnet man aus dem gegebenen Umfang des Tisches dessen Durchmesser d.

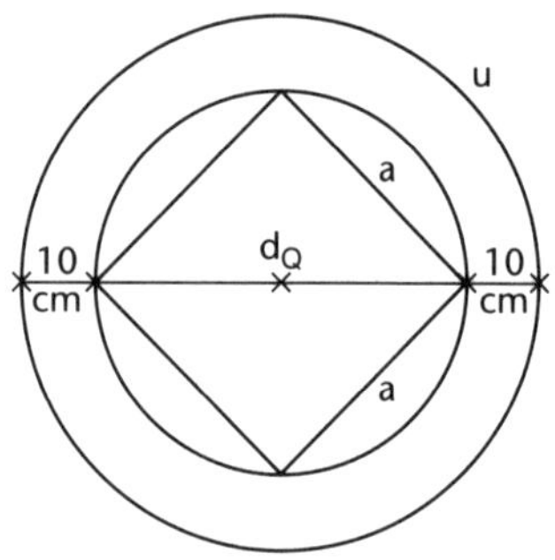

(1) Für den Kreisumfang gilt die Formel
$u = 2\pi r = d \cdot \pi$
$2{,}24\text{ m} = d\pi \quad | : \pi$
$d \approx 0{,}71\text{ m} \qquad d \approx 71\text{ cm}$
Im zweiten Schritt ermittelt man die Diagonale d_Q des quadratischen Schachfeldes.
(2) Wir wissen, dass der Durchmesser d des Tisches 71 cm beträgt und der Summe der Längen 10 cm + 10 cm + d_Q entspricht. Also:
$71\text{ cm} = 10\text{ cm} + 10\text{ cm} + d_Q \quad | - 20\text{ cm}$
$51\text{ cm} = d_Q$
Für die Länge der Diagonale d_Q eines Quadrats mit der Seitenlänge a gilt: $d_Q = a\sqrt{2}$. Also:
$51\text{ cm} = a\sqrt{2} \quad | : \sqrt{2}$
$a \approx 36\text{ cm}$
Ein Schachbrett besteht aus 8 x 8 Einzelfeldern. Die Seitenlänge eines dieser Felder beträgt dann 36 cm : 8 = 4,5 cm, sein Flächeninhalt $4{,}5\text{ cm} \cdot 4{,}5\text{ cm} = 20{,}25\text{ cm}^2$.
Eines der 64 Quadrate des Schachfeldes ist also ungefähr 20,25 cm^2 groß.

2 Für den Flächeninhalt A eines Kreises mit dem Radius r gilt: $A = \pi r^2$.
Der alte Tisch mit einem Durchmesser von 105 cm hat einen Radius von 105 cm : 2 = 52,5 cm.
Der Inhalt der alten Tischfläche beträgt somit: $A_{alt} = \pi \cdot (52{,}5\text{ cm})^2 \approx 8659\text{ cm}^2$.
Die Fläche des neuen Tisches soll doppelt so groß sein,
also $A_{neu} = 2 \cdot A_{alt} \approx 2 \cdot 8659\text{ cm}^2 = 17\,318\text{ cm}^2$.
Gesucht ist nun der Durchmesser eines solchen Tisches.
Aus $A_{neu} = \pi r^2$ und $A_{neu} \approx 17\,318\text{ cm}^2$ folgt:
$\pi r^2 \approx 17\,318\text{ cm}^2 \quad | : \pi$
$r^2 \approx 5512{,}5\text{ cm}^2 \quad | \sqrt{\ }$
$r \approx 74{,}25\text{ cm}$
Ein runder Tisch mit doppelt so großem Flächeninhalt hat also einen Durchmesser von $2 \cdot 74{,}25\text{ cm} = 148{,}5\text{ cm}$. Ein Esszimmer von 2,10 m Breite und 3,50 m Länge bietet Platz für einen solchen Tisch.
Die Antwort lautet somit: Der Verkäufer hat nicht recht.

69 **3** Zunächst berechnet man den Radius r_1 des Halbkreises zur Innenlinie 1.

Ein Halbkreis hat die Länge $b = \pi r\left(\frac{2\pi r}{2}\right)$.

$90\text{ m} = \pi \cdot r_1 \quad r_1 = \frac{90\text{ m}}{\pi} \quad r_1 \approx 28{,}65\text{ m}$

Daraus folgt:

$r_2 = 30{,}15\text{ m} \quad r_3 = 31{,}65\text{ m} \quad r_4 = 33{,}15\text{ m} \quad r_5 = 34{,}65\text{ m} \quad r_6 = 36{,}15\text{ m}$

a) Die Laufwege b_2 bis b_6 auf den Linien 2, 3, 4, 5 und 6 berechnen sich ebenfalls mit der Formel $b = \pi r$.

$b_2 = \pi \cdot 30{,}15\text{ cm}$ $\quad b_4 = \pi \cdot 33{,}15\text{ m}$ $\quad b_6 = \pi \cdot 36{,}15\text{ m}$

$b_2 = 94{,}72\text{ m}$ $\quad b_4 = 104{,}14\text{ m}$ $\quad b_6 = 113{,}57\text{ m}$

$b_3 = \pi \cdot 31{,}65\text{ m}$ $\quad b_5 = \pi \cdot 34{,}65\text{ m}$

$b_3 = 99{,}43\text{ m}$ $\quad b_5 = 108{,}86$

b) Die Fläche ist ein halber Kreisring ($r_a = 36{,}15\text{ m}$; $r_i = 28{,}65\text{ m}$)

$2A = \pi\, r_a^2 - \pi r_i^2$

$2A = \pi \cdot (36{,}15\text{ m})^2 - \pi \cdot (28{,}65\text{ m})^2$

$2A \approx 1\,526{,}8\text{ m}^2 \mid :2$

$A \approx 763{,}4\text{ m}^2$

70 **1** a) "= D1*D1*D1" oder "=D1^3"

In D1 steht die Kantenlänge a des Würfels, und sein Volumen berechnet sich mit der Formel $V = a^3$.

b) Man könnte die Wertepaare bzw. Zelleinträge in (B1|B2) und (D1|D2) sowie (C1|C2) und (F1|F2) vergleichen. Dann zeigt sich, dass bei Verdoppelung der Kantenlänge das Volumen auf das 8-fache anwächst.

2 a) In Zelle D7 wird das Volumen berechnet. Für den Sonderfall eines Quaders mit quadratischer Grundfläche gilt die Formel $V = a^2 \cdot h$. In diesem Fall ist h doppelt so groß wie a, es gilt also $h = 2a$. Deshalb ist auch die Formel $V = a^2 \cdot 2a$ richtig. Das korrekte Ergebnis in Zelle D7 liefern zwei der angebotenen Formeln: "=A7^2*2*A7" und "=A7*A7*B7".

b) Für die Oberfläche gilt im vorliegendem Fall die Formel $O = 2a^2 + 4ah$; wegen $h = 2a$ gilt auch $O = 2a^2 + 4a \cdot 2a$ (= $10a^2$)

Deshalb sind für Zelle C6 viele Formeln denkbar, z. B.:

"=2*A6^2+4*A6*B6" oder

"=2*A6*A6+4*A6*2*A6" oder

"=10*A6^2"

3 a) Die Formel steht für die Rechnung $80 \cdot 1{,}2$. Wenn man einen Grundwert um 20 % heraufsetzt, multipliziert man ihn mit $(1 + \frac{20}{100})$ und das ist die Zahl 1,2.

b) $0{,}8 = 1 - \frac{20}{100}$. Wenn man einen Grundwert um 20 % herabsetzt, multipliziert man ihn mit 0,8.

c) Formel in Zelle B5: "=B4*A3" oder "=B4*A5"

Formel in Zelle B6: "=B5*A2" oder "=B5*A6"

d) Der Preis für das Paar Schuhe wird generell immer niedriger. Das hängt damit zusammen, dass $1{,}2 \cdot 0{,}8 = 0{,}96$ und damit kleiner als 1 ist.

B3: 76,8 – B5: 73,73 – B7: 70,78 – B9: 67,95 …

$\cdot\, 0{,}96$ $\quad \cdot\, 0{,}96$ $\quad \cdot\, 0{,}96$

71

1 In einem ersten Schritt muss die Größe der Daumenskulptur ermittelt werden. Auf dem Foto ist die Person 34 mm groß, der Daumen ist 46 mm groß. In Wirklichkeit ist die Person 1,79 m, also 1 790 mm groß. Die Größe x des Daumens ist unbekannt. Da das Verhältnis der Größen von Daumen und Person auf dem Foto dem Verhältnis ihrer Größen in Wirklichkeit entspricht, muss gelten:

$$\frac{\text{Größe des Daumens auf dem Foto}}{\text{Größe der Person auf dem Foto}} = \frac{\text{Größe des Daumens in Wirklichkeit}}{\text{Größe der Person in Wirklichkeit}}$$

$$\frac{46}{34} = \frac{x}{1790} \quad (k \approx 1{,}35)$$

$$34x = 46 \cdot 1\,790$$

$$x = \frac{46 \cdot 1\,790}{34} \approx 2\,421{,}76$$

Die Daumenskulptur ist in Wirklichkeit ungefähr 2,42 m groß.
In einem zweiten Schritt muss das Verhältnis von Daumen- und Körpergröße ermittelt werden.
Ich bin 170 cm groß und mein Daumen misst 6 cm. Meine Körpergröße ist damit um den Faktor $k = 28\frac{1}{3}$ größer als mein Daumen.
Ein Mensch, zu dem der abgebildete 2,42 m Daumen passt, müsste also etwa 69 m groß sein, denn $2{,}42\text{ m} \cdot 28\frac{1}{3} \approx 68{,}75\text{ m}$.

2 Die Lösung dieser Aufgabe erfolgt in zwei Schritten:
① Ermittlung der Größe des Denkmalkopfes auf dem Foto.
② Ermittlung der Größe des Denkmals mit einer ganzen Person.
zu ①:
Auf dem Foto ist die Person 40 mm, der Kopf 45 mm groß.
In Wirklichkeit ist die Person 1670 mm groß.
Die Größe x des Kopfes ist unbekannt.
Da das Verhältnis der Größen auf dem Foto dem Verhältnis ihrer Größen in Wirklichkeit entspricht, muss gelten:

$$\frac{45}{40} = \frac{x}{1670} \quad (k \approx 1{,}68)$$

$$40x = 45 \cdot 1670$$

$$x = \frac{45 \cdot 1670}{40} \approx 1878{,}75$$

Das Denkmal „Adenauerkopf" (ohne Sockel) ist in Wirklichkeit ungefähr 1,88 m groß.
zu ②:
Abschließend muss das Verhältnis von Kopf- und Körpergröße ermittelt werden.
Ich bin 170 cm groß und mein Kopf misst ungefähr 25 cm. Mein Körper ist also um den Faktor k = 6,8 größer als mein Kopf.
Ein Mensch, zu dem der abgebildete 1,88 m Kopf passt, müsste damit etwa 13 m groß sein, denn 1,88 m · 6,8 = 12,784 m.

3 In einem ersten Schritt muss die Höhe des Fußballschuhs ermittelt werden.
Auf dem Foto ist die Person 11 mm, der Fußballschuh 30 mm hoch.
In Wirklichkeit ist die Person 1,60 m, also 1600 mm groß. Die wirkliche Höhe x des Fußballschuhs ist unbekannt.
Da das Verhältnis der Größen von Schuh und Person auf dem Foto dem Verhältnis ihrer Größen in Wirklichkeit entspricht, muss gelten:

$$\frac{\text{Größe des Schuhs auf dem Foto}}{\text{Größe der Person auf dem Foto}} = \frac{\text{Größe des Schuhs in Wirklichkeit}}{\text{Größe der Person in Wirklichkeit}}, \text{ also}$$

$$\frac{30}{11} = \frac{x}{1600} \quad (k = 2{,}73)$$

$$11x = 30 \cdot 1600$$

$$x = \frac{30 \cdot 1600}{11} \approx 4\,363{,}64$$

Der Fußballschuh ist in Wirklichkeit ungefähr 4,36 m groß.
In einem zweiten Schritt muss das Verhältnis von der entsprechenden Schuhhöhe und Körpergröße ermittelt werden.
Ich bin 170 cm groß. Die Höhe meines Sportschuhs misst 9,5 cm. Der Faktor k, um den mein Körper größer als meine entsprechende Schuhhöhe ist, beträgt auf eine Nachkommastelle gerundet 17,9.
Eine Fußballspielerin, zu der der abgebildete 4,36 m hohe Schuh passt, müsste also etwa 78 m groß sein, denn 4,36 m · 17,9 = 78,044 m.

72

1 Ordnen

Zunächst sind alle negativen Zahlen kleiner als 0 (Null) und kleiner als alle positiven Zahlen.
Von zwei Zahlen liegt die kleinere Zahl auf der Zahlengeraden links von der größeren.
Um Brüche und Dezimalbrüche besser vergleichen zu können, wandelt man die Brüche (durch Division im Kopf oder mit dem Taschenrechner) in Dezimalbrüche um.

$1\frac{3}{5} = 1{,}6$ $\quad \frac{3}{4} = 0{,}75$ $\quad -\frac{1}{2} = -0{,}5$

$-0{,}7 < -\frac{1}{2} < 0{,}25 < 0{,}5 < \frac{3}{4} < 1\frac{3}{5}$

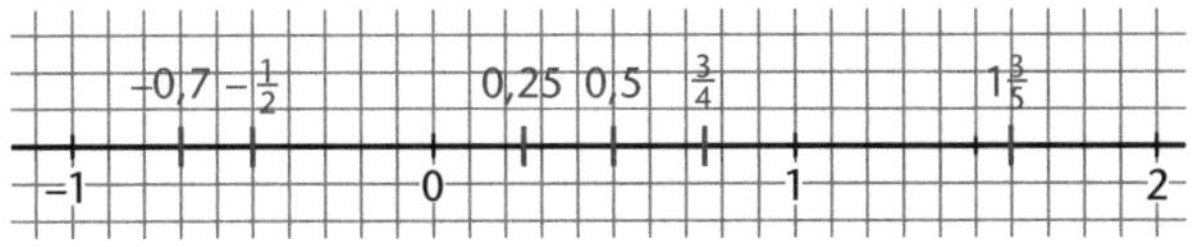

2 Quadrat und Rechteck

a) u = Summe aller Seitenlängen
Seitenlänge: $\sqrt{36\text{ cm}^2} = 6\text{ cm}$
$u = 4 \cdot 6\text{ cm} = 24\text{ cm}$

b) Möglich sind alle Kombinationen von zwei Seitenlängen, deren Produkt 36 cm^2 beträgt.
Ganzzahlige Kombinationsmöglichkeiten sind z. B.
1 cm x 36 cm, 2 cm x 18 cm, 3 cm x 12 cm, 4 cm x 9 cm, usw.

3 Wahlumfrage

a) Insgesamt gab es
658 + 457 + 259 + 185 + 197 + 104 = 1860 befragte Wahlberechtigte.

Wir berechnen die Anteile der einzelnen Parteien.
Die Summe der Anteile muss insgesamt 100 % betragen.

CDU/CSU: $\frac{658}{1860} \approx 0{,}354 = 35{,}4\,\%$

SPD: $\frac{457}{1860} \approx 0{,}246 = 24{,}6\,\%$

FDP: $\frac{259}{1860} \approx 0{,}139 = 13{,}9\,\%$

Grüne: $\frac{185}{1860} \approx 0{,}099 = 9{,}9\,\%$

Die Linke: $\frac{197}{1860} \approx 0{,}106 = 10{,}6\,\%$

Sonstige: $\frac{104}{1860} \approx 0{,}056 = 5{,}6\,\%$

b) Die Größe des Anteils im Kreisdiagramm wird durch den Mittelpunktswinkel festgelegt.
360° sind der volle Kreis.
Wir erhalten:
35,4 % von 360° = 360° · 0,354 = 127,4°
24,6 % von 360° = 360° · 0,246 = 88,6°
13,9 % von 360° = 360° · 0,139 = 50,0°
9,9 % von 360° = 360° · 0,099 = 35,6°
10,6 % von 360° = 360° · 0,106 = 38,2°
5,6 % von 360° = 360° · 0,056 = 20,2°

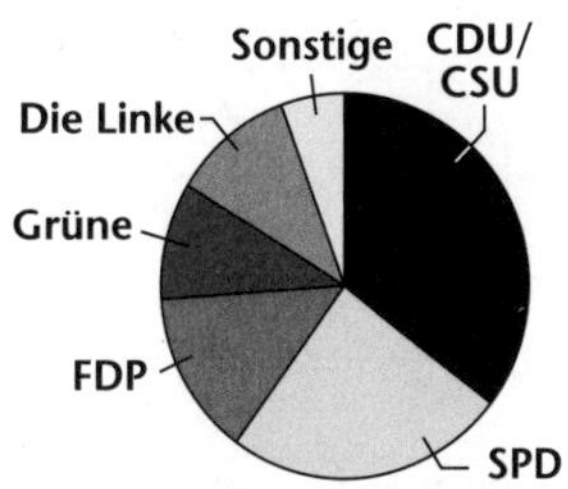

Beim Streifendiagramm entspricht 1 mm gerade 1 %, da der ganze Streifen 100 mm lang ist.

73

4 Im Koordinatensystem

Die Funktionsgleichungen von f und g besitzen die Form $y = m \cdot x + n$. Also sind f und g lineare Funktionen und ihre Graphen Geraden. f und g besitzen dieselbe Steigung m, d. h., die zugehörigen Graphen verlaufen parallel. Da m den Wert $-0{,}2$ besitzt, fallen beide Graphen von links nach rechts. Der Schnittpunkt des Graphen einer linearen Funktion $y = m \cdot x + n$ mit der y-Achse ist der Punkt $(0 \mid n)$.
Also schneidet der Graph von f die y-Achse im Punkt $(0 \mid -3)$, der Graph von g im Punkt $(0 \mid 3)$.

5 Gleichungssystem

a) I. $5x - 3y = 53$
II. $4x + 3y = 37$ (+)

$9x = 90$
$x = 10$

→ II. $4 \cdot 10 + 3y = 37$
$3y = -3$
$y = -1$

b) 1. Zahl: x 2. Zahl: y
I. $3x + 1 = y$
II. $2x + y = 36$

in II.: $2x + (3x + 1) = 36$
$5x = 35$
$x = 7$

→ I. $3 \cdot 7 + 1 = y$
$22 = y$

Ergebnis: 1. Zahl: 7
2. Zahl: 22

6 Ordne zu

(1) Für eine doppelte Menge Brötchen muss man den doppelten Preis zahlen. Die Zuordnung ist proportional.
(2) Ist ein Teilstück 10 m lang, werden 10 davon für eine Gesamtlänge von 100 m benötigt. Ist ein Teilstück doppelt so lang (20 m), werden nur halb so viele (5) gebraucht: Die Zuordnung ist antiproportional.
(3) Ein Quadrat mit einer Seitenlänge von x cm hat einen Umfang von 4x. Ein Quadrat mit doppelter Seitenlänge (2x), hat einen doppelt so großen Umfang $(2 \cdot 4x = 8x)$: Die Zuordnung ist proportional.
(4) Es gibt kleine und große Schwimmbäder mit einer großen Anzahl von Freischwimmern. Es liegt also keines von beiden vor.
(5) Verdoppelt der Rennwagen seine Geschwindigkeit, so halbiert sich die Zeit, die er für eine Runde benötigt: Die Zuordnung ist antiproportional.

7 Dreieck im Koordinatensystem

a) und c)

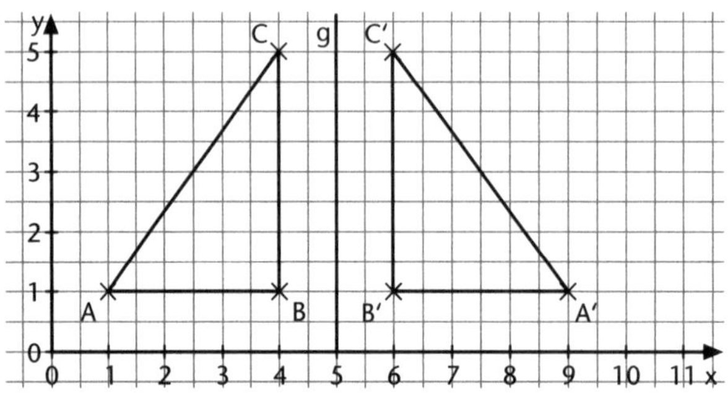

b) Länge der Strecken: $\overline{AB} = 3$ cm, $\overline{BC} = 4$ cm
Die Länge der Strecke $\overline{AC}$ ermittelt man mit dem Satz des Pythagoras:

$$(\overline{AC})^2 = (\overline{AB})^2 + (\overline{BC})^2$$
$$= (3\text{ cm})^2 + (4\text{ cm})^2$$
$$= 25\text{ cm}^2$$
$$(\overline{AC}) = 5\text{ cm}$$

u = Summe aller Seitenlängen
u = 3 cm + 4 cm + 5 cm = 12 cm

74

8 Überschlag

Kopfrechnen: $\frac{155}{480} \approx \frac{150}{450} \approx \frac{1}{3} \approx 33\,\%$ mit Taschenrechner: $\frac{155}{480} \approx 0{,}32 \approx \frac{1}{3} \approx 30\,\%$

Also: (4) ein Drittel und (5) 30 %

74

9 Sportfest

a) Mittelwert = (3,75 + 4,10 + 4,25 + 3,70 + 3,15) : 5 = 3,79
Ergebnis: Luisa ist im Durchschnitt 3,79 m weit gesprungen.

b) Bezeichnen wir die Sprungweite im 5. Sprung mit x [m], so können wir die folgende Gleichung aufstellen:

$$(3{,}75 + 4{,}10 + 4{,}25 + 3{,}70 + x) : 5 = 4 \quad | \cdot 5$$
$$15{,}8 + x = 20 \quad | -15{,}8$$
$$x = 4{,}2$$

Ergebnis: Luisa hätte im fünften Sprung 4,20 m weit springen müssen.
Alternative Überlegung: Um durchschnittlich 4 m weit zu springen, hätte Luisa pro Sprung 0,21 m (vgl. Teilaufg. a)) weiter springen müssen; das sind bei 5 Sprüngen insgesamt $5 \cdot 0{,}21$ m = 1,05 m.
Luisa hätte also im letzten Sprung 3,15 m + 1,05 m = 4,20 m weit springen müssen.

10 Größen ordnen

a) Flächen-Angaben erkennt man an „Quadrat-Maßeinheiten"; („hoch"2).
Von den acht angegebenen Größen sind drei Flächen-Angaben;
200 mm^2 0,1 m^2 20 cm^2

b) Zur Erinnerung: 1 m^2 = $100 \cdot 100$ cm^2 = 10 000 cm^2; 0,1 m^2 = 1 000 cm^2
1 cm^2 = $10 \cdot 10$ mm^2 = 100 mm^2; 200 mm^2 = 2 cm^2
also: 200 mm^2 < 20 cm^2 < 0,1 m^2

11 Gleichungen und Graphen

Grundsätzlich gibt es zwei Lösungswege. Bei dem rechnerischen Weg wählt man einen Punk (x | y) des Graphen aus, den dieser mit keinem der abgebildeten Graphen gemeinsam hat, und prüft, welche der zur Auswahl stehenden Gleichungen durch die Koordinaten des Punktes erfüllt wird. Schneller aber ist der andere Weg, bei dem man sein Wissen über den grafischen Verlauf von linearen und quadratischen Funktionen nutzt.
Die abgebildeten Graphen sind Geraden (g_1, g_2) oder Parabeln. Geraden sind Graphen von linearen Funktionen mit der allgemeinen Form $y = m \cdot x + n$. Drei zur Auswahl stehende Gleichungen sind linear, sie unterschieden sich nur in der Steigung (m). Die Graphen g_1 und g_2 steigen von links nach rechts an, also ist $m > 0$. Die Gleichung $y = -2x + 1$ scheidet damit aus. Da g_1 steiler verläuft als g_2, gehört die Gleichung mit dem größeren m zu g_1, nämlich $y = x + 1$. Zu g_2 gehört $y = 0{,}5x + 1$.
Zu den Parabeln (g_3, g_4, g_5, g_6) gehören Gleichungen, die einen quadratischen Term (x^2) enthalten. Hiervon stehen fünf zur Auswahl. Die Graphen g_3 und g_4 besitzen den Scheitelpunkt (0 | 0) und sind nach unten geöffnet. Zu ihnen gehören also Gleichungen der Form $y = ax^2$ mit $a < 0$. Zur Auswahl stehen $y = -x^2$ und $y = -2x^2$. Die Parabel g_3 verläuft durch die Punkte (– 1 | – 1) und (1 | – 1). Zu ihr gehört also die Gleichung $y = -x^2$. Die Parabel g_4 ist schmaler geöffnet, zu ihr gehört die Gleichung $y = -2x^2$.
Die Graphen g_5 und g_6 sind verschobene Normalparabeln. Parabeln mit der Gleichung $y = x^2 + c$ besitzen den Scheitelpunkt (0 | c). Sie sind gegenüber der Normalparabel in y-Richtung verschoben für $c > 0$ nach oben, für $c < 0$ nach unten. g_6 besitzt den Scheitelpunkt (0 | 2). Zu g_6 gehört also $y = x^2 + 2$. Die Parabel g_5 besitzt den Scheitelpunkt (– 1 | 0). Zu ihr passt nur noch die Gleichung $y = x^2 + 2x + 1$. Folgende Überlegung bestätigt dies. Umgeformt lautet die Gleichung $y = (x + 1)^2$. Parabeln mit der Gleichung $y = (x + b)^2$ besitzen den Scheitelpunkt (– b | 0) und sind gegenüber der Normalparabel um b nach links verschoben. Richtig ist also:

$y = x + 1$	g_1
$y = -x^2$	g_3
$y = x^2 + 2x + 1$	g_5
$y = x^2 + 2$	g_6

$y = x^2 - 2$	
$y = 0{,}5x + 1$	g_2
$y = -2x + 1$	
$y = -2x^2$	g_4

75

12 Holzkiste

Für Quader mit den Kantenlängen a, b, c gilt:
$O = 2ab + 2ac + 2bc$
$O = 2 \cdot 4\,m \cdot 3\,m + 2 \cdot 4\,m \cdot 3\,m + 2 \cdot 3\,m \cdot 3\,m = 66\,m^2$
Die Oberfläche der Holzkiste beträgt 66 m^2.

75

13 Netz eines Körpers

a)

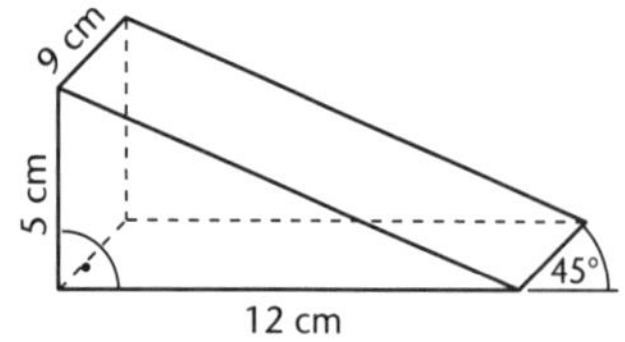

Beachte den Verzerrungswinkel (45°) und das Verkürzungsverhältnis $\frac{1}{2}$!
Die nach „hinten" verlaufende 9 cm lange Kante muss in der Zeichnung 4,5 cm lang sein.

b) Der Körper ist ein dreiseitiges Prisma.

c) Berechnung des Volumens: $V = G \cdot h$ (Grundfläche · Höhe)

Die Höhe h beträgt 9 cm, die Grundfläche G entspricht der Fläche des Dreiecks.

$A_D = \frac{12\,cm \cdot 5\,cm}{2} = 30\,cm^2$; also $V = 30\,cm^2 \cdot 9\,cm = 270\,cm^3$

Berechnung der Oberfläche: Zur Oberfläche gehören alle Begrenzungsflächen des Körpers.

$O = 2 \cdot G + M = 2 \cdot \frac{12\,cm \cdot 5\,cm}{2} + 12\,cm \cdot 9\,cm + 13\,cm \cdot 9\,cm + 5\,cm \cdot 9\,cm = 330\,cm^2$

14 Fass

Das Fass hat die Form eines Zylinders. Für Zylinder mit dem Radius r und der Höhe h gilt:
$V = \pi r^2 h$
$V = \pi \cdot (30\,cm)^2 \cdot 80\,cm \approx 226\,194{,}7\,cm^3$ Dies entspricht 226,19 *l*.

15 50 % einer Zahl

(2) $\frac{50}{100}a = \frac{1}{2}a$ (3) $0{,}5a = \frac{1}{2}a$ (4) $a : 2 = \frac{1}{2}a$ (5) $\frac{1}{2}a$ (6) $\frac{5a}{10} = \frac{1}{2}a$

Alle Terme stellen 50 % einer beliebigen Zahl a dar.

76

16 Funktionsgleichung

a) Zelle G2

b) Aus der Wertetabelle ist abzulesen:
Für x = 4 (Zelle F1) und für x = 8 (Zelle J1) ist y = 0 (Zellen F2 und J2).

c) Formel "=20–5*(B1–6)^2" (Hinweis: Die Formeleingabe beginnt bei der Tabellenkalkulation immer mit einem Gleichheitszeichen =.)

d) Man setzt x = 10 in die Gleichung ein und rechnet:
$y = 20 - 5 \cdot (10 - 6)^2 = 20 - 5 \cdot 4^2 = 20 - 80 = -60$. Also $y = -60$

17 Prozente

a) *1. Methode:* 10 % von 250 € sind 25 €, 30 % sind dann **75 €.**

2. Methode:
100 % → 250 €
1 % → 2,50 €
30 % → **75 €**

3. Methode:
250 € · 30 % = 250 € · 0,3 = **75 €**

b) *1. Methode:*
5 % → 10 kg
1 % → 2 kg
100 % → **200 kg**

2. Methode: □ · 5 % = 10 kg
also: □ · 0,05 = 10 kg |:0,05
□ = **200 kg**

3. Methode: $W = G \cdot p\,\% = G \cdot \frac{p}{100}$ umformen: $W \cdot \frac{100}{p} = G$

einsetzen: $10\,kg \cdot \frac{100}{5} =$ **200 kg**

c) *1. Methode:* 25 cm von (5 m =) 500 cm?
50 cm sind 10 % von 500 cm, dann sind 25 cm genau **5 %** von (500 cm =) 5 m.

2. Methode:
500 cm → 100 %
1 cm → 0,2 %
25 cm → **5 %**

3. Methode: $\frac{25\,cm}{5\,m} = \frac{25\,cm}{500\,cm} = 0{,}05 =$ **5 %**

d) 3 % von 620 € sind 0,03 · 620 € = **18,60 €**

76

18 Bergauf

Die Graphen zeigen den zurückgelegten Weg in Abhängigkeit von der Zeit. Je tiefer ein Punkt des Graphen liegt, desto geringer ist der mit dem Fahrrad zurückgelegte Weg.

(1): In gleichen Zeitabschnitten wird die gleiche Strecke zurückgelegt.

(2): Auf der Fahrt von A nach B wird zunehmend eine immer kleinere Wegstrecke zurückgelegt, dann aber wird in kurzer Zeit eine größere Wegstrecke bewältigt.

(3): Auf der Fahrt von A nach B wird zunehmend eine immer kleinere Wegstrecke zurückgelegt, dann aber vergeht Zeit, ohne dass Weg zurückgelegt wird.

Ein Fahrradfahrer wird auf dem ansteigenden Streckenstück nach und nach immer weniger Wegstrecke in einer bestimmten Zeit bewältigen, das ebene Streckenstück wird er dagegen in kürzerer Zeit zurücklegen können. Daher lautet die richtige Antwort: Graph (2)

77

19 Würfeln mit einem Quader

a) Die relative Häufigkeit für die Zahl 6 beträgt: $\frac{49}{500} = 0{,}098 \approx 10\,\%$. Da sich bei langen Versuchsreihen relative Häufigkeit und Wahrscheinlichkeit annähern, kann die Wahrscheinlichkeit, eine Sechs zu würfeln, näherungsweise mit 10 % angeben werden.
Die Wahrscheinlichkeit, die Augenzahl 6 zu würfeln, beträgt ca. 10 %.

b) Die Seitenfläche mit der Augenzahl ist genauso groß wie die Fläche mit der Zahl 6. Also beträgt die Wahrscheinlichkeit, eine Eins zu würfeln, ebenfalls ca. 10 %. Damit bleiben für die übrigen vier Ergebnisse (2, 3, 4, 5) noch 80 % übrig. Da ihre Flächen ebenfalls alle gleich groß sind, beträgt die Wahrscheinlichkeit für jedes Ergebnis ca. 20 %.

Augenzahl	1	2	3	4	5	6
Wahrscheinlichkeit	10 %	20 %	20 %	20 %	20 %	10 %

20 Baumhöhe

1. Strahlensatz:

$$\frac{2\text{ m}}{6\text{ m}} = \frac{x + 2\text{ m}}{21\text{ m}}$$

x = 5 m

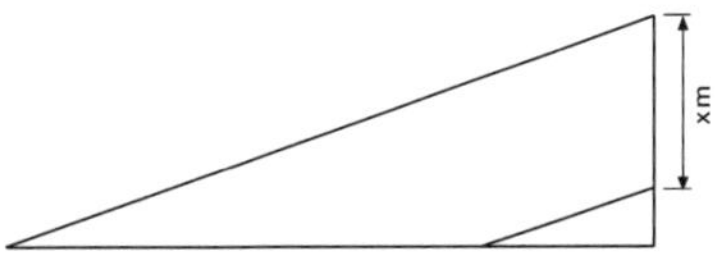

Die Baumhöhe beträgt: 5 m + 2 m = 7 m

21 Rechengeschichten

(1) Anzahl der Gewinnlose: x — Anzahl der Nieten: 0,5x
Gleichung: x + 0,5x = 30 — Ja.

(2) Roberts Sparsumme nach 30 Tagen: x
Gleichung: x = 15 · 1 € + 15 · 0,50 — Nein.

(3) Mineralwasser in Liter: x — Fruchtsaft in Liter: 0,5 · x
Gleichung: x + 0,5x = 30 — Ja.

(4) Alter der Bruders: x — Alter von Max: 0,5 · x
Gleichung: x + 0,5x = 30 — Ja.

78

22 Neue Preise

a) 1. Lösungsweg: 100 % entsprechen 639; 115 % entsprechen $639 \cdot \frac{115}{100} = 734{,}85$
2. Lösungsweg: $639 \cdot 1{,}15 = 734{,}85 \approx 735$; Neuer Preis: 735,– €

b) 1. Lösungsweg: $49 : 59 = 0{,}8305\ldots \approx 0{,}83 = 83\,\%$. Die Preissenkung betrug ca. 17 %.
2. Lösungsweg: Die Preissenkung um 10 € entspricht $10 : 59 = 0{,}169\ldots \approx 0{,}17 = 17\,\%$

c) 1. Lösungsweg: $14{,}8 \cdot 0{,}05 = 0{,}74$ und $14{,}8 - 0{,}74 = 14{,}06$
2. Lösungsweg: $14{,}8 \cdot 0{,}95 = 14{,}06$ Neuer Preis: 14,06 €

23 Regelmäßiges Sechseck

a) Das Dreieck BCM ist so groß wie Dreieck MDE. Dreieck MDE ist die Hälfte des Parallelogramms DEFM. Deshalb passt Figur ④ 2-mal in die Figur ①.

b) In Dreieck BMG gilt $90° + 60° + \alpha = 180°$, also ist $\alpha = 30°$.
Oder: Die Mittelpunktswinkel im regelmäßigen Sechseck sind alle 60°; α ist halb so groß, also 30°. Der Winkel α im Dreieck BMG ist 30° groß.

c) $u = \overline{AF} + \overline{FM} + \overline{AG} + \overline{GM}$, mit $\overline{AF} = \overline{FM} = 3$ cm; $\overline{AG} = 1{,}5$ cm und $\overline{GM} = \sqrt{3^2 - 1{,}5^2}$ cm, also ≈ 2,6 cm.
u = 3 cm + 3 cm + 1,5 cm + 2,6 cm = 10,1 cm

79 **24 Busfahrt**

a) Während der Fahrt wird Benzin verbraucht, der Tankinhalt nimmt also ab. Ein Tankvorgang ist dagegen daran zu erkennen, dass die Benzinmenge im Tank sprunghaft ansteigt. Dies ist nach einer gefahrenen Strecke von 100 km und von 500 km der Fall.
Die richtige Antwort ist also: Es wurde 2-mal angehalten, um zu tanken.

b) Die Entfernung von Köln nach Paris lässt sich auf der x-Achse ablesen; ungefähr 800 km.

c) Je größer der Benzinverbrauch ist, desto rascher nimmt der Tankinhalt ab. Auf der Teilstrecke mit dem höchsten Benzinverbrauch wird der Graph daher am steilsten abfallen. Dies trifft auf die Teilstrecke ③ zu.

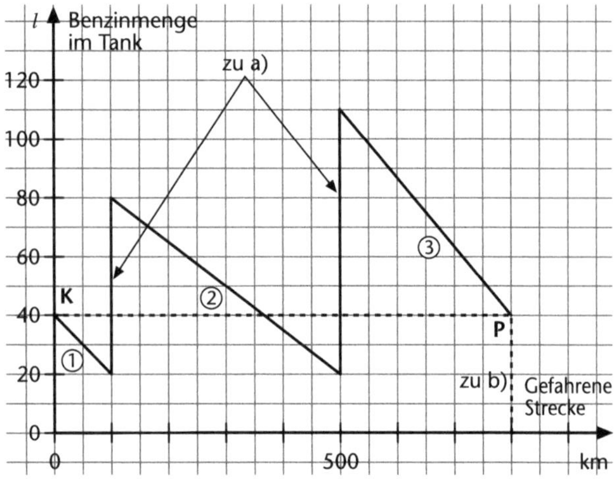

d) Beim Start in Köln sind 40 *l* Benzin im Tank, bis zum ersten Tanken sind 20 *l* davon verbraucht. Die Teilstrecke ② beginnt der Bus mit einem Tankinhalt von 80 *l*, davon sind bis zum zweiten Tanken 60 *l* verbraucht. Die Teilstrecke ③ beginnt der Bus mit einem Tankinhalt von 110 *l*, bei seiner Ankunft in Paris sind noch 40 *l* im Tank. Der Bus hat also auf der letzten Etappe 70 *l* verbraucht.
Auf der gesamten Fahrt verbrauchte der Bus also 20 *l* + 60 *l* + 70 *l* = 150 *l*.

25 Lotterie

a) Bei 80 % Nieten beträgt der Anteil der Gewinne 20 %.

Es gilt: $20\,\% = \frac{20}{100} = \frac{1}{5}$.

Die Aussage „Jedes fünfte Los ist ein Gewinn" ist richtig.

b) Ein Los kostet 0,50 €. Insgesamt werden also 0,50 € · 2 000 = 1 000 € eingenommen.
Folgende Gewinne werden ausgezahlt:

– Trostpreise von je 0,60 €:	18 % von 2 000 = 2 000 · 0,18 = 360
	360 · 0,60 € = 216 €
– Preise von je 5,00 €:	1,5 % von 2 000 = 2 000 · 0,015 = 30
	30 · 5,00 € = 150 €
– Hauptpreise von je 30,00 €:	0,5 % von 2 000 = 2 000 · 0,005 = 10
	10 · 30,00 € = 300 €

Gewinn = 1 000 € – 216 € – 150 € – 300 € = 334 €
Der Lotterieveranstalter macht einen Gewinn von 334 €.

80 **26 Taschengeld für den Urlaub**

Mira hat 10 · 4,50 € = 45 € Taschengeld.
Verteilt auf 6 Urlaubstage kann Mira jeden Tag 45 € : 6 = 7,50 € ausgeben.

27 Kreisförmige Tischdecke

a) Die Tischdecke hat die Form eines Kreises. Für Kreise mit dem Radius r gilt:
$A = \pi r^2$
$A = \pi \cdot (80\text{ cm} + 25\text{ cm})^2$
$A \approx 3{,}46\text{ m}^2$

b) Wie bei Teilaufgabe a) ermittelt man die Größe des Tisches:
$A = \pi \cdot (80\text{ cm})^2 \approx 2{,}01\text{ m}^2$
Den Anteil der Tischdecke auf dem Tische berechnet man, indem man den Flächeninhalt der Tischdecke durch den Flächeninhalt des Tisches dividiert:

$\frac{3{,}46\text{ m}^2}{2{,}01\text{ m}^2} \approx 0{,}58 = 58\,\%$

80

28 Chormitglieder

Zunächst formen wir die Prozentangaben in Dezimalzahlen um.

30 % = 0,3 65 % = 0,65 45 % = 0,45

Da die Summe der relativen Häufigkeiten jeweils 100 % bzw. 1 ergeben muss, erhalten wir folgendes Baumdiagramm:

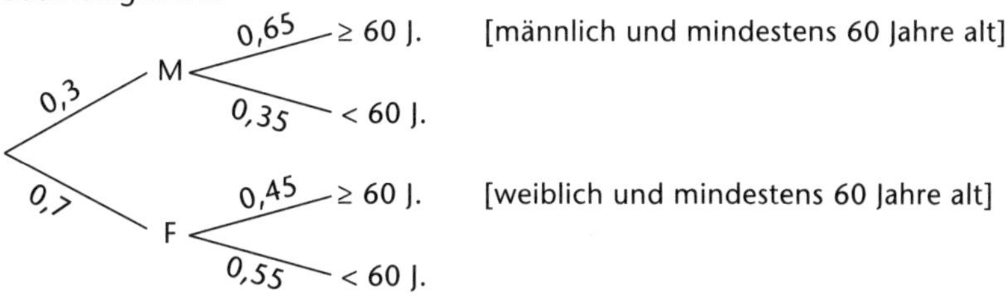

Mit der Pfadregel erhalten wir die folgenden Anteile:

- Anteil aller Chormitglieder, die männlich und mindestens 60 Jahre alt sind:
  $0,3 \cdot 0,65 = 0,195 = 19,5\,\%$
- Anteil aller Chormitglieder, die weiblich und mindestens 60 Jahre alt sind:
  $0,7 \cdot 0,45 = 0,315 = 31,5\,\%$

Die Summe ist: 19,5 % + 31,5 % = 51 %. 51 % der Chormitglieder sind mindestens 60 Jahre alt.

81

29 Musik aus dem Netz

a) Da es keine „halben oder dreiviertel Lieder" zu kaufen gibt, bestehen die zu den Angeboten passenden Graphen aus einzelnen Punkten im Koordinatensystem.
Die Punkte liegen auf Geraden, da es sich bei den Angeboten um lineare Zuordnungen *Anzahl der Lieder → Preis (in €)* handelt.

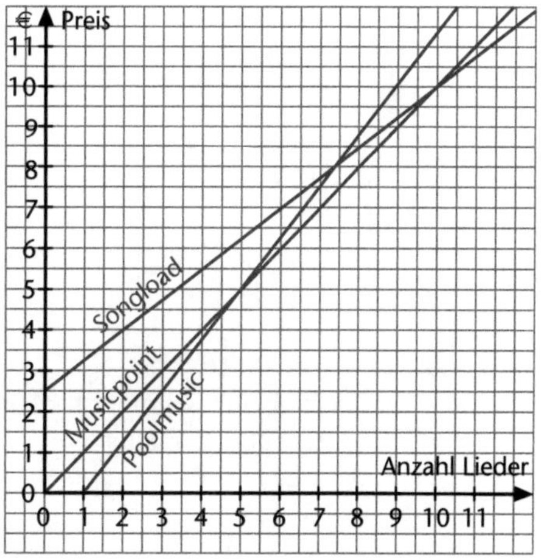

MUSICPOINT	
Anzahl Lieder	Preis (in €)
1	1
2	2
3	3
4	4
5	5

POOLMUSIC (Mindestbestellmenge 2 Lieder):	
Anzahl Lieder	Preis (in €)
2	1,25
3	2,50
4	3,75
5	5,00
6	6,25

SONGLOAD	
Anzahl Lieder	Preis (in €)
1	3,25
2	4,00
3	4,75
4	5,50
5	6,25

b) Da bei SONGLOAD eine Gebühr von 2,50 € pro Bestellung gezahlt werden muss, muss die gesuchte Funktionsgleichung diesen Grundbetrag berücksichtigen. Für x Lieder kommen $x \cdot 0,75$ € hinzu. Die zum Angebot von SONGLOAD passende Funktionsgleichung lautet also:
$y = 2,5 + 0,75\,x$

c) 8 Lieder kosten bei
- MUSICPOINT: $8 \cdot 1$ € = 8 €
- POOLMUSIC: $7 \cdot 1,25$ € = 8,75 €
- SONGLOAD: 2,50 € + $8 \cdot 0,75$ € = 8,50 €

Mira kauft am günstigsten bei MUSICPOINT ein.

81

30 Agenturmeldung

Der Fehler liegt in der Angabe „jede 6. Karte".
„6 Prozent aller Münchner Theaterkarten sind Freikarten" bedeutet, dass von 100 Theaterkarten 6 Freikarten sind.
Verteilt man diese 6 Freikarten gleichmäßig auf die 100 Theaterkarten (also $100 : 6 = 16,\bar{6}$), dann muss etwa jede 17. Karte eine Freikarte sein.
Richtig müsste die Meldung also lauten:
„6 Prozent aller Münchner Theaterkarten sind Freikarten. Kurz gesagt: Etwa jede 17. Theaterkarte ist eine Freikarte!"

31 Unfälle auf dem Schulweg

a) Insgesamt verunglücken $140 + 60 = 200$ Jungen und Mädchen; 140 davon waren Jungen, also beträgt ihr Anteil: $\frac{140}{200} = 0{,}7 = 70\,\%$.
Diese Zeitungsmeldung stimmt.

b) Diese Zeitungsmeldung ist falsch, da viel mehr Jungen als Mädchen in dieser Statistik mit dem Fahrrad zur Schule fahren.
Anteil der verunglückten Jungen: 140 von 1 000 $= \frac{140}{1\,000} = 14\,\%$

Anteil der verunglückten Mädchen: 60 von 300 $= \frac{60}{300} = 20\,\%$

82

32 Zahlenrätsel

(1) A, (2) (F); (3) (H)
Lösungen der Gleichungen:

(A)
$2(5x + 7) = -3x + 53$
$10x + 14 = -3x + 53 \quad |+3x$
$13x + 14 = 53 \quad |-14$
$13x = 39 \quad |:13$
$x = 3$

(F)
$x - (-8) = 5x + 64$
$x + 8 = 5x + 64 \quad |-5x$
$-4x + 8 = 64 \quad |-8$
$-4x = 56 \quad |:(-4)$
$x = -14$

(H)
$4x - 17 = 3(x - 2)$
$4x - 17 = 3x - 6 \quad |-3x$
$x - 17 = -6 \quad |+17$
$x = 11$

33 Haus mit Pultdach

a) Der umbaute Raum entspricht dem Volumen des Baukörpers.
Berechnung des Volumens:
Das Haus kann als Prisma mit einem Trapez als Grundfläche betrachtet werden.
$V = G \cdot h$
$V = \frac{9{,}6\text{ m} + 6{,}2\text{ m}}{2} \cdot 8{,}4\text{ m} \cdot 12{,}6\text{ m}$ Beachte: Höhe des Trapezes: 8,4 m; Höhe des Prismas: 12,6 m
$V = 836{,}136\text{ m}^3 \qquad V \approx 836\text{ m}^3$

b) Berechnung des Flächeninhalts der Seitenflächen:
Die Seitenflächen bestehen aus zwei Trapezen und zwei Rechtecken.
$A = 2\left(\frac{9{,}6\text{ m} + 6{,}2\text{ m}}{2} \cdot 8{,}4\text{ m}\right) + 12{,}6\text{ m} \cdot 9{,}6\text{ m} + 12{,}6\text{ m} \cdot 6{,}2\text{ m}$
$A = 331{,}8\text{ m}^2 \qquad A \approx 332\text{ m}^2$

c) Berechnung des Neigungswinkels: $\tan\alpha = \frac{3{,}4}{8{,}4} \qquad \alpha \approx 22°$

34 Taschengeld

Das geringste monatliche Taschengeld beträgt 10 €, das höchste 80 €. Daraus ergibt sich die Spannweite 80 € – 10 € = 70 €.
Der mittlere Betrag (Median) liegt bei 30 €. 50 % der Befragten erhalten Taschengeld zwischen 20 € (unteres Quartil) und 50 € (oberes Quartil). Es fällt auf, dass die Streuung oberhalb des Medians erheblich größer ist als darunter. Am größten ist sie im letzten Viertel. 25 % der befragten Jugendlichen erhalten monatlich 50 € bis 80 € Taschengeld.

83

35 Sektglas

Das Sektglas hat die Form eines Kegels. Für Kegel mit dem Radius r und der Höhe h gilt: $V = \frac{\pi}{3} r^2 \cdot h$.
Verdoppelt man die Höhe und den Radius des Sektglases, dann verachtfacht sich das Volumen, da der Radius quadratisch wächst.

Es gilt: $V = \frac{\pi}{3} \cdot (2r)^2 \cdot 2h = \frac{\pi}{3} \cdot 4r^2 \cdot 2h = \mathbf{8} \cdot \left(\frac{\pi}{3} \cdot r^2 \cdot h\right)$

83

36 Säulentrommel

a) Mögliche Schätzwerte, die sich mit der geschätzten Körpergröße der Person ergeben:
für den Durchmesser: 2 m bis 2,50 m   für die Säulenhöhe: 2,50 m bis 3 m

b) Mit den Schätzwerten ergibt sich ein Volumen von ($\pi \cdot 1^2 \cdot 2{,}5\ m^3 \approx$) 7,9 m^3 bis ($\pi \cdot 1{,}25^2 \cdot 3\ m^3 \approx$) 14,7 m^3 und eine Masse von ca. 15 t bis ca. 29 t.

37 Füllungen

a) Der Behälter wird gleichmäßig gefüllt, d. h. pro Minute fließt die gleiche Menge an Flüssigkeit hinein. Da er nach 160 Minuten randvoll gefüllt ist und der Behälter ein Volumen von 64 000 cm^3 hat, fließen pro Minute 64 000 cm^3 : 160 = 400 cm^3 Flüssigkeit in den Behälter.

b) Von dem Körper ist das Volumen bekannt. Die gesuchte Höhe c kann daher berechnet werden.
Körper I: 64 000 cm^3 : (80 cm · 40 cm) = 20 cm
Körper II: 64 000 cm^3 : (50 cm · 16 cm) = 80 cm
Richtig ist also: Die Höhe c von Körper I beträgt 20 cm, für Körper II 80 cm.

c) Da die Körper gleichmäßig gefüllt werden, ist die Funktion *Zeit (in min.)* → *Füllhöhe (in cm)* linear. Die zum Graph einer linearen Funktion zugehörigen Punkte liegen auf einer Geraden. Durch zwei Punkte ist eine Gerade eindeutig bestimmt. Da beide Körper zunächst leer sind, müssen die Funktionsgraphen durch den Ursprung gehen (1. Punkt: (0|0)).
Beide Körper besitzen dasselbe Volumen und sind daher beide nach 160 Minuten randvoll gefüllt.
Körper I hat eine Höhe von 20 cm, also liegt der Punkt (160|20) auf dem Graphen, der zum Füllvorgang von Körper I passt. Körper II hat eine Höhe von 80 cm, also liegt der Punkt (160|80) auf dem Graphen, der zum Füllvorgang von Körper II passt. Jetzt kennen wir jeweils zwei Punkte der beiden Graphen. Ins Koordinatensystem eingetragen ergibt sich das Bild rechts.

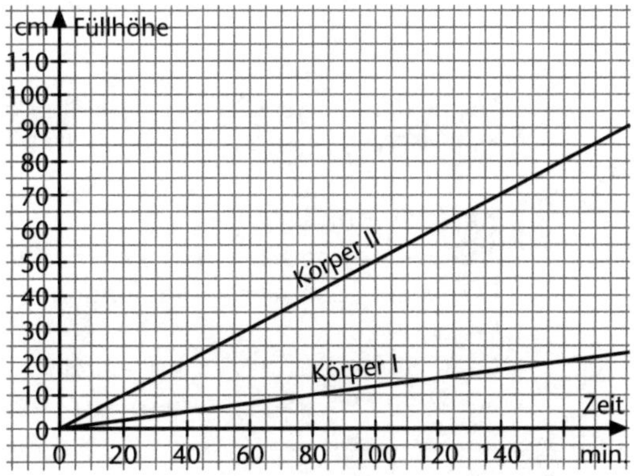

84

38 Lösungsmethoden

a) Ein geschickter Lösungsweg nutzt die Regel:
„Ein Produkt hat den Wert 0, wenn (mindestens) ein Faktor 0 ist."
Damit ergeben sich zu
$x - 3 = 0$ und $x + 9 = 0$ die Lösungen $x = 3$ und $x = -9$.

b) *1. Methode:*
mit „quadratischer Ergänzung"

$2x^2 - 6x = 20 \quad |:2$

$x^2 - 3x = 10 \quad |\text{Quadr. Erg.}$

$x^2 - 3x + \left(\frac{3}{2}\right)^2 = 10 + \left(\frac{3}{2}\right)^2 \quad |\text{Binom}$

$(x - \frac{3}{2})^2 = \frac{49}{4} \quad |\sqrt{\ }$

$x - \frac{3}{2} = \frac{7}{2}$ *oder* $x - \frac{3}{2} = -\frac{7}{2}$

$x = 5$ *oder* $x = -2$

2. Methode:
mit p-q-Formel

$x^2 + px + q = 0$

$x_{1/2} = -\frac{p}{2} \pm \sqrt{\left(\frac{p}{2}\right)^2 - q}$

Für die gegebene Gleichung gilt:

$2x^2 - 6x - 20 = 0$

oder: $x^2 - 3x - 10 = 0$

also: $p = -3$ und $q = -10$

und $x_1 = \frac{3}{2} + \sqrt{\left(\frac{3}{2}\right)^2 + 10}$

$= \frac{3}{2} + \sqrt{\frac{9}{4} + 10}$

$= \frac{3}{2} + \sqrt{\frac{49}{4}}$

$= \frac{3}{2} + \frac{7}{2} = 5$

und $x_2 = \frac{3}{2} - \frac{7}{2} = -2$

84 **39 Bogenbrücke**

a) Der Parameter c gibt bei quadratischen Funktionen der Form $y = ax^2 + c$ die Verschiebung der Parabel in Richtung der y-Achse an. Bei $c = 1$ wird der Graph um eine Einheit nach oben verschoben und schneidet die y-Achse im Punkt (0|1).
Im vorliegenden Beispiel ist der Schnittpunkt bei (0|3,6), also ist $c = 3,6$.

b) Setzt man den für c ermittelten Wert in die Funktionsgleichung ein, so ergibt sich:
$y = ax^2 + 3,6$
Zur Bestimmung von a muss man einen Punkt auf der Parabel finden, für den die x- und y-Koordinaten abgelesen werden können. Ein Nullpunkt hat die Koordinaten (10 | 0). Setzt man diese Koordinaten in die Gleichung ein, so ergibt sich:

$$0 = a \cdot 10^2 + 3,6 \quad |-3,6$$
$$-3,6 = a \cdot 100 \quad |:100$$
$$-0,036 = a$$

85 **40 Zahnradbahn**

Die Länge der gesuchten Strecke ermittelt man mit dem Satz des Pythagoras.

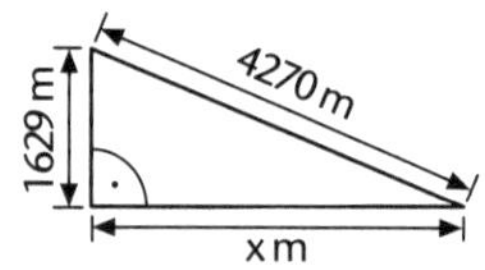

$x^2 = (4\,270\text{ m})^2 - (1\,629\text{ m})^2 = 15\,579\,259\text{ m}^2$
$x \approx 3\,947\text{ m}$

Die beiden Orte sind in der Realität ungefähr 3 947 m voneinander entfernt. Auf einer Karte im Maßstab 1 : 25 000 sind dies ungefähr 15,8 cm.

41 Kapitalvermehrung

1. Möglichkeit: Nach etwa 7 Jahren ist das Anfangskapital bereits auf das 1,5-fache angewachsen. Der weitere Zuwachs erfolgt aufgrund des höheren Betrages schneller. Es müssen also weniger als 14 Jahre sein.
Im 8. Jahr wächst das Kapital auf einen Betrag von 15 000 € + 900 € (Zinsen) = 15 900 €, im 9. Jahr auf 15 900 € + 954 € (Zinsen) = 16 854 €. Damit scheidet auch die Antwort „nach 9 Jahren" aus.
2. Möglichkeit: Um zu berechnen, in wie vielen Jahren das Anfangskapital von 10 000 € bei einem Zinssatz von 6 % auf ein Endkapital von 20 000 € anwächst, überlegt man sich:

Anfangskapital	10 000,00 €
	· 1,06 ↓
Kapital nach 1 Jahr	10 600,00 €
	· 1,06 ↓
Kapital nach 2 Jahren	11 236,00 €
⋮	⋮
Kapital nach x Jahren	20 000,00 €

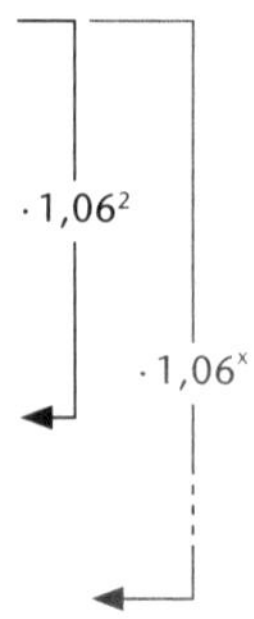

Die Anzahl der Jahre bis zur Verdopplung des Anfangskapitals auf 20 000 € liefert die Gleichung:

$$10\,000\text{ €} \cdot 1,06^x = 20\,000\text{ €} \quad |:10\,000\text{ €}$$
$$1,06^x = \frac{20\,000\text{ €}}{10\,000\text{ €}}$$
$$1,06^x = 2$$

Lösen der Gleichung:
① durch probierendes Einsetzen von ganzzahligen Exponenten oder
② durch Logarithmieren

$$x \cdot \log 1,06 = \log 2 \quad |:\log 1,06$$
$$x = \frac{\log 2}{\log 1,06} \approx 11,89$$

Die Antwort lautet: Nach ca. 12 Jahren.

85

42 Änderung des Kreisradius

Falsche Aussagen sind b) und d).

b) Begründungen:
1. mit Zahlenbeispiel: für $r = 1$ cm ist $A \approx 3{,}14\ cm^2$, für $r = 2$ ist $A \approx 4 \cdot 3{,}14\ cm^2$
2. mit Formel: $A = r^2 \cdot \pi$; für doppelten Radius gilt $A = (2r)^2 \cdot \pi = 4r^2 \cdot \pi$; der Flächeninhalt wird 4-mal so groß.

d) Begründungen:
1. mit Zahlenbeispiel: für $r = 1$ cm ist $A \approx 3{,}14\ cm^2$, für $r = 3$ ist $A \approx 9 \cdot 3{,}14\ cm^2$
2. mit Formel: $A = r^2 \cdot \pi$; für dreifachen Radius gilt $A = (3r)^2 \cdot \pi = 9r^2 \cdot \pi$; der Flächeninhalt wird 9-mal so groß.

86

43 Litfaßsäule

Die Litfaßsäule hat die Form eines Zylinders.
Für Zylinder mit dem Radius r und der Höhe h gilt: $M = 2\pi \cdot r \cdot h$
Wählt man z. B. als Radius r = 50 cm und als Höhe h = 3 m so ergibt sich für die Werbefläche
$M = 2\pi \cdot 0{,}5 \cdot 3$ m
$M \approx 9\ m^2$

44 Stadion

a) Geschätzter Platzbedarf für einen Sitzplatz: ($80^2\ cm^2$ bis $85^2\ cm^2$) ca. $0{,}7\ m^2$
Damit brauchen 60 000 Sitzplätze ca. $60\,000 \cdot 0{,}7\ m^2 = 42\,000\ m^2$, das sind 4,2 ha.

b) Der Innenraum eines Stadions ($90\ m \cdot 120\ m$) ist $10\,800\ m^2$ groß. Rechnet man mit vier Personen pro $1\ m^2$ (oder $0{,}25\ m^2$ pro Person), dann brauchen 60 000 Personen $15\,000\ m^2$.
Es könnten also nicht alle Zuschauer einen Stehplatz im Innenraum finden.

45 Wohnmobil

Die Angebote beinhalten eine tägliche Mietgebühr und eine Gebühr pro gefahrene Kilometer.
Da die Reise 21 Tage dauern und die Route etwa 2 500 km umfassen soll, ergibt sich für die drei Firmen:
Firma A: $21 \cdot 20\ € + 2\,500 \cdot 0{,}20\ € = 920\ €$
Firma B: $21 \cdot 30\ € + 2\,500 \cdot 0{,}10\ € = 880\ €$
Firma C: $21 \cdot 32\ € + 2\,500 \cdot 0{,}05\ € = 797\ €$
Zu empfehlen ist Firma C.

87

46 Riesen-Bovist

Für einen Würfel mit der Kantenlänge a gilt:
$V = a \cdot a \cdot a$
So rechnet Malte.
Für einen Zylinder mit dem Radius r und der Höhe h gilt:
$V = \pi \cdot r^2 \cdot h$
So rechnet Erik.
Für eine Halbkugel mit dem Radius r gilt:
$V = \frac{4}{3}\pi \cdot r^3$
So rechnet Luca.

47 Sonderpreis

a) Methode (1) berücksichtigt nicht den Rabatt von 3 %. Die Methode ist falsch.
Methode (2) berechnet zuerst (100 % – 15 %) 85 % vom bisherigen Preis. Dann werden 3% subtrahiert. Die Methode ist richtig.
Methode (3) ist auch richtig.
Es gilt: $100\,\% - 15\,\% = 85\,\% = 0{,}85$ und
$100\,\% - 3\,\% = 97\,\% = 0{,}97$
Deshalb kann der gesenkte Barzahlungspreis so berechnet werden:
$(1\,500\ € \cdot 0{,}85) \cdot 0{,}97 = 1\,236{,}75\ €$

b) Die Rechnung z. B. mit Methode (3) ergibt 1 236,75 €.

87

48 Behälter mit Kugeln

Insgesamt sind zunächst 7 Kugeln (3 blaue, 4 weiße) im Behälter. Also beträgt die Wahrscheinlichkeit, im ersten Zug eine blaue Kugel zu ziehen, $\frac{3}{7}$ und für eine weiße Kugel $\frac{4}{7}$.
Beim zweiten Zug sind nur noch 6 Kugeln im Behälter. Die Wahrscheinlichkeiten hängen vom Ergebnis des ersten Zuges ab.

Baumdiagramm:

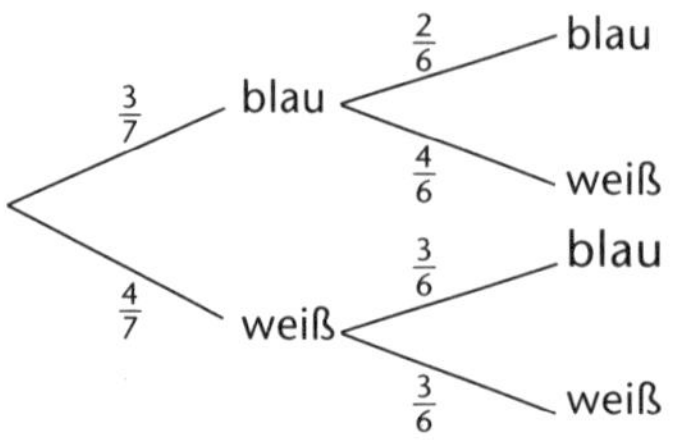

Björn gewinnt bei den Ergebnissen (blau/blau) und (weiß/weiß).
Mit den Pfadregeln berechnen wir die Wahrscheinlichkeiten.

p (Marc gewinnt) = p (blau/weiß) + p (weiß/blau)

$$= \frac{3}{7} \cdot \frac{4}{6} + \frac{4}{7} \cdot \frac{3}{6}$$
$$= \frac{12}{42} + \frac{12}{42}$$
$$= \frac{24}{42} = \frac{4}{7} \approx 57\,\%$$

p (Björn gewinnt) = p (blau/blau) + p (weiß/weiß)

$$= \frac{3}{7} \cdot \frac{2}{6} + \frac{4}{7} \cdot \frac{3}{6}$$
$$= \frac{6}{42} + \frac{12}{42}$$
$$= \frac{18}{42} = \frac{3}{7} \approx 43\,\%$$

Alternativer Lösungsweg:
p (Marc gewinnt) = 1 – p (Björn gewinnt)

$$= 1 - \frac{3}{7} = \frac{4}{7} \approx 57\,\%$$

Gewinnchance für Marc: $\frac{4}{7}$

Gewinnchance für Björn: $\frac{3}{7}$

88 **Prüfungsteil 1: Aufgabe 1**

a) Auf der rechten Seite der grauen Fläche kann ein Flächenstück so abgetrennt und links angesetzt werden, dass ein gleichgroßes Rechteck entsteht. Dieses Rechteck ist 4,7 cm lang und 2,6 cm breit.
Wir erhalten: $A = 4{,}7\text{ cm} \cdot 2{,}6\text{ cm} = 12{,}22\text{ cm}^2$ (Werte zwischen $11{,}5\text{ cm}^2$ und $13{,}5\text{ cm}^2$ sind in Ordnung.)

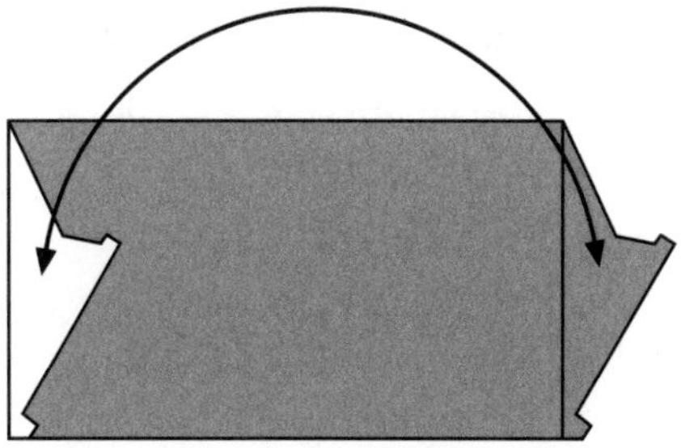

b) Es gibt zwei Lösungsmöglichkeiten.
(1) Insgesamt besteht der Text aus
$13 \cdot 230$ Zeichen = 2 990 Zeichen. Bei 300 Zeichen pro Minute dauert das Schreiben (2 990 : 300) min ≈ 10 min.
(2) Dreisatz bei einer antiproportionalen Zuordnung

	230 Zeichen/min →	13 min	
: 23	10 Zeichen/min →	299 min	· 23
· 30	300 Zeichen/min →	ca. 10 min	: 30

Bei 300 Zeichen pro Minute benötigt man für den Text 10 Minuten.

c) 80 Jahre = $80 \cdot 365$ Tage = $80 \cdot 365 \cdot 20$ h = 584 000 h
Die Lebenserwartung beträgt ungefähr 600 000 Stunden.

d) Der Anteil der grünen Stühle beträgt $\frac{103}{360}$.
$\frac{103}{360}$ von $245 = 245 \cdot \frac{103}{360} = 70$
Im Januar 2009 wurden 70 grüne Stühle verkauft. (Werte zwischen 68 und 72 sind in Ordnung).

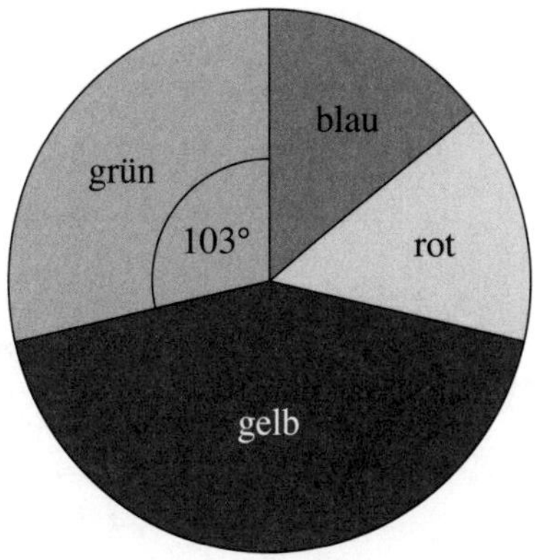

89 e) Von den Gesamtkosten ziehen wir zunächst die Grundgebühr ab.
16,60 € – 10,00 € = 6,60 €.
Diesen Betrag dividieren wir dann durch die Anzahl der Gespräche.
6,60 € : 44 = 0,15 €
Der Betrag für ein einzelnes Gespräch beträgt 0,15 €.

f1) Beide erhalten z. B. bei der Zahl 6,9 das gleiche Ergebnis.
Nina rechnet: $6{,}9 \cdot 2 = 13{,}8 \approx 14$
Martin rechnet: $6{,}9 \approx 7$ und $7 \cdot 2 = 14$

f2) Sie erhalten z.B. bei der Zahl 6,7 nicht das gleiche Ergebnis.
Nina rechnet: $6{,}7 \cdot 2 = 13{,}4 \approx 13$
Martin rechnet: $6{,}7 \approx 7$ und $7 \cdot 2 = 14$

f3) Ab einer 5 hinter dem Komma wird aufgerundet, sonst abgerundet. Aus diesem Grund kann die Differenz maximal $2 \cdot 0{,}5 = 1$ sein.

Prüfungsteil 2: Aufgabe 2

a)

Tacho-Anzeige in $\frac{km}{h}$	GPS-Messung in $\frac{km}{h}$	Differenz der Geschwindigkeitswerte in $\frac{km}{h}$
20	17,9	2,1
50	45,6	4,4
125	119,0	6,0

90 b) Prozentuale Abweichungen von der GPS-Messung:

1. Messung: $\frac{2{,}1}{17{,}9} \approx 0{,}117 = 11{,}7\,\%$

3. Messung: $\frac{6{,}0}{119{,}0} \approx 0{,}050 = 5{,}0\,\%$

2. Messung: $\frac{4{,}4}{45{,}6} \approx 0{,}096 = 9{,}6\,\%$

Bei 17,9 $\frac{km}{h}$ ist die prozentuale Abweichung am größten.

c1) 10 % von 50 $\frac{km}{h}$ = 5 $\frac{km}{h}$
$50\,\frac{km}{h} + 5\,\frac{km}{h} + 4\,\frac{km}{h} = 59\,\frac{km}{h}$
Es dürfen maximal 59 $\frac{km}{h}$ vom Tacho angezeigt werden.

90 c2) $94\,\frac{km}{h} - 4\,\frac{km}{h} = 90\,\frac{km}{h}$

$90\,\frac{km}{h}$ können maximal 100 % + 10 %, also 110 % der tatsächlichen Geschwindigkeit sein.

Die tatsächliche Geschwindigkeit beträgt somit mindestens $90\,\frac{km}{h} : 1{,}10 \approx 81{,}8\,\frac{km}{h}$

Der 2. Teil der Aufgabe kann auch mithilfe des Dreisatzes gelöst werden.

$$\begin{aligned} &110\,\% \rightarrow 90\,\tfrac{km}{h} \\ :11 \quad &\quad\quad\quad\quad\quad\quad :11 \\ &10\,\% \rightarrow 8{,}18\,\tfrac{km}{h} \\ \cdot 10 \quad &\quad\quad\quad\quad\quad\quad \cdot 10 \\ &100\,\% \rightarrow 81{,}8\,\tfrac{km}{h} \end{aligned}$$

Die tatsächliche Geschwindigkeit beträgt mindestens $81{,}8\,\frac{km}{h}$.

c3) Jessicas Formel ist falsch. Jessica berechnet einen Wert, der lediglich 4 % über der tatsächlichen Geschwindigkeit liegt. Begründung: 1,04 = 104 % = 100 % + 4 %

91 d1)

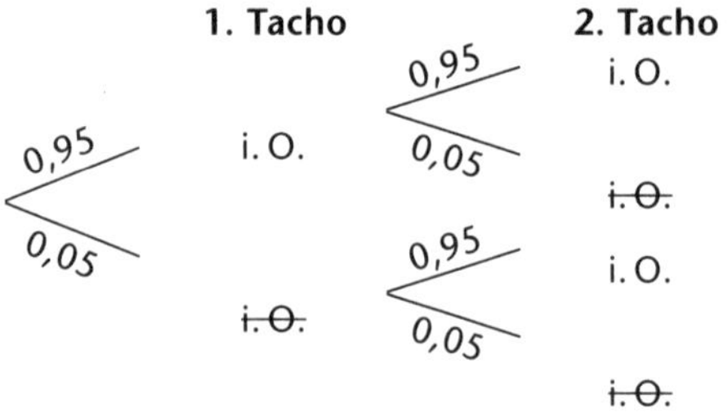

d2) Die „Pfadregel“ besagt, dass die Wahrscheinlichkeiten längs des zugehörigen Pfads multipliziert werden.
$0{,}95 \cdot 0{,}95 = 0{,}9025 = 90{,}25\,\%$
Mit einer Wahrscheinlichkeit von 90,25 % sind beide Tachos in Ordnung.

d3) Zu diesem Ergebnis gehören zwei Pfade. Beim ersten Pfad ist nur der erste Tacho in Ordnung, beim zweiten Pfad nur der zweite Tacho.
$0{,}95 \cdot 0{,}05 + 0{,}05 \cdot 0{,}95 = 9{,}5\,\%$
Die Wahrscheinlichkeit, dass ein Tacho in Ordnung ist und der andere nicht, beträgt 9,5 %

Prüfungsteil 2: Aufgabe 3

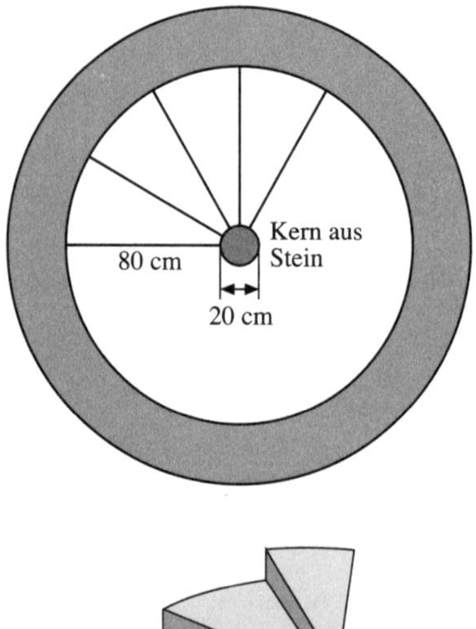

a) Die Außenwand ist 30 cm dick. Somit beträgt der Radius des äußeren Kreises:
r = 30 cm + 80 cm + 10 cm
= 120 cm
= 1,2 m
Für den Umfang erhalten wir:
$u = 2\pi r$
$u = 2 \cdot \pi \cdot 1{,}2\text{ m} \approx 7{,}5\text{ m}$

92 b) Die Fläche der Außenwand ist die Mantelfläche eines Zylinders mit dem Umfang u = 7,5 m und der Höhe h = 16,2 m. Wickelt man diesen Mantel ab, so erhält man ein Rechteck mit den Seitenlängen 7,5 m und 16,2 m.
$A = 7{,}5\text{ m} \cdot 16{,}2\text{ m} = 121{,}5\text{ m}^2$
Die zu streichende Außenwand ist 121,5 m^2 groß.

c) Eine Stufe ist 0,18 m hoch, der Turm insgesamt 16,2 m.
16,2 m : 0,18 = 90
Die Treppe hat insgesamt 90 Stufen.

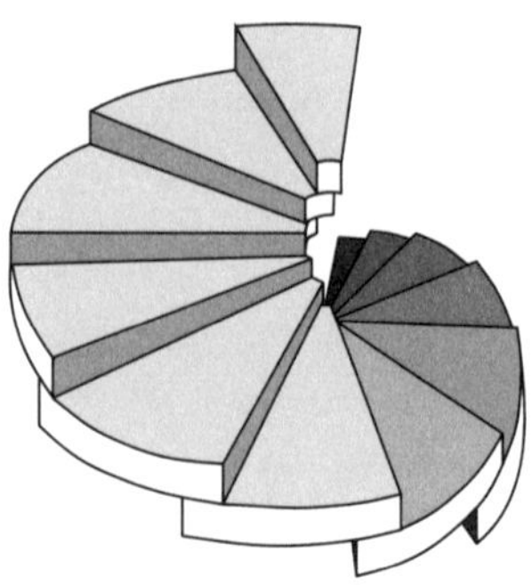

d) 12 Stufen ergeben eine Drehung. Wenn man auf der ersten Stufe steht, ist die 13. Stufe direkt darüber. Jede Stufe ist 18 cm hoch. Sie ist gleichzeitig, wie man den Skizzen entnehmen kann, auch 18 cm dick, d. h. es ist z. B. keine Holztreppe mit 4 oder 5 cm dicken Holzstufen. Zwischen der Oberseite der ersten Stufe und der Unterseite der 13. Stufe liegen somit 11 Stufen.
$11 \cdot 0{,}18\text{ m} = 1{,}98\text{ m}$
Da Herr Meyerbohm 2,02 groß ist, kann er dort nicht aufrecht stehen.

92 e1) 10 cm in der Wirklichkeit entsprechen 1 cm in der Zeichnung.
$360° : 12 = 30°$ (Mittelpunktswinkel)

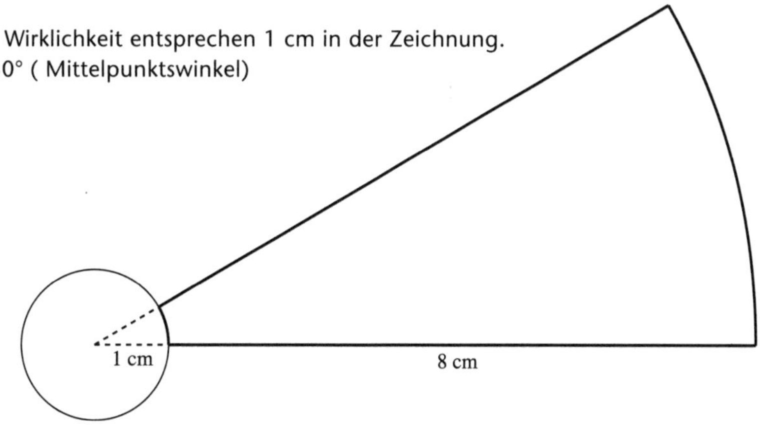

($r_{innen} = 1$ cm ; $r_{außen} = 9$ cm)

93 e2) Der Flächeninhalt ergibt sich aus dem Inhalt A_{gr} eines großen Kreisausschnitts mit $r_{gr} = 90$ cm und $\alpha = 30°$ abzüglich des Inhalts A_{kl} eines kleinen Kreisausschnitts mit $r_{kl} = 10$ cm und $\alpha = 30$ °.

$A_{gr} = \pi \cdot (90\text{ cm})^2 : 12 \approx 2\,120{,}58\text{ cm}^2$

$A_{kl} = \pi \cdot (10\text{ cm})^2 : 12 \approx 26{,}18\text{ cm}^2$

$A = A_{gr} - A_{kl} \approx 2\,094{,}40\text{ cm}^2 \approx 2\,100\text{ cm}^2 = 0{,}21\text{ m}^2$

Eine Trittfläche ist ungefähr 0,21 m^2 groß.

Prüfungsteil 2: Aufgabe 4

a) Die Parabel ist nach unten geöffnet. Somit kommt I : $y = x^2 + 5$ nicht in Frage.
Da der Scheitelpunkt auf der y-Achse liegt (S (0|5)), kann es nur die Funktionsgleichung II : $y = -x^2 + 5$ sein.

Skizze zu a):

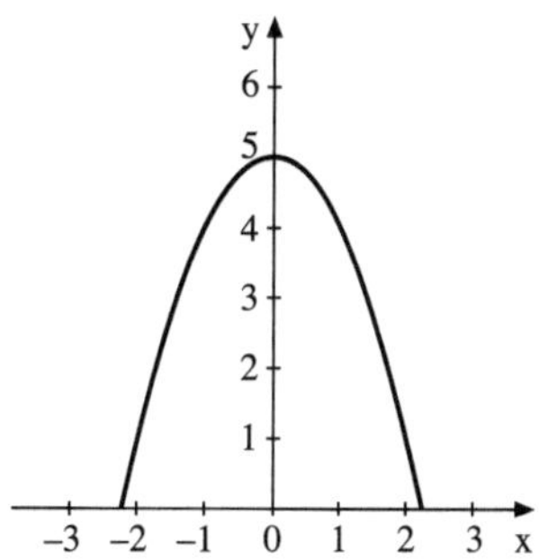

b1) Der Scheitelpunkt ist S (0|28). Der Bogen ist also 28 cm hoch.

b2) Die Parabel schneidet die y-Achse im Punkt S (0|28). Dieser Punkt liegt 56 mm über der x-Achse. Somit ergeben 2 mm auf der y-Achse eine Einheit.
Um die x-Achse bezeichnen zu können, berechnen wir die Nullstellen.

$$0 = -0{,}2\,x^2 + 28 \quad | + 0{,}2\,x^2$$
$$0{,}2\,x^2 = 28 \quad | : 0{,}2$$
$$x^2 = 140 \quad | \pm\sqrt{}$$

$x \approx 11{,}8$ oder $x \approx -11{,}8$

Auf der x-Achse entsprechen auch 2 mm eine Einheit.

Skizze zu b1) und b2:

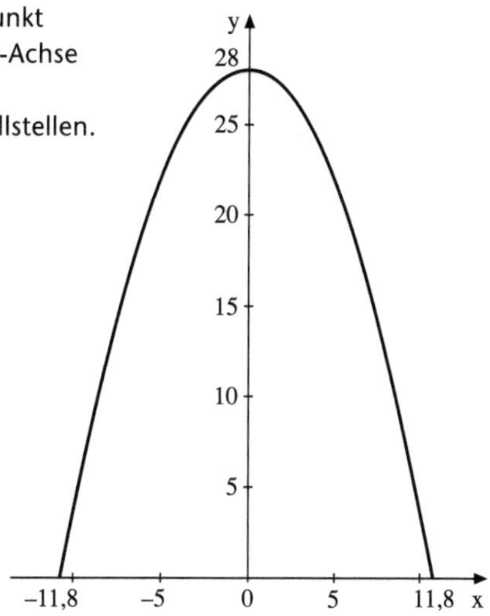

94

b3) Wir berechnen die beiden x-Werte, für die $y = 25{,}5$ ist. Aus Symmetriegründen gilt dann für die Breite b der Arbeitsfläche $b = 2 \cdot x_2$.

Rechnung:

$25{,}5 = -0{,}2\,x^2 + 28 \quad |+0{,}2\,x^2 \quad |-25{,}5$

$0{,}2\,x^2 = 2{,}5 \quad |:0{,}2$

$x^2 = 12{,}5 \quad |\pm\sqrt{}$

$x \approx -3{,}5$ oder $x \approx 3{,}5$

Die Arbeitsfläche kann höchstens $2 \cdot 3{,}5$ m = 7 m breit sein.

Skizze zu b3):

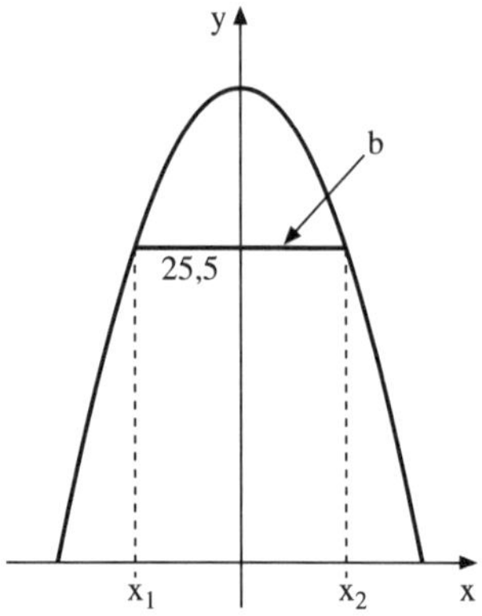

c) Der monatliche Wachstumsfaktor beträgt

100 % + 0,75 % = 100,75 % = 1,0075

c1) Nach 1 Monat: 40 000 € · 1,0075 = 40 300 €

Nach 2 Monaten 40 000 € · $1{,}0075^2$ = 40 602,25 €

c2) $\frac{1}{2}$ Jahr = 6 Monate

Nach 6 Monaten: 40 000 € · $1{,}0075^6$ = 41 834,09 €

c3) Nach x Monaten $y = 40\,000 \cdot 1{,}0075^x$

95 **Prüfungsteil 1: Aufgabe 1**

a) Das Auto ist auf dem Bild ungefähr halb so lang wie der Mittelfinger, d. h. es ist ca. 4 cm lang. In Wirklichkeit ist es ca. 4 m = 400 cm lang. Es müsste mit dem Faktor 400 cm : 4 = 100 vergrößert werden.
Das Original wurde näherungsweise im Maßstab 1 : 100 verkleinert. Das Modellauto müsste also im Maßstab 100 : 1 vergrößert werden.
(Hinweis: Die Aufgaben in der Prüfungsarbeit sind nicht korrekt. Sie müssten lauten: 10 : 1; 1000 : 1; 10 000 : 1. Die richtige Antwort ist dann 100 : 1)

b_1) ja $\quad$ b_2) nein $\quad$ b_3) nein

c) Das Werkstück kann in zwei Quader zerlegt werden.
(1) $V_1 = 4\text{ cm} \cdot 4\text{ cm} \cdot 6\text{ cm} = 96\text{ cm}^3$
(2) $V_2 = 5\text{ cm} \cdot 6\text{ cm} \cdot 10\text{ cm} = 300\text{ cm}^3$
Gesamtvolumen: $V = 96\text{ cm}^3 + 300\text{ cm}^3 = 396\text{ cm}^3$

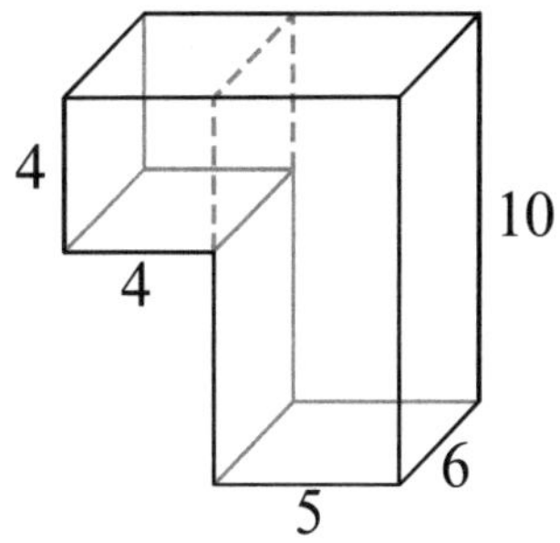

d) Z. B. x = 25 cm
Mit der Gleichung erhalten wir dann:
$$25\text{ cm} + 2y = 63\text{ cm} \quad | -25\text{ cm}$$
$$2y = 38\text{ cm} \quad | :2$$
$$y = 19\text{ cm}$$
Wertepaar: (25 cm | 19 cm)

e_1) $17 : 3{,}3 \approx 5{,}15$
Das Gewitter ist ca. 5,2 km entfernt.

96 e_2) $8 \cdot 3{,}3 = 26{,}4$
Der Donner braucht ca. 26 Sekunden.

f_1) Die „4" ist laut Diagramm in 26,5 % von 200 Würfen gefallen, das sind $200 \cdot 0{,}265 = 53$ Würfe.

f_2) Die relativen Häufigkeiten verdichten sich in dem Diagramm bei 0,25; also bei 25 %.
Die Wahrscheinlichkeit, eine „4" zu würfeln, liegt somit bei ca. 25 %.

Prüfungsteil 2: Aufgabe 2

a) $A = \pi \cdot r^2$ mit r = 225 m
$A = \pi \cdot (225\text{ m})^2 \approx 159\,043\text{ m}^2$

97 b) Der äußere Endpunkt legt bei drei Umdrehungen den Weg $s = 3 \cdot u = 3 \cdot 2\pi r$ zurück.
$s = 3 \cdot 2 \cdot \pi \cdot 225\text{ m} \approx 4241\text{ m} = 4{,}241\text{ km}$
Die Geschwindigkeit beträgt somit ca. $4{,}24\ \frac{\text{km}}{\text{h}}$.

c) Man kann zunächst den Flächeninhalt des gesamten Feldes, das ein Rechteck ist, berechnen. Da man den Durchmesser eines Kreises kennt, ist das Feld $3 \cdot d$ lang und $2 \cdot d$ breit. Von diesem Flächeninhalt werden die Flächeninhalte der sechs Kreise abgezogen.

d) Wir bezeichnen die drei eingezeichneten Längen mit a, b und c.

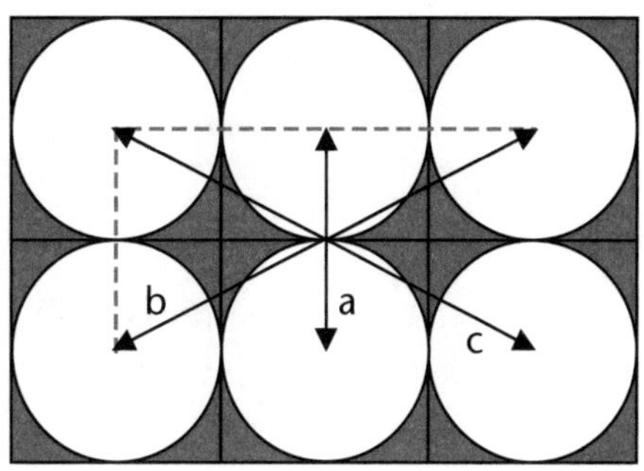

Es gilt:
(1) $a = 2r = 2 \cdot 225\text{ m} = 450\text{ m}$
(2) $b^2 = (2r)^2 + (4r)^2$ (Satz des Pythagoras)
$b^2 = (450\text{ m})^2 + (900\text{ m})^2$
$b^2 = 1\,012\,500\text{ m}^2 \quad | \sqrt{\ }$
$b \approx 1006\text{ m}$
(3) $c = b \approx 1006\text{ m}$
Gesamtlänge l: $450\text{ m} + 2 \cdot 1006\text{ m} = 2462\text{ m}$

98 **Prüfungsteil 2: Aufgabe 3**

a) Buchstabe B ($1 \cdot 10^{-2} = 0{,}01$)

b) Fehlerquote: 100 % – 90 % = 10 % = 0,1
Buchstabe C

c)

Das bedeutet, dass	stimmt	stimmt nicht
es in **etwa** 30 % der Fälle zu einem Fehler kommt.	X	
die Fehlerwahrscheinlichkeit $3 \cdot 10^{-1}$ beträgt.	X	
30 Fehler gemacht werden.		X
in 3 von 10 Fällen **sicher** ein Fehler auftritt.		X

d_1)

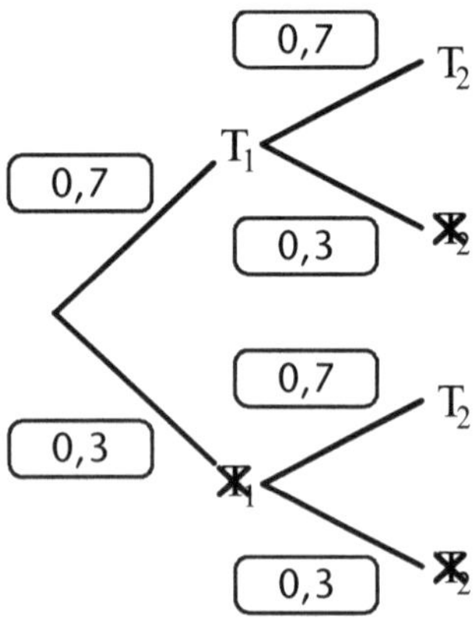

d_2) $0{,}7 \cdot 0{,}7 = 0{,}49 = 49\,\%$
Die Wahrscheinlichkeit beträgt 49 %.

d_3) $0{,}7 \cdot 0{,}3 + 0{,}3 \cdot 0{,}7 = 0{,}42 = 42\,\%$
Die Wahrscheinlichkeit beträgt 42 %.

99 **Prüfungsteil 2: Aufgabe 4**

a) Dem Punkt P_0 (0|5) entnehmen wir, dass das Seil an der tiefsten Stelle 5 m über der Fahrbahn hängt.

b) a = 100 m + 100 m = 200 m

c) P_1 (–200|80)

d_1) Buchstabe B

d_2) Die Parabel zu A ist nach unten geöffnet, da der Vorfaktor – 0,001875 negativ ist.
Die Parabel zu C ist zwar nach oben geöffnet, aber sie schneidet die y-Achse im Punkt P (0|–5), d. h. das Seil würde unterhalb der Fahrbahn verlaufen.

e) Mit dem Satz des Pythagoras erhalten wir:

$$\overline{P_2P_3}^2 = (80\text{ m})^2 + (100\text{ m})^2$$

$$\overline{P_2P_3}^2 = 16\,400\text{ m}^2 \quad |\sqrt{}$$

$$\overline{P_2P_3} \approx 128\text{ m}$$

100 f) $y = 0{,}002x^2 + 3$

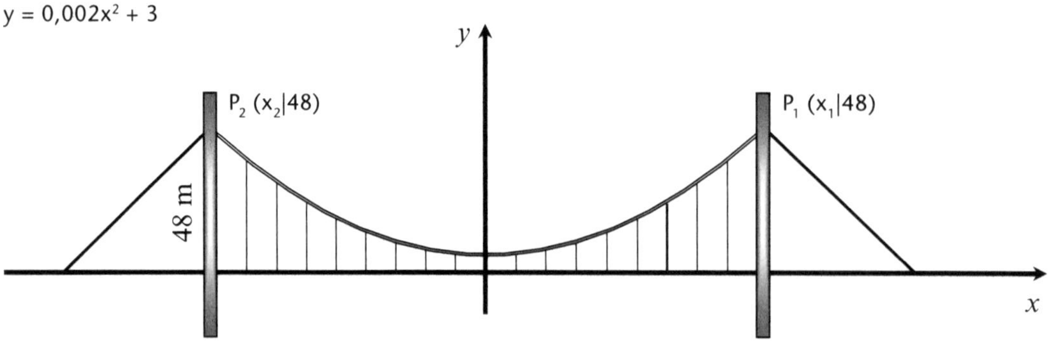

Zunächst berechnen wir die x-Koordinaten x_1 und x_2 der Punkte P_1 und P_2. Für beide Punkte ist y = 48.

100 $48 = 0{,}002x^2 + 3 \quad | -3$

$45 = 0{,}002x^2 \quad | : 0{,}002$

$22\,500 = x^2 \quad | \pm\sqrt{}$

$x_1 = 150 \quad ; \quad x_2 = -150$

Abstand zwischen den Pfeilern: 150 m + 150 m = 300 m

g) Zur Berechnung der Spannweite müssen wir die Nullstellen von $y = -0{,}007x^2 + 1{,}3x$ berechnen.

$-0{,}007x^2 + 1{,}3x = 0 \quad |$ x ausklammern

$x(-0{,}007x + 1{,}3) = 0$

$x = 0$ oder $-0{,}007x + 1{,}3 = 0 \quad | + 0{,}007x$

$x = 0$ oder $1{,}3 = 0{,}007x \quad | : 0{,}007$

$x = 0$ oder $x \approx 185{,}7$

Die Spannweite S beträgt 185,7 m.

101 **Prüfungsteil 1: Aufgabe 1**

a) Man kann z. B. so ein Rechteck auf die Figur legen, dass die überstehenden und die restlichen Flächenstücke ungefähr gleich groß sind.
Wir erhalten:
$A = 3{,}1\text{ cm} \cdot 2{,}8\text{ cm} = 8{,}68\text{ cm}^2$

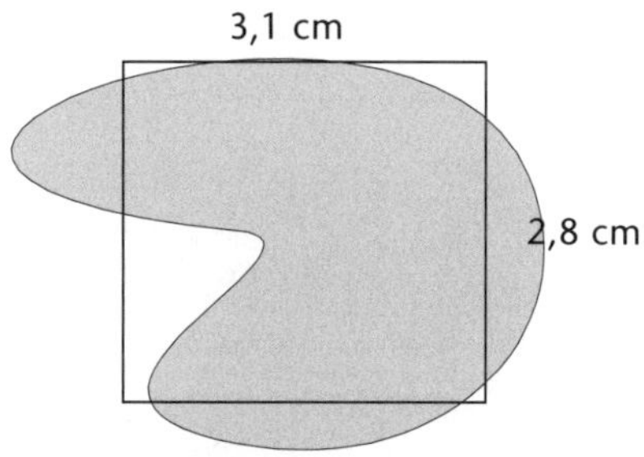

Man kann die gleiche Strategie auch mit einem Kreis anwenden.
Wir erhalten mit r = 1,6 cm:
$A = \pi \cdot (1{,}6\text{ cm})^2 \approx 8{,}04\text{ cm}^2$

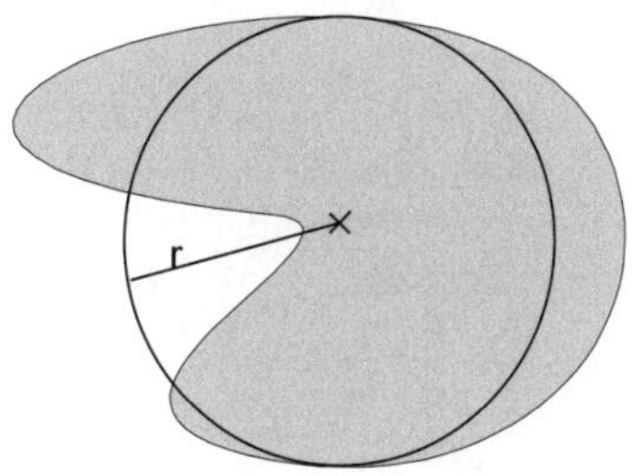

Die graue Fläche ist ungefähr 8,5 cm² groß.
(Werte zwischen 7 cm² und 10 cm² sind in Ordnung.)

b) Die Bedienungsanleitung besteht aus $6 \cdot 8$ Seiten = 48 Seiten.
48 Seiten: 12 Seiten/min = 4 min
Auf Karins Drucker würde der Druck 4 Minuten dauern.

c) Ein Fußballfeld ist ungefähr 90 m lang und 60 m breit.
$90\text{ m} \cdot 60\text{ m} = 5400\text{ m}^2$
Der passende Wert ist 5000 m².

d) In x Tagen soll das Haar 10 m bzw. 10 000 mm wachsen. Dann gilt:
$0{,}3 \cdot x = 10\,000 \quad | : 0{,}3$
$x = 33\,333$ [Tage]
33 333 Tage = (33 333 : 365) Jahre ≈ 91,3 Jahre
Das Mädchen müsste mindestens 91 Jahre alt sein.

e) Wie wir anhand der Zeichnung sehen, sind die 4 grauen Dreiecke zusammen genauso groß wie das weiße Quadrat in der Mitte.
Folglich gilt:
$A = \frac{4\text{ cm} \cdot 4\text{ cm}}{2} = 8\text{ cm}^2$
Die graue Fläche ist 8 cm².
Man kann auch den Flächeninhalt eines grauen Dreiecks berechnen und das Ergebnis mit 4 multiplizieren. Also:
$4 \cdot \frac{2\text{ cm} \cdot 2\text{ cm}}{2} = 4 \cdot 2\text{ cm}^2 = 8\text{ cm}^2$.

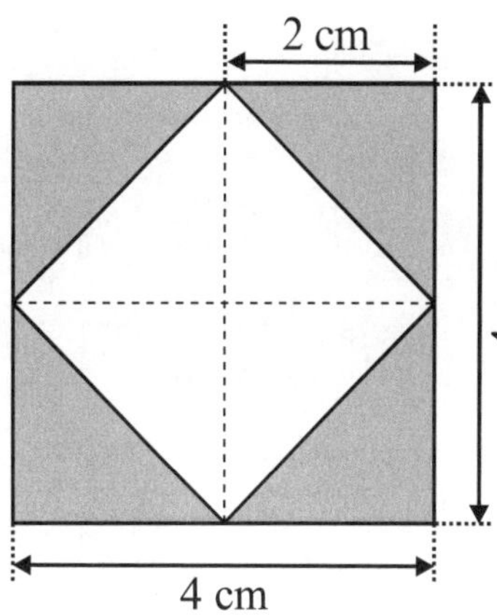

102 f_1) Wir müssen die kürzeste Säule heraussuchen.
Im Jahr 1999 wurden die wenigsten Anlagen gefördert.

f_2) Nun müssen wir zwei benachbarte Säulen mit dem größten Höhenunterschied finden, bei denen aber die linke Säule größer ist als die rechte, da nach dem größten Rückgang gefragt wird. Dies sind die Säulen zu den Jahren 2001 und 2002. Im Jahr 2002 gab es gegenüber dem Vorjahr den größten absoluten Rückgang der geförderten Anlagen.
(Hinweis: Der absolute Rückgang betrug 120 – 95 = 25 Anlagen. Dies ist eine relativer Rückgang von $\frac{25}{120} = 0{,}208 = 20{,}8\,\%$.
Im Jahr 1998 betrug der absolute Rückgang 92 – 71 = 21 Anlagen. Dies ist ein relativer Rückgang von $\frac{21}{92} = 0{,}228 = 22{,}8\,\%$. Der relative Rückgang war also im Jahr 1998 am größten.)

Prüfungsteil 2: Aufgabe 2

a) $\cdot 100$ ($1\text{ g} \rightarrow 6\text{ cm}^3$) $\cdot 100$
$100\text{ g} \rightarrow 600\text{ cm}^3$

oder $V = 100\text{ g} \cdot \frac{6\text{ cm}^3}{\text{g}} = 600\text{ cm}^3$

Das Volumen einer Packung mit 100 g Pralinen darf höchstens 600 cm^3 groß sein.

b) $V = 900\text{ cm}^3$

b_1) $\cdot 150$ ($6\text{ cm}^3 \rightarrow 1\text{ g}$) $\cdot 150$
$900\text{ cm}^3 \rightarrow 150\text{ g}$

oder $m = 900\text{ cm}^3 : 6\,\frac{\text{cm}^3}{\text{g}} = 150\text{ g}$

Die Verpackung muss mindestens 150 g Pralinen enthalten.

b_2) Volumen eines Quaders = Länge · Breite · Höhe
Wir zerlegen 900 also in ein Produkt mit 3 Faktoren.
$900 = 9 \cdot 10 \cdot 10$ oder $900 = 15 \cdot 10 \cdot 6$ oder ...
Solch ein Quader könnte z. B. 10 cm lang, 9 cm breit und 10 cm hoch sein, oder 15 cm lang, 6 cm breit und 10 cm hoch.

103 c) $V = 900\text{ cm}^3$

c_1) $V = \frac{1}{3} \cdot G \cdot h$ (G = Grundfläche, h = Pyramidenhöhe)

$V = \frac{1}{3} \cdot (15\text{ cm})^2 \cdot 12\text{ cm} = \frac{1}{3} \cdot 225\text{ cm}^2 \cdot 12\text{ cm} = 900\text{ cm}^2$

c_2) $G = 17\text{ cm} \cdot 17\text{ cm} = 289\text{ cm}^2$
Wir setzen G = 289 [cm^2] und V = 900 [cm^3] in die Formel
$V = \frac{1}{3} \cdot G \cdot h$ ein. Es ist hier einfacher, ohne Einheiten zu rechnen.

$900 = \frac{1}{3} \cdot 289 \cdot h \quad | \cdot 3$

$2700 = 289 \cdot h \quad | : 289$

$9{,}34... = h$

Die Pyramide ist ca. 9,3 cm hoch.

c_3) d berechnen wir mit dem Satz des Pythagoras. Da die Grundfläche ein Quadrat ist, teilt die Diagonale d das Quadrat in zwei gleichschenklige, rechtwinklige Dreiecke auf.
Wir erhalten: $d^2 = (15\text{ cm})^2 + (15\text{ cm})^2$
$d^2 = 450\text{ cm}^2$
$d = \sqrt{450\text{ cm}^2} \approx 21{,}2\text{ cm}$
Die Diagonale ist ca. 21,2 cm lang.

d) $8{,}4\text{ cm}^3 - 6\text{ cm}^3 = 2{,}4\text{ cm}^3$
Die Verpackung war also 2,4 cm^3 pro 1 g Pralinen zu groß. Da pro 1 g Pralinen 6 cm^3 erlaubt sind, ist dies eine relative Überschreitung von

$\frac{2{,}4\text{ cm}^3}{6\text{ cm}^3} = 0{,}4 = 40\,\%$.

Die Verpackung war um 40 % zu groß.

Inhaltsverzeichnis

Liebe Schülerin, lieber Schüler,

zum Abschluss des Schuljahres 2010/2011 wird für den Erwerb des mittleren Schulabschlusses wieder eine schriftliche Abschlussprüfung im Fach Mathematik durchgeführt. Dir und vielen anderen Schülerinnen und Schülern wird diese Arbeit wahrscheinlich nicht leicht fallen, da einiges anders und ungewöhnlich gegenüber den gewohnten Klassenarbeiten sein wird:

- Umfang und Bearbeitungsdauer sind größer.
- Es wird Wissen benötigt, dessen Behandlung im Unterricht teilweise weit zurückliegt.
- Komplexe Aufgaben verlangen Textverständnis und die Anwendung bzw. eigenständige Entwicklung besonderer Lösungsstrategien.

Natürlich wird deine Mathematiklehrerin oder dein Mathematiklehrer bemüht sein, dich auf diese Abschlussarbeit einzustellen. Aber es ist sicher hilfreich, wenn du dich darüber hinaus selbstständig vorbereitest. Für diesen Zweck ist das vorliegende **FiNALE-Arbeitsheft** erstellt worden. Es enthält vier Arbeitsteile.

Teil A:
Am Anfang steht ein **Eingangstest** mit Aufgaben, wie sie von der Art her in der Abschlussarbeit zu erwarten sind. Diesen Test solltest du zunächst in Etappen von höchstens 90 Minuten bearbeiten, um Konzentrations- und Ermüdungsfehler so weit wie möglich zu vermeiden.
Der Platz für Rechnungen, Zeichnungen, Begründungen und Antwortsätze ist so angelegt, dass du mit ihm auskommen solltest.

Teil B:
In diesem Teil findest du jeweils in der linken Spalte **ausführliche Lösungen zum Eingangstest.** Hier kannst du überprüfen, welche Aufgaben des Eingangstests du richtig gelöst hast. Wir empfehlen dir dringend, auch bei richtiger Bearbeitung der jeweiligen Aufgabe des Eingangstests, diese ausführlichen Lösungen durchzuarbeiten, da es dort auch wichtige weitere Informationen, die über die Aufgabe selbst hinausgehen, geben kann.
Danach solltest du dich den **Übungsaufgaben** zuwenden, die zusätzlich auf dieser Seite stehen. Diese Übungsaufgaben passen zu der ausführlich gelösten Aufgabe des Eingangstests. Sie ermöglichen ein intensives **Vorbereitungstraining.** Bitte auch hier keine Übungssequenzen von mehr als 90 Minuten!

Die Lösungen der Übungsaufgaben zu den Basiskompetenzen solltest du jeweils auf dem Blatt neben den Übungsaufgaben erarbeiten. Auf diesen Musterbögen findest du zu deiner Arbeitserleichterung bereits geordnet Platz für Lösungen und Zwischenrechnungen, aber auch Zahlengeraden, Koordinatensysteme, Kreise zum Zeichnen von Kreisdiagrammen, grafische Elemente, Karos zum Rechnen, Linien zum Schreiben o. Ä. vor. Die Blätter helfen dir, Lösungen übersichtlich darzustellen und Ergebnisse von Zwischenrechnungen deutlich sichtbar zu trennen.

Für die Lösungen der komplexen Übungsaufgaben im Teil B gilt folgende Empfehlung: Lege dir ein DIN-A4-Heft mit karierten Seiten zu. Strukturiere die Lösungen mit grafischen Darstellungen, Antwortsätzen und Zwischenrechnungen wie auf den 12 Musterbögen zu den ersten Übungsaufgaben im Teil B. Eine solche Strukturierung erleichtert dir den Vergleich mit den ausführlichen Lösungen, die am Ende des Arbeitsheftes eingelegt sind. Und wenn du kurz vor dem entscheidenden Testtermin noch einmal deine Lösungen durchsehen und die Lösungsschritte nachvollziehen willst, findest du dich schneller zurecht.

Teil C:

Ist der Teil B durchgearbeitet und das Vorbereitungstraining damit abgeschlossen, steht im Teil C ein **Abschlusstest** bereit. Auch hier ist der Platz für Rechnungen, Zeichnungen, Begründungen und Antwortsätze so umfangreich, dass du mit ihm auskommen solltest.

Der Abschlusstest ist – natürlich mit anderen Aufgaben – ähnlich aufgebaut wie der Eingangstest und zeigt dir, wie viel dir das Vorbereitungstraining gebracht hat. ***Wer ernsthaft und gründlich gearbeitet hat, wird mit dem Nachweis einer erheblichen Leistungssteigerung belohnt werden!***

Teil D:

Hier sind Aufgaben zusammengestellt, die in früheren Jahren bei zentralen Prüfungen und bei Lernstandserhebungen auftraten. Es macht viel Sinn, auch diese Testaufgaben anzusehen und durchzuarbeiten.

Zum Zeitpunkt der Drucklegung dieses Arbeitsheftes ist die zentrale Prüfungsarbeit im Fach Mathematik 2010 noch nicht geschrieben worden.

Sobald die Originalprüfungsaufgaben zur Veröffentlichung freigegeben sind, können sie zusammen mit ausführlichen Lösungen kostenlos im Internet unter **www.finaleonline.de** und dem Codewort **NRW2011-mams** heruntergeladen werden.

Formelsammlung:

Bei der schriftlichen Abschlussprüfung im Fach Mathematik bekommen die Schülerinnen und Schüler in Nordrhein-Westfalen eine vier Seiten umfassende Formelsammlung – Formelsammlung (1), (2), (3) und (4). Du findest sie auf den Seiten 104 bis 107 und solltest sie verwenden, wenn du **FiNALE** durcharbeitest. Dann bist du bei der schriftlichen Prüfung mit ihr vertraut und weißt, wo du das Benötigte findest.

Lösungen:

Am Ende des Arbeitsheftes findest du eine Einlage mit ausführlichen Lösungen in detaillierten Schritten zu allen Aufgaben in den Teilen B, C und D. Achte darauf, dass du Arbeitsheft und Einlage stets zusammen aufbewahrst!

Basiskenntnisse:

„**FiNALE**" setzt Basiskenntnisse in Mathematik aus den vorangegangenen Schuljahren weitgehend voraus. Wenn hier Defizite bestehen, kannst du sie in einem extra erstellten Begleitmaterial **FiNALE-Basiswissen** (Bestellnummer 978-3-14-126019-9) aufarbeiten.

Dieses **FiNALE**-Arbeitsheft und auch das Begleitmaterial „Basiswissen" wurden unter Berücksichtigung der aktuellen Diskussion über Schülerleistungen am Ende der 10. Jahrgangsstufe sorgfältig zusammengestellt. Das **FiNALE**-Team wünscht dir damit eine erfolgreiche Vorbereitung auf die Abschlussprüfung 2011!

1 Ordnen

Ordne der Größe nach, beginne mit der kleinsten Zahl:

0,5 $\quad -0,7 \quad$ 0,6 $\quad 1\frac{3}{5} \quad \frac{3}{4} \quad -\frac{1}{2}$

☐ < ☐ < ☐ < ☐ < ☐ < ☐

TIPP: Schreibe Brüche als Dezimalbrüche.

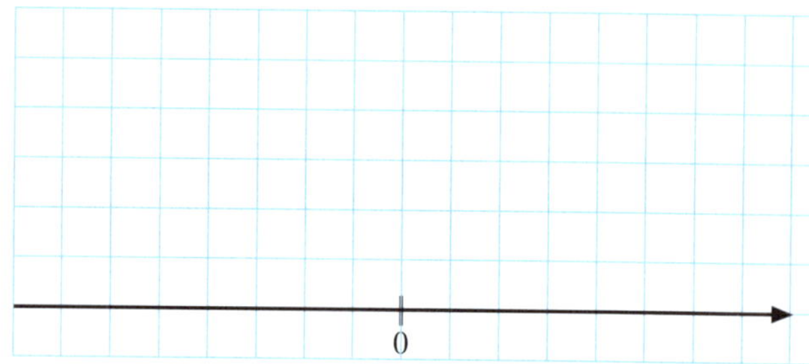

2 Flächeninhalt und Umfang eines Rechtecks

Ein Rechteck ist 8 cm lang und 6 cm breit.

a) Wie groß ist sein Flächeninhalt? Kreuze an.

☐ 14 cm $\quad$ ☐ 14 cm^2 $\quad$ ☐ 28 cm

☐ 48 cm $\quad$ ☐ 48 cm^2 $\quad$ ☐ 56 cm^2

b) Wie groß ist sein Umfang?

u = ____________________

3 Biomasse vor Solarenergie

Im Jahr 2008 betrug der Gesamtumsatz mit erneuerbaren Energien ca. 28,8 Mrd. Euro. Davon entfielen ein Fünftel auf Windkraft, ein Drittel auf Solarenergie und 38 % auf Biomasse. Der Rest verteilte sich im Wesentlichen auf Wasserkraft und Geothermie.

a) Stimmt die Überschrift der Aufgabe? Begründe.

____

____

b) Wie groß war der Umsatz bei der Biomasse?

____________________ Mrd. €

c) Wie viel Prozent entfallen auf die sonstigen erneuerbaren Energien?

____________________ %

d) Stelle die Anteile in einem Kreisdiagramm dar.

Kreisdiagramm:

4 Zuordnungen

In welchen Beispielen erkennst du proportionale (p) oder antiproportionale (a) Zuordnungen? Wo liegt keines von beiden (k) vor? Trage in die rechte Spalte jeweils p, a oder k ein.

1	*Preis für 1 kg Äpfel → Preis für 3 kg Äpfel*	
2	*Anzahl von Fotos auf jeder Albumseite → Seitenanzahl eines Albums mit 100 Fotos*	
3	*Fläche eines Bundeslandes → Einwohnerzahl des Bundeslandes*	
4	*Entfernung zweier Orte auf der Landkarte → Entfernung (Luftlinie) der Orte in Wirklichkeit*	
5	*Körpergröße eines Menschen → Körpergewicht des Menschen*	

5 Überschlagen

Von 39,5 kg Tomaten sind ca. 1900 g verdorben. Welcher Anteil Tomaten ist das? Kreuze zwei Angaben an, die dazu recht gut passen:

(1) ein Zehntel ☐ (5) 30 % ☐
(2) die Hälfte ☐ (6) 20 % ☐
(3) ein Zwanzigstel ☐ (7) 10 % ☐
(4) ein Drittel ☐ (8) 5 % ☐

6 Funktionsgleichung

Die Gleichung $y = 27 - 3 \cdot (x - 6)^2$ wird mithilfe einer Tabellenkalkulation untersucht.

◇	A	B
1	x	y
2	0	-81
3	1	-48
4	2	-21
5	3	0
6	4	15
7	5	24
8	6	27
9	7	24
10	8	15
11	9	0
12	10	-21

a) In welcher Zelle findest du den y-Wert für x = 5? Zelle: = ______

b) Für welche x-Werte wird y = –21? x-Werte: ______

c) Mit welcher Formel kann man den y-Wert in Zelle B2 berechnen?

Formel ______

y = ______

d) Berechne ohne Tabellenkalkulation. Für welche x-Werte wird y = 0?

7 Gleichungen und Graphen

Ordne den Graphen (g_1, g_2, ...) die zugehörige Funktionsgleichung zu.

$y = -0{,}5x^2$	
$y = x - 2$	
$y = -x - 2$	
$y = x^2 + 2x + 2$	

$y = -2x^2$	
$y = 2x^2$	
$y = -x + 2$	
$y = 0{,}5x^2$	

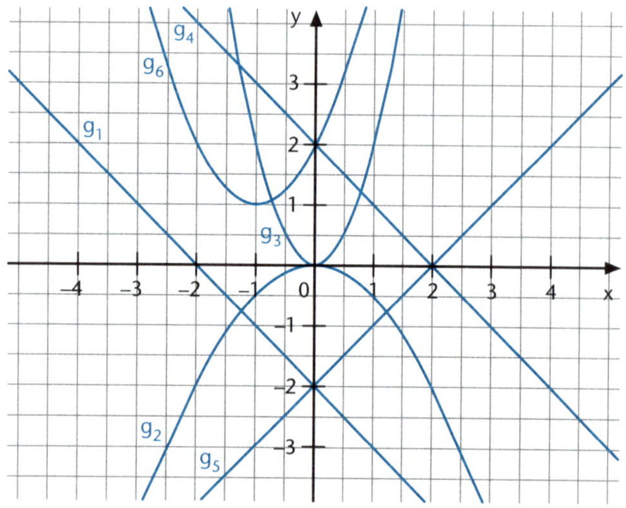

8 MP3-Player

Die Redakteure einer Verbraucherzeitschrift haben den Preis für einen bestimmten MP3-Player in fünf verschiedenen Geschäften erfragt.
Rechts siehst du das Ergebnis:

109,90 € 99,95 € 159,00 €
111,10 € 116,50 €

a) Gib Median *(Zentralwert)*, Spannweite und arithmetisches Mittel der Stichprobe an:

Median: ____________________

Spannweite: ____________________

Arithmetisches Mittel: ____________________

b) Wie hoch hätte der Preis des teuersten MP3-Players nur sein dürfen, damit Median und arithmetisches Mittel übereinstimmen?

____

9 Gleichungssysteme

a) Löse das Gleichungssystem

I. $x - 2y = 4$
II. $3x + y = 5$

x = __________ y = __________

b) Ein Rechteck hat den Umfang 30 cm, wobei die eine Seite 2 cm länger ist als die andere Seite. Wie lang sind die Seiten?

Länge: __________ Breite: __________

10 Dreieck im Koordinatensystem

a) Zeichne das Dreieck A(2|3), B(6|3) und C(5|6) in das gegebene Koordinatensystem.

b) Welchen Flächeninhalt hat das Dreieck?

A = ______________________

c) Spiegele das Dreieck am Punkt B.

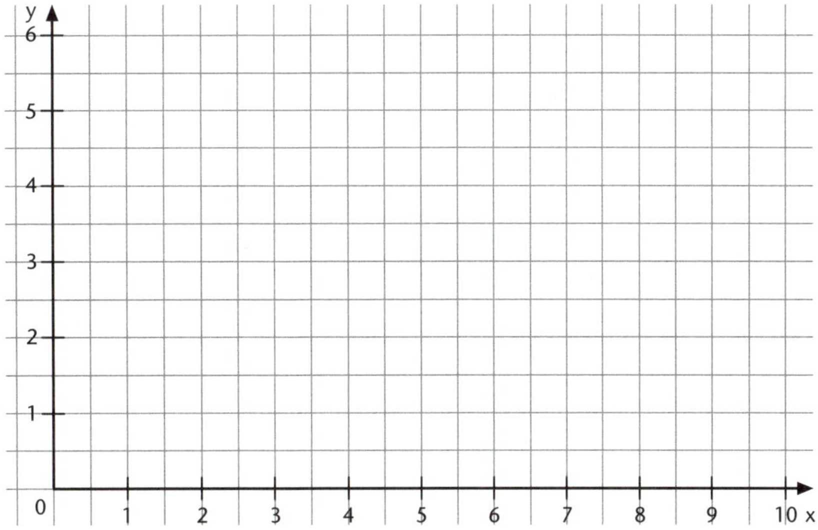

11 Schätzen

Kreuze an, was am besten dazu passt.

Lackierte Oberfläche

☐ 12 000 cm^2 ☐ 1200 dm^2
☐ 120 m^2 ☐ 120 000 mm^2

Zahl der Herzschläge im Jahr

☐ 340 000 ☐ 3 400 000
☐ 34 000 000 ☐ 340 000 000

Volumen des Kartons

☐ 80 *l* ☐ 80 000 mm^3
☐ 0,8 dm^3 ☐ 8000 cm^3

TIPP: Schätze zuerst Maße bzw. Herzschläge pro Minute.

12 Schwimmbecken

Ein quaderförmiges Schwimmbecken (6 m breit, 5 m lang, 2 m tief) ist bis zum Rand mit Wasser gefüllt.
Wie viel m^3 Wasser fasst dieses Schwimmbecken?

13 Aussagen

Welche der folgenden Sachtexte passen zu der Gleichung $x + (x - 3) = 60$? Kreuze an.

1	Vera ist drei Jahre jünger als Max. Zusammen sind sie 60 Jahre alt.	☐ Ja	☐ Nein
2	Eine Lostrommel enthält dreimal so viel Nieten wie Gewinnlose. Insgesamt sind 60 Lose in der Trommel.	☐ Ja	☐ Nein
3	Familie Maier legt auf ihrer zweitägigen Radtour insgesamt 60 km zurück. Am zweiten Tag fahren sie 3 km weniger als am ersten Tag.	☐ Ja	☐ Nein
4	Ein 60 m^2 großer Saal wird mit Parkett ausgelegt. Länge und Breite des Raumes unterscheiden sich um 3 Meter.	☐ Ja	☐ Nein

14 Winkelbestimmung

Wie groß ist der Winkel α in der Figur rechts? α = ________

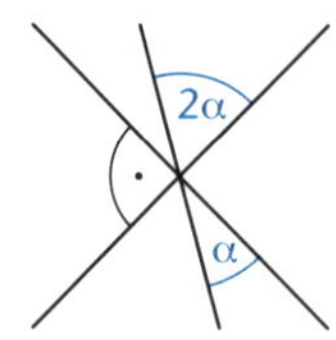

15 Farbige Kugeln

In einem Behälter sind 3 rote, 5 grüne und 2 blaue Kugeln. Eine Kugel wird verdeckt gezogen. Wie groß ist die Wahrscheinlichkeit, eine Kugel zu ziehen,

a) die blau ist,

b) die nicht rot ist?

Ergebnisse: a) p(blau) = ________

b) p(nicht rot) = ________

16 Zylinder

Ein Zylinder hat eine Grundfläche mit dem Radius 14 cm und ist 8 cm hoch. Bestimme die Oberfläche des Zylinders gerundet auf ganze cm^2.

Oberfläche: ________________

17 Prozente

a) Wie viel sind 30 % von 250 €?

____

b) Wie viel Prozent sind 25 cm von 5 m?

____

c) Von wie viel Kilogramm sind 5 % genau 10 kg?

____

d) Ein Kapital von 620 € wird ein Jahr lang mit 4 % verzinst.
Berechne die Jahreszinsen.

____

18 Billard

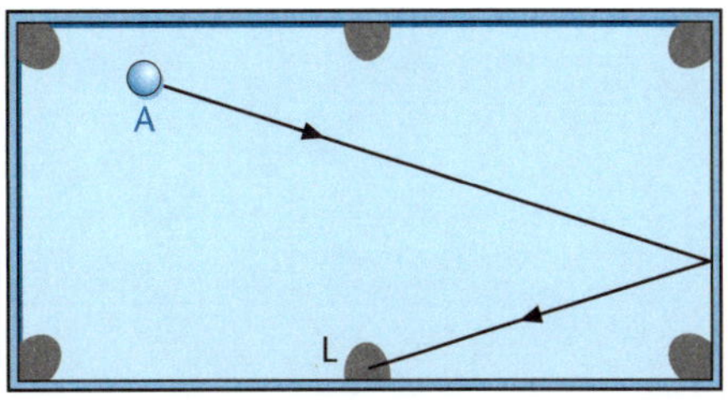

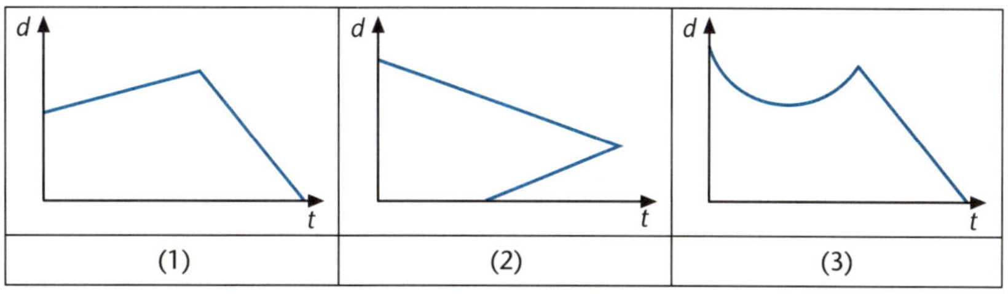

Die blaue Billardkugel läuft auf dem angegebenen Weg vom Punkt A in das Loch L. In den Diagrammen gibt *d* den Abstand der Kugel vom Loch L an. Beschreibe, wie sich dieser Abstand mit der Laufzeit *t* verändert, und gib an, welcher der abgebildeten Graphen (1), (2) oder (3) am ehesten dazu passt.

____

____

19 Würfel

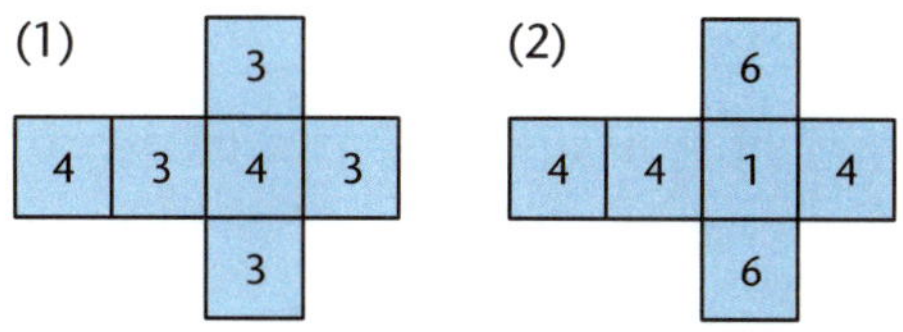

Rechts siehst du die Netze zweier Würfel.
Der Würfel (1) hat nur die Zahlen 3 und 4, der Würfel (2) die Zahlen 1, 4 und 6.

a) Wie groß ist die Wahrscheinlichkeit, mit Würfel (1) eine Vier zu würfeln? ______________

b) Wie groß ist die Wahrscheinlichkeit, mit Würfel (2) eine Augenzahl größer als 3 zu würfeln? ______________

c) Mit einem der beiden Würfel wurde 500-mal gewürfelt und dabei 162-mal die Vier erzielt. Mit welchem der beiden Würfel wurde deiner Meinung nach gewürfelt? Begründe.

____

____

20 Regal im Dachgiebel

In der Nische einer Dachschräge soll in 1,00 m Höhe der abgebildete Boden aus Glas angebracht werden. Wie lang muss die Kante $\overline{A_1B_1}$ des Glasbodens sein?

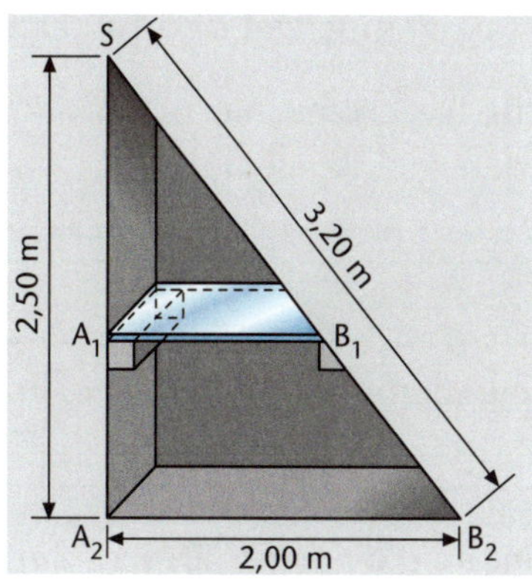

21 Lineare Funktion

Die Gleichung einer linearen Funktion ist gegeben durch $y = mx + n$. Durch welche Punkte ($m \neq 0$ und $n \neq 0$) verläuft der Graph? Kreuze alle Punkte richtig an.

☐ $(m|0)$ ☐ $(0|n)$ ☐ $(1|m + n)$ ☐ $(-\frac{n}{m}|0)$ ☐ $(-\frac{m}{n}|0)$

22 Preisänderungen

a) Eine Bluse kostet 74,90 €. Der Preis wird um 35 % gesenkt. Berechne den neuen Preis.

____

b) Der Preis für einen Anzug wurde um 40 % auf 179,94 € reduziert. Wie teuer war er vorher?

____

c) Der Preis für ein Rennrad wird um 50 € erhöht und beträgt jetzt 499 €. Um wie viel Prozent wurde der Preis erhöht?

____

23 Seitenlängen beim Quadrat

Welche Aussagen sind falsch? Begründe, warum sie falsch sind.

(1) Verdoppelt man die Seitenlänge eines Quadrats, so vervierfacht sich der Umfang.

(2) Verdoppelt man die Seitenlänge eines Quadrats, so vervierfacht sich der Flächeninhalt.

(3) Verdreifacht man die Seitenlänge eines Quadrats, so verdreifacht sich der Umfang.

(4) Verdreifacht man die Seitenlänge eines Quadrats, so verdreifacht sich der Flächeninhalt.

____

____

____

____

____

24 Wanderung

Vom Hotel aus brachen das Ehepaar Schmidt und Herr Wolf zeitgleich zu einer 14 km langen Bergwanderung auf. Wanderzeit und zurückgelegte Strecke sind im Diagramm festgehalten.

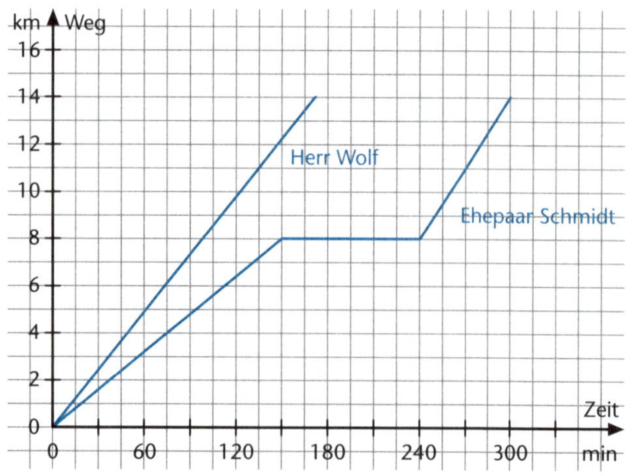

a) Welche Strecke hat Herr Wolf nach zweieinhalb Stunden zurückgelegt?

____

b) Das Ehepaar Schmidt legte eine Pause ein. Wie lange dauerte die Pause?

____

c) Bestimme die höchste Durchschnittsgeschwindigkeit, mit der Ehepaar Schmidt gewandert ist.

____

d) Bestimme für Herrn Wolf die Gleichung der Funktion *Zeit x (in Minuten)* → *Weg y (in km)*.

y = ____________________

25 Tourismusentwicklung

a) Wie viele Touristen reisten in den Jahren 2001 bis 2008 durchschnittlich pro Jahr ins Ausland?

b) Um wie viel Prozent stieg der Reiseverkehr von 2003 auf 2008 an?

c) Die Überschrift über dem Diagramm und das Diagramm selbst vermitteln den Eindruck, dass sich weltweit der grenzüberschreitende Reiseverkehr von 2003 auf 2008 vervielfacht hat. Wodurch wurde dieser Eindruck erreicht?

d) Zeichne rechts ein Säulendiagramm, das die Entwicklung des grenzüberschreitenden Reiseverkehrs realistisch darstellt. Vervollständige zunächst die Skalierung auf der Hochachse.

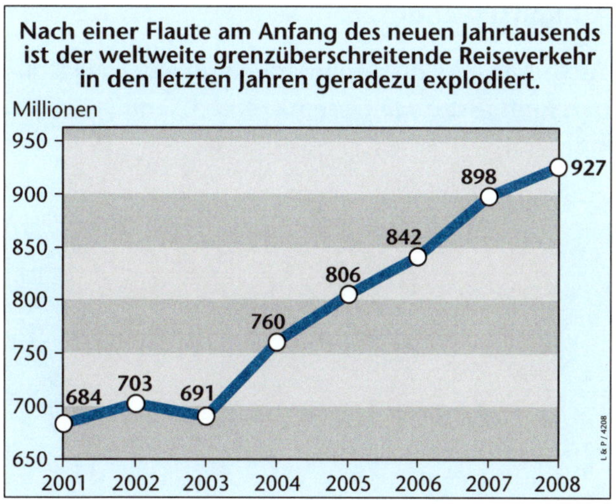

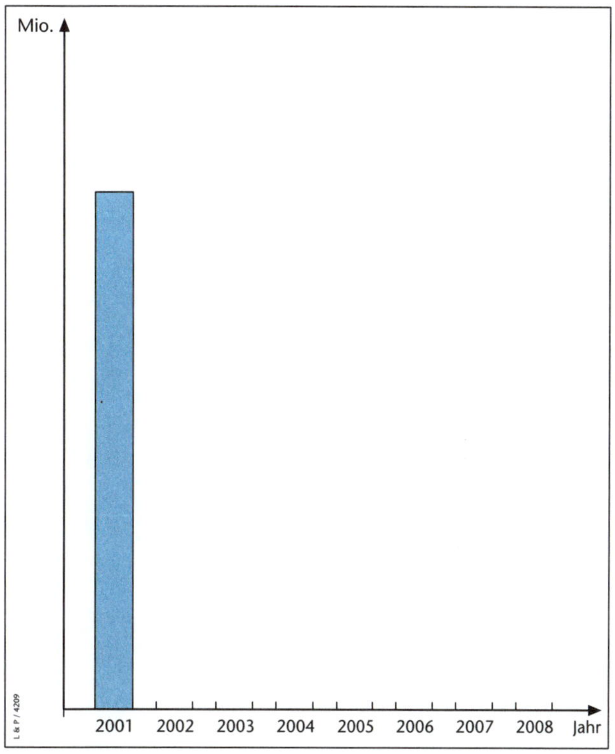

26 Jugend-Triathlon

Jan absolvierte beim Jugend-Triathlon die Schwimmstrecke in 9:45 Minuten. Für die Radrennstrecke benötigte er 19:29 Minuten. Als Jan um 9:43:01 Uhr die Lauf-Ziellinie erreichte, stand er als Sieger fest.

Jugend-Triathlon

Schwimmen	300 m	Laufen	3 km
Radfahren	10 km	Start:	9:00 Uhr

a) Mit welcher Geschwindigkeit fuhr Jan die Radrennstrecke? Kreuze den Wert an, der diese Geschwindigkeit am besten angibt.

$15\,\frac{km}{h}$ ☐ $25\,\frac{km}{h}$ ☐ $35\,\frac{km}{h}$ ☐

$20\,\frac{km}{h}$ ☐ $30\,\frac{km}{h}$ ☐ $40\,\frac{km}{h}$ ☐

b) Wie lange brauchte Jan für den 3-km-Lauf?

27 Konservendosen

Sechs Konservendosen werden von einem Plastikband umfasst. Jede Dose hat einen Radius von 4 cm.

a) Berechne die Länge des Plastikbandes.

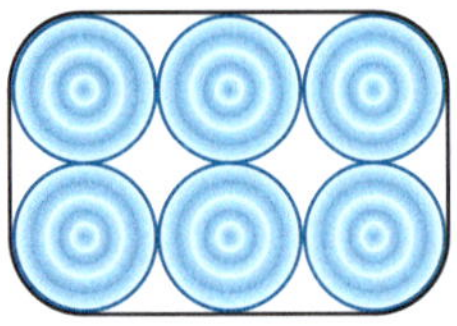

Länge: ______________________

b) Reicht für Dosen mit doppeltem Radius ein doppelt so langes Plastikband? Begründe deine Antwort.

____

____

28 Gläser

Ein Likörglas und ein Rotweinglas werden mit Wasser gefüllt.

a) Wie viele vollständig gefüllte Likörgläser werden benötigt, um das Rotweinglas bis zum Rand zu füllen?

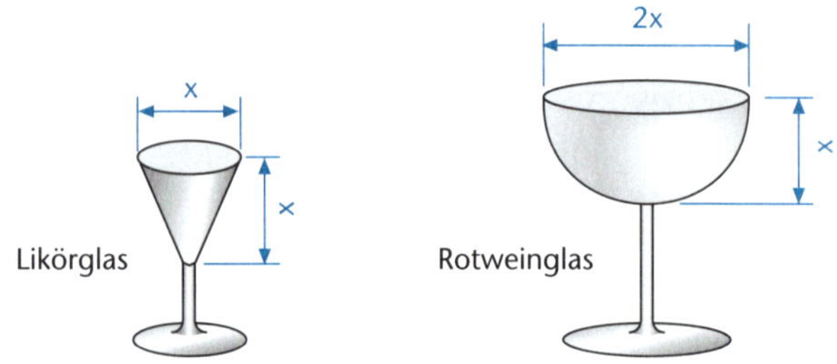

b) Welcher der abgebildeten Graphen zeigt am besten, wie sich die *Höhe h* des Flüssigkeitsspiegels beim gleichmäßigen Befüllen des **Rotweinglases** in Abhängigkeit von der *Zeit t* ändert? Kreuze an.

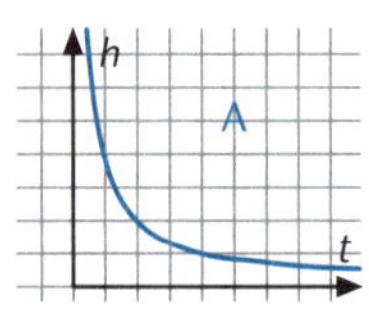

☐

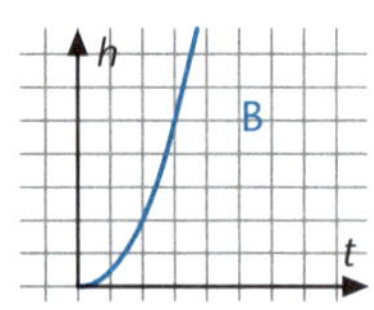

☐

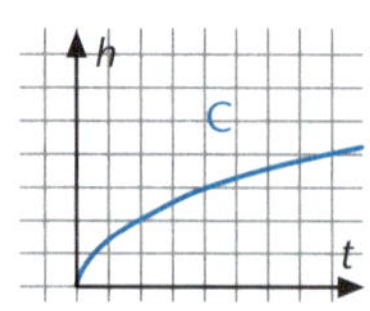

☐

29 Zeitungs-(Proz)-Ente

„Fuhr vor einigen Jahren noch jeder zehnte Autofahrer zu schnell, so ist es heute ‚nur noch' jeder fünfte. Doch auch fünf Prozent sind zu viele, und so wird weiterhin kontrolliert, und die Schnellfahrer haben zu zahlen."

Quelle: Norderneyer Badezeitung

Die nebenstehende Meldung ist fehlerhaft. Begründe.

____

____

____

____

30 Kugelstoßen

Hier siehst du den ersten Teil der Flugbahn einer gestoßenen Kugel (Maße in m).

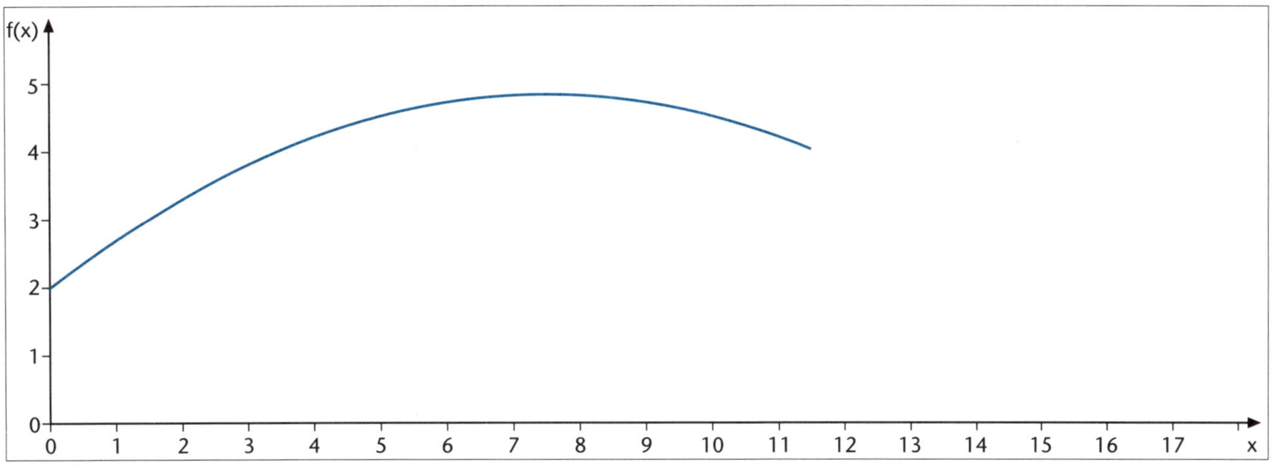

a) Lies am Graphen ab:

(1) Welche maximale Höhe erreichte die Kugel?

___

(2) In welcher Höhe wurde die Kugel abgestoßen?

___

b) Die Flugbahn kann näherungsweise mit der Funktionsgleichung $f(x) = -0{,}05\,x^2 + 0{,}75\,x + 2$ beschrieben werden. Berechne die Kugelstoßweite und vervollständige die Flugbahn.

___

31 Haus mit Satteldach

Der Zeichnung kannst du die Außenmaße eines Einfamilienhauses entnehmen.

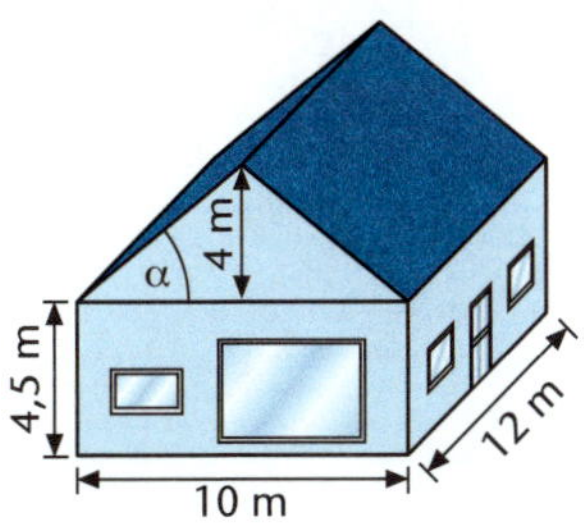

a) Berechne das Volumen des Hauses (umbauter Raum).

___

b) Wie groß ist die gesamte Dachfläche?

___

c) Berechne den Neigungswinkel α des Dachs.

___

32 Mit dem Fahrrad zur Schule

An einer Schule sind 55 % der Schülerinnen und Schüler Mädchen. 35 % der Mädchen kommen mit dem Fahrrad zur Schule. Insgesamt fahren 40 % mit dem Fahrrad zur Schule.

a) Vervollständige das Baumdiagramm.

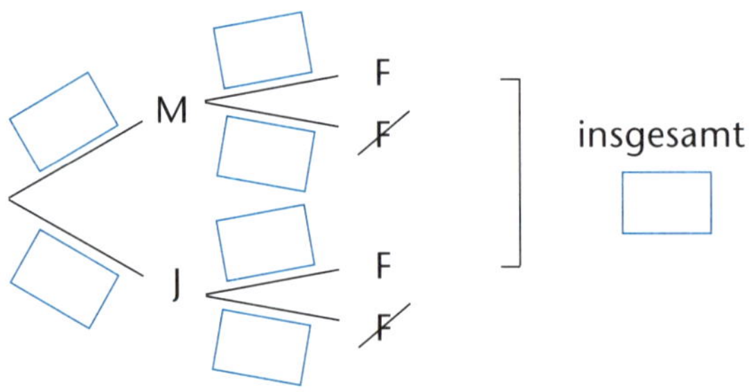

b) Berechne, wie viel Prozent der Jungen mit dem Fahrrad zur Schule kommen.

33 Kraftstoffe im Vergleich

Günstiger als mit Erdgas kommt man derzeit nicht von Köln nach Frankfurt am Main.
(Quelle: Das Erdgasfahrzeug; Ausgabe 1/2007; S. 18)

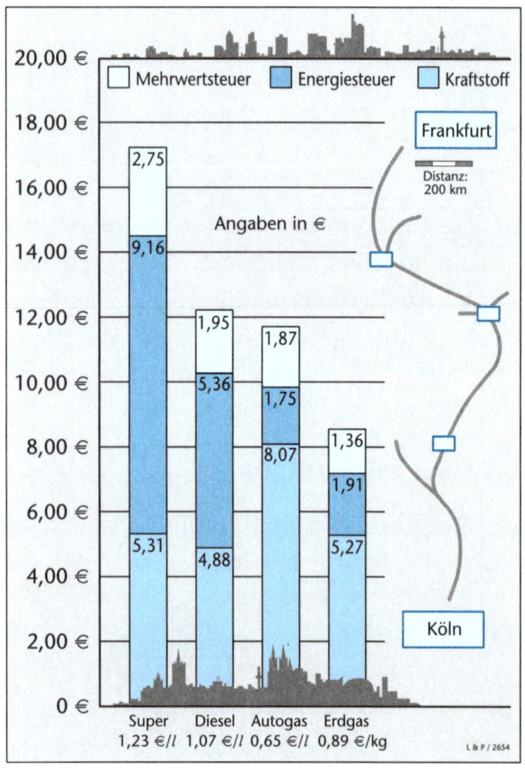

a) Welche Kraftstoffkosten entstehen laut Grafik insgesamt für die Fahrt eines Erdgasfahrzeugs von Köln nach Frankfurt am Main?

____

b) Bei welchem Kraftstoff ist der Anteil der Energiesteuer am geringsten?

____

c) Frau Mirbach erwägt den Kauf eines Dieselfahrzeugs. Mit welchen Kraftstoffkosten pro 100 km muss Frau Mirbach laut der nebenstehenden Grafik rechnen?

____

____

34 Werkstück

Der abgebildete Werkstück ist ein Quader, aus dem oben eine Halbkugel mit dem Radius 5 cm gefräst wurde.
Das Werkstück besteht aus Stahl mit der Dichte 7,9 $\frac{g}{cm^3}$.

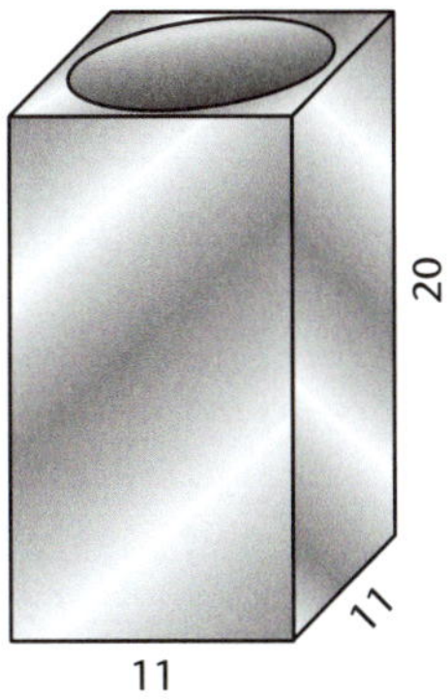

(Maße in cm)

a) Berechne die Masse des Werkstückes.

Masse: ______________

b) Wie groß ist die gesamte Oberfläche?

Oberfläche: ___________

35 Vereinfachen

Nina, Salima und Max sollen den Term (Rechenausdruck) $2x - 4 \cdot (x + 1)$ vereinfachen.

Nina:	$2x - 4 \cdot (x + 1)$	Salima:	$2x - 4 \cdot (x + 1)$	Max:	$2x - 4 \cdot (x + 1)$
	$= 2x - 4x + 4$		$= 2x - 4x - 4$		$= 2x - 4x + 1$
	$= 4 - 2x$		$= -2x - 4$		$= -2x + 1$

a) Bei wem findest du Fehler? Schreibe auf mit „≠" (ungleich), was falsch ist.

Nina: ____

Salima: ____

Max: ____

b) Schreibe einen Term mit Klammern auf, der vereinfacht so aussieht: $2x - 4$

____

36 Kapitalanlage

Zur Konfirmation erhält Henrik 1000 € von seinen Großeltern. Er legt das Geld zu 6 % an und will den Betrag so lange unangetastet lassen, bis sich sein Anfangskapital verdoppelt hat.

a) Wie viele Jahre muss Henrik ungefähr warten?

b) In welcher Zeit würde sich bei gleicher Verzinsung ein Kapital von 10 000 € verdoppeln?

37 Zwei Würfel

Es wird gleichzeitig mit einem blauen und einem schwarzen Würfel gewürfelt.
Das Ergebnis (3|5) bedeutet: Mit dem blauen Würfel wurde eine 3 und mit dem schwarzen Würfel eine 5 gewürfelt.

a) Wie viele Ergebnisse sind möglich?

____

b) Wie groß ist die Wahrscheinlichkeit für das Ergebnis (3|5)?

____

c) Wie groß ist die Wahrscheinlichkeit, einen Pasch, d. h. zwei gleiche Zahlen, zu würfeln?

____

38 Die Welt als Dorf

Die unten stehende Grafik vergleicht die Entwicklung der Bevölkerung auf der Welt mit einem Dorf.

a) Wie groß war 2005 der prozentuale Anteil der Lateinamerikaner an der Gesamtbevölkerung des 100-Einwohner-Dorfes?

____

b) „Auf allen Kontinenten nimmt die Zahl der Dorfbewohner bis zum Jahr 2050 zu". Stimmt das?

____

c) Laut Angaben der UN-Statistik vermehrt sich die Menschheit zurzeit um 1,2 % pro Jahr. Nach wie vielen Jahren hätte sich nach diesem Wachstumsmodell die Bevölkerung des Weltdorfes von 100 auf 200 Bewohner verdoppelt?

____

____

39 Zahlenrätsel

(1) Subtrahiere vom Dreifachen einer Zahl 8, dann erhältst du 5 mehr als die Zahl.	(2) Verdreifachst du die Differenz aus einer Zahl und 8, so erhältst du 5 weniger als die Zahl.	(3) Subtrahiert man 8 von einer Zahl, so erhält man das Dreifache der Summe aus 5 und der Zahl.

a) Welches Zahlenrätsel gehört zu der Gleichung $x - 8 = 3(5 + x)$?

Nr.: ______________________

b) Löse die Gleichung $x - 8 = 3(5 + x)$.

Lösung: ______________________

c) Schreibe auch zu den anderen Zahlenrätseln eine passende Gleichung auf.

Nr. (   ): ______________________

Nr. (   ): ______________________

40 Benzinverbrauch

Ein Automagazin hat von mehreren Testfahrern bei einem neuen Automodell den Benzinverbrauch auf 100 km testen lassen und das Ergebnis des Tests in einem Boxplot dargestellt (siehe rechts).

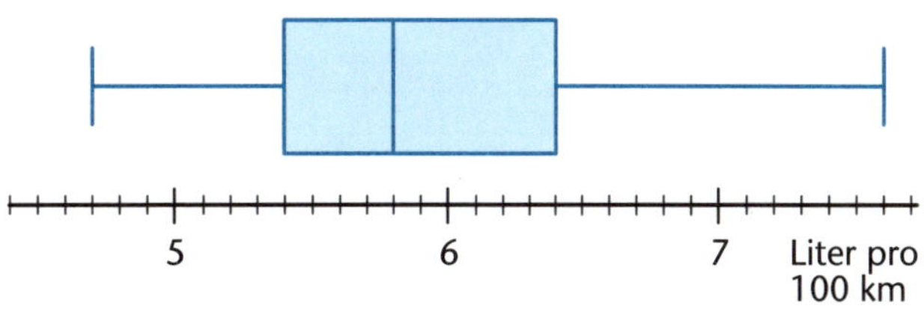

a) Entnimm dem Boxplot folgende Werte:

Spannweite: ______________________

Median (Zentralwert): ______________________

Unteres Quartil: ______________________

Oberes Quartil: ______________________

b) In welchem Bereich ist die Streuung der Testergebnisse am geringsten, in welchem am größten?

____

____

41 Fläche NRW

Der Kartenausschnitt zeigt das Bundesland Nordrhein-Westfalen. Schätze die Fläche von Nordrhein-Westfalen. Benutze den Maßstab der Karte. Begründe dein Vorgehen.

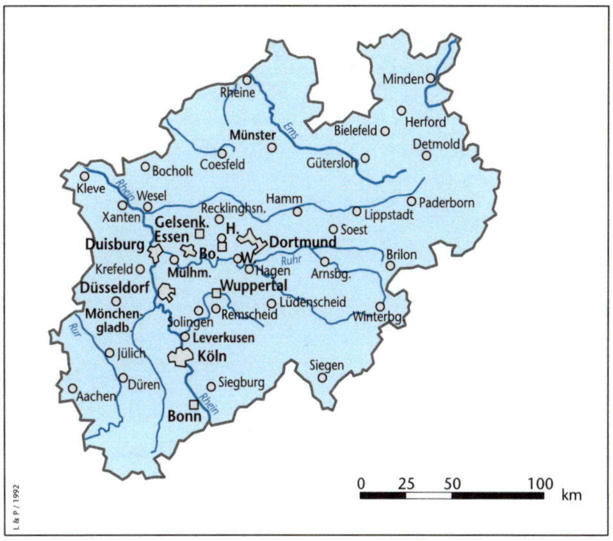

42 Gleichung

Alex und Bea sollen die Gleichung
$(x - 2) \cdot (x + 1{,}5) = 0$ lösen.
Alex meint: „Ich löse zuerst die Klammern auf, dann löse ich die quadratische Gleichung."
Bea sagt: „Eine Lösung ist 2 und die andere sehe ich auch sofort." Schreibe deinen Rechenweg auf.

43 Glücksrad

Auf einem Schulfest kann man am Stand der Klasse 10a für einen Einsatz von 1 € zweimal das abgebildete Glücksrad drehen. Bleibt es jedes Mal auf der gleichen Farbe stehen, gewinnt man, und zwar bei *blau/blau* einen Trostpreis im Wert von 0,30 € und bei *weiß/weiß* einen Sachpreis von 8 €.

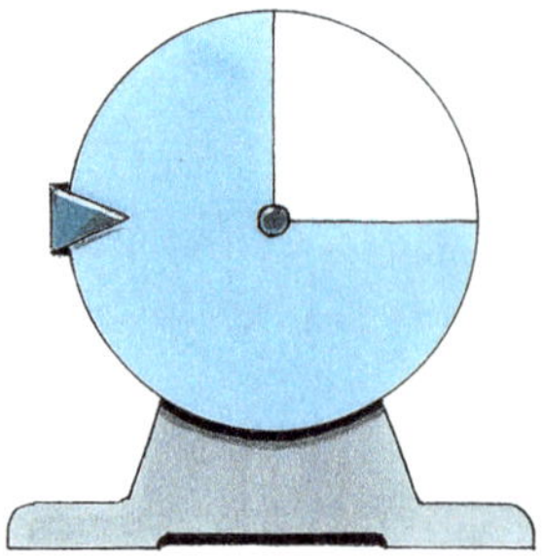

a) Zeichne ein Baumdiagramm und bestimme damit die Wahrscheinlichkeiten für die möglichen Gewinne.

Wahrscheinlichkeit für

(1) *blau/blau:* ____________________

(2) *weiß/weiß:* ____________________

b) Wie groß ist die Wahrscheinlichkeit, bei diesem Spiel zu verlieren?

____

c) Es werden 400 Spiele durchgeführt. Mit welchem Gewinn kann die Klasse rechnen?

____

44 Angebote

Frau Kurt kann für zwei Jahre einen Lottogewinn von 1 000 000,– € sparen. Sie hat drei Angebote:

(A) Die A-Bank zahlt im 1. Jahr 4 % Zinsen und im 2. Jahr 6 %.

(B) Die B-Bank zahlt im 1. Jahr 3 % Zinsen und im 2. Jahr 7%.

(C) Die C-Bank zahlt im 1. Jahr 5 % Zinsen und im 2. Jahr auch 5 %.

a) Welche Bank kannst du ihr empfehlen? Begründe deine Empfehlung.

____

____

b) Würdest du die gleiche Bank auch für jeden anderen Sparbetrag empfehlen? Begründe!

____

____

45 Riesenmammutbäume

Riesenmammutbäume sind eine der großen Attraktionen der Nationalparks in den USA und in Südafrika. Sie können sehr alt werden und so breit, dass sogar Autos hindurchfahren können.

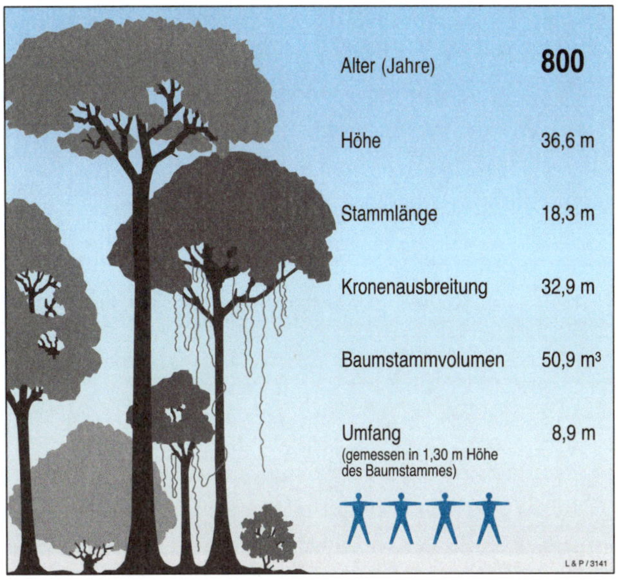

a) Kann man auch in diesen Baum eine Durchfahrt schneiden, durch die ein Auto hindurchpasst? Begründe deine Antwort.

____

____

b) Welchen Umfang hat ein Zylinder von 18,3 m Höhe, dessen Volumen genau so groß ist wie das des Baumstamms?

____

c) Wie groß ist ein Würfel, der das gleiche Volumen hat wie der Baumstamm?

____

46 Tabellenkalkulation

Paul untersucht Umfang und Flächeninhalt bei Quadraten unterschiedlicher Seitenlängen mithilfe einer Tabellenkalkulation.

◇	A	B	C	D	E	F	G	H	I
1	Seitenlänge x (in cm)	0,5	1	1,5	2	2,5	3	3,5	4
2	Flächeninhalt A (in cm²)	0,25	1	2,25	4	6,25	9	12,25	16
3	Umfang u (in cm)	2	4	6	8				

a) Wie groß ist der Umfang u eines Quadrats mit der Seitenlänge 1,5 cm? u = ____________

b) Mit welcher Formel berechnet das Programm den Wert in Zelle H2? Formel: ____________

c) Welche Eingaben liefern das korrekte Ergebnis in Zelle F3? Kreuze an.

☐ 2 * 5 ☐ = 4 * F1 ☐ = E3 + 4 * 0,5 ☐ = 4 * x

d) Wächst eine der Eingaben A oder u linear? Skizziere dazu die zugehörigen Graphen und begründe.

47 Giraffenbaby

Helena (2 Jahre, 90 cm) besucht mit einem größeren Freund den Kölner Zoo. Vor dem Giraffengehege erfahren beide, wie groß ein erwartetes Giraffenbaby etwa sein wird.

a) Wie groß ist etwa Helenas Freund? ____________

b) Schätze die Größe eines Giraffenbabys. ____________

c) Wie groß wird eine ausgewachsene Giraffe, die ähnlich wie Helena wächst? ____________

1 Ordnen

Ordne der Größe nach, beginne mit der kleinsten Zahl.

$0{,}5 \quad -0{,}7 \quad 0{,}6 \quad 1\frac{3}{5} \quad \frac{3}{4} \quad -\frac{1}{2}$

Zunächst sind alle negativen Zahlen kleiner als positive Zahlen. Allerdings ist von zwei negativen Zahlen diejenige kleiner, die den größeren Betrag hat. Sie steht weiter links auf der Zahlengeraden.

Um besser vergleichen zu können, wandelt man alle Zahlen in Dezimalbrüche um.

$1\frac{3}{5} = 8 : 5 = 1{,}6 \qquad \frac{3}{4} = 3 : 4 = 0{,}75$

$-\frac{1}{2} = -0{,}5 \qquad \boxed{-0{,}7} < \boxed{-\frac{1}{2}} < \boxed{0{,}5} < \boxed{0{,}6} < \boxed{\frac{3}{4}} < \boxed{1\frac{3}{5}}$

An der Zahlengeraden:

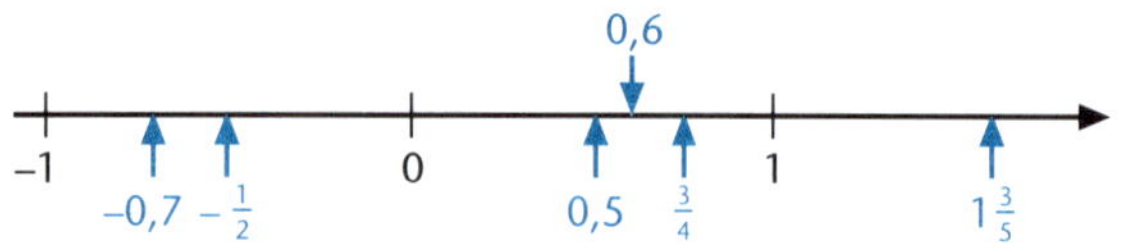

2 Flächeninhalt und Umfang eines Rechtecks

Ein Rechteck ist 8 cm lang und 6 cm breit.

a) Wie groß ist sein Flächeninhalt? Kreuze an.

☐ 14 cm	☐ 14 cm²	☐ 28 cm
☐ 48 cm	☐ 48 cm²	☐ 56 cm²

b) Wie groß ist sein Umfang?

Zu a)
Für den Flächeninhalt A eines Rechtecks gilt:

$A = a \cdot b$ (Länge · Breite)

$A = 8\text{ cm} \cdot 6\text{ cm}$

$\mathbf{A = 48\text{ cm}^2}$

Das Kreuz bei Aufgabe a) gehört in das Feld 48 cm². Flächeninhalte können nie in der Einheit „cm" angegeben werden. Deshalb kamen nur drei Felder überhaupt in Frage.

Zu b)
Der Umfang u eines Rechtecks berechnet sich wie bei allen anderen Vielecken:

u = Summe aller Seitenlängen

$u = 8\text{ cm} + 6\text{ cm} + 8\text{ cm} + 6\text{ cm}$

$\mathbf{u = 28\text{ cm}}$

Hinweis: Umfänge können nie in der Einheit cm² angegeben werden!

1 Ordne der Größe nach, beginne mit der kleinsten Zahl.

a) $0{,}4 \quad \frac{3}{6} \quad 0{,}38 \quad \frac{1}{4} \quad \frac{3}{8} \quad 0{,}44$

b) $-1\frac{1}{2} \quad -\frac{7}{5} \quad -\frac{3}{4} \quad -0{,}8 \quad -\frac{11}{8} \quad -1{,}3$

c) $0{,}7 \quad -\frac{3}{4} \quad -1{,}34 \quad \frac{4}{5} \quad -\frac{4}{3} \quad \frac{17}{20}$

2 Zeichne auf einem DIN-A4-Blatt eine Zahlengerade von –2 bis +1; eine Einheit ist 10 Kästchen lang. Trage auf dieser Zahlengerade die geordneten Zahlen der Teilaufgabe 1 c) ein.

3 Berechne vom abgebildeten Rechteck

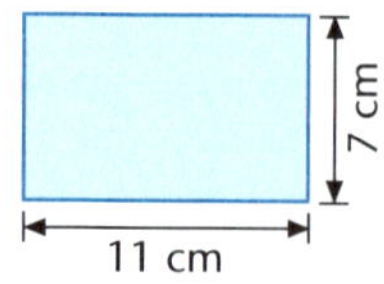

a) den Flächeninhalt

b) den Umfang.

4 Ein Rechteck ist 7 cm breit und 3 cm länger als breit. Berechne Flächeninhalt und Umfang dieses Rechtecks.

5 Ein Baugrundstück ist rechteckig und hat die Maße 32 m x 24 m.

a) Wie viel Quadratmeter ist das Baugrundstück groß?

b) Wie teuer ist das Grundstück, wenn es pro Quadratmeter 75 € kostet?

6 Abgebildet ist ein Kinderspielplatz, der komplett bis zu einer Höhe von 2 m eingezäunt werden soll. An drei Stellen im Zaun sind ein Meter breite Türen eingelassen.

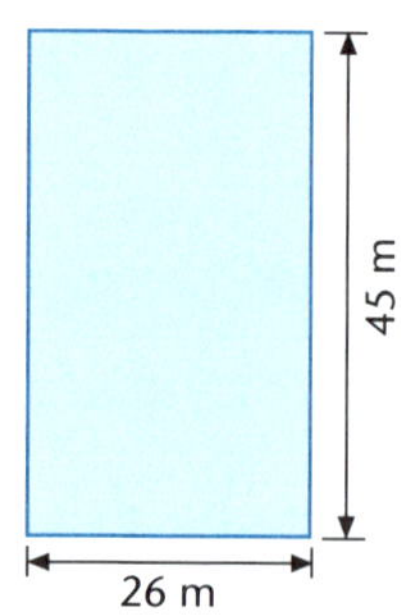

a) Wie viel Meter Zaun werden benötigt?

b) Wie viel Quadratmeter ist die Fläche des Zaunes groß?

7 Wie groß ist die abgebildete Fläche und welchen Umfang hat sie?

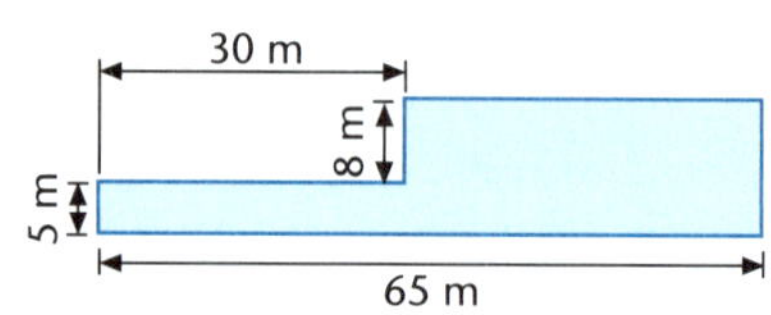

1 a) ☐ $<$ ☐ $<$ ☐ $<$ ☐ $<$ ☐ $<$ ☐

b) ☐ $<$ ☐ $<$ ☐ $<$ ☐ $<$ ☐ $<$ ☐

c) ☐ $<$ ☐ $<$ ☐ $<$ ☐ $<$ ☐ $<$ ☐

Nebenrechnungen:

2

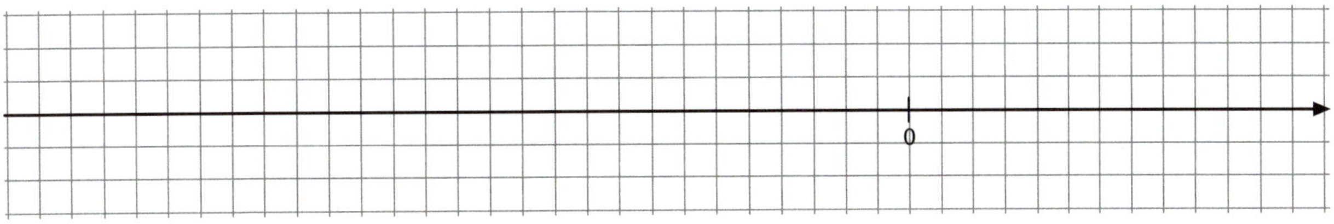

3 a) Flächeninhalt A = ______

b) Umfang u = ______

4 a) Flächeninhalt A = ______

b) Umfang u = ______

Nebenrechnungen:

5 a) *Antwortsatz:* ______

b) *Antwortsatz:* ______

6 a) *Antwortsatz:* ______

b) *Antwortsatz:* ______

7 Größe der Fläche: ______

Umfang der Fläche: ______

3 Biomasse vor Solarenergie

Im Jahr 2008 betrug der Gesamtumsatz mit erneuerbaren Energien ca. 28,8 Mrd. Euro. Davon entfielen ein Fünftel auf Windkraft, ein Drittel auf Solarenergie und 38 % auf Biomasse. Der Rest verteilte sich im Wesentlichen auf Wasserkraft und Geothermie.

a) Stimmt die Überschrift der Aufgabe? Begründe.
b) Wie groß war der Umsatz bei der Biomasse?
c) Wie viel Prozent entfallen auf die sonstigen erneuerbaren Energien?
d) Stelle die Anteile in einem Kreisdiagramm dar.

Zu a)
Auf Solarenergie entfällt ein Drittel; $\frac{1}{3} \approx 33{,}3\,\%$

$33{,}3\,\% < 38\,\%$, also **stimmt die Überschrift.**

Zu b)
38 % von 28,8 Mrd. €
= 38 % von 28 800 000 000 €
= **10 944 000 000 €** (ca. 11 Mrd. €)

Zu c)
Windkraft: $\frac{1}{5} = 20\,\%$

Biomasse: 38 %

Solarenergie: $\frac{1}{3} \approx 33{,}3\,\%$

Sonstige erneuerbare Energien:
$100\,\% - 20\,\% - 38\,\% - 33{,}3\,\% =$ **8,7 %**

Zu d)
Die Prozentangaben müssen noch in Winkelgrößen umgerechnet werden:
$100\,\% \triangleq 360°$ bzw. $1\,\% \triangleq 3{,}6°$
Wir erhalten somit:
$20\,\% \triangleq 72°$
$38\,\% \triangleq 137°$
$33{,}3\,\% \triangleq 120°$
$8{,}7\,\% \triangleq 31°$

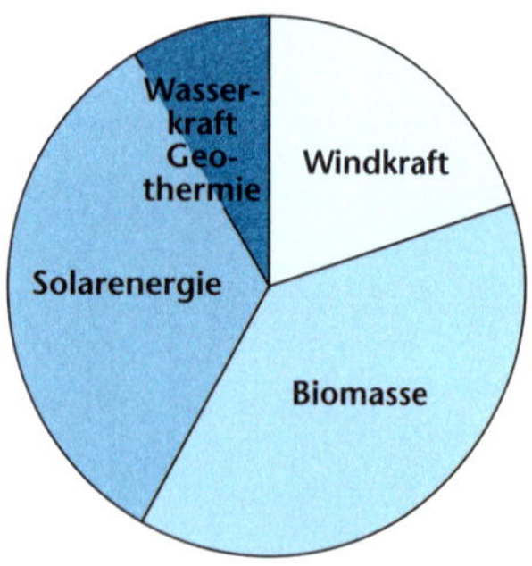

1 In einer Berufsschule für Bank- und Versicherungskaufleute werden insgesamt 450 Auszubildende unterrichtet. Von ihnen hat ein Zehntel den Hauptschulabschluss und ein Drittel einen Realschulabschluss. Die restlichen Auszubildenden sind Abiturientinnen und Abiturenten.

a) Bestimme die Anzahl der Azubis mit Hauptschulabschluss, Realschulabschluss oder Abitur.

b) Gib die Anteile in Prozent an und stelle sie in einem Kreisdiagramm dar.

2 Die Leibniz-Schule hat eine Aufstellung über die Nationalitäten ihrer Schülerinnen und Schüler gemacht.

deutsche Nationalität:	261
türkische Nationalität:	108
andere Nationalität:	81

Berechne die Anteile in Prozent und stelle sie in einem Kreisdiagramm dar.

3 Die Parteien A, B, C und D haben sich an derselben Wahl beteiligt.
Dargestellt sind die Anteile in ganzzahligen Prozentangaben.

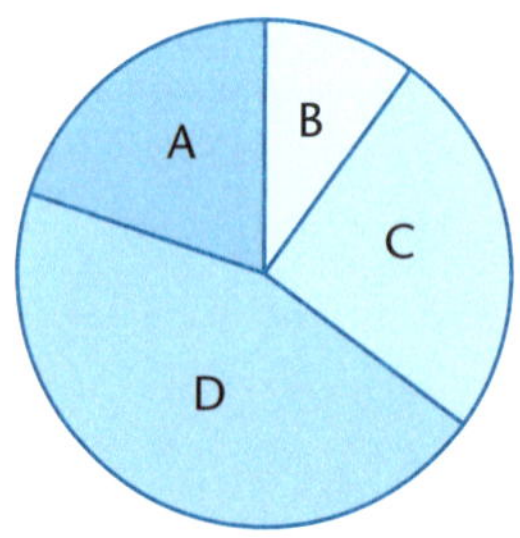

a) Wie viel Prozent der Stimmen haben die vier Parteien jeweils erhalten?

b) Es sind insgesamt 95 450 gültige Stimmen abgegeben worden. Wie viele Stimmen sind auf die einzelnen Parteien entfallen?

4

Personen unter 18 Jahren:	64
Personen 18 bis 60 Jahre:	248
Personen über 60 Jahre:	488

Abgebildet ist die Altersverteilung auf einem Kreuzfahrtschiff. Stelle sie in einem Kreisdiagramm dar.

1

	a) Anzahl	b) Prozent
Azubis mit HS-Abschluss		
Azubis mit RS-Abschluss		
Azubis mit Abitur		

Nebenrechnungen:

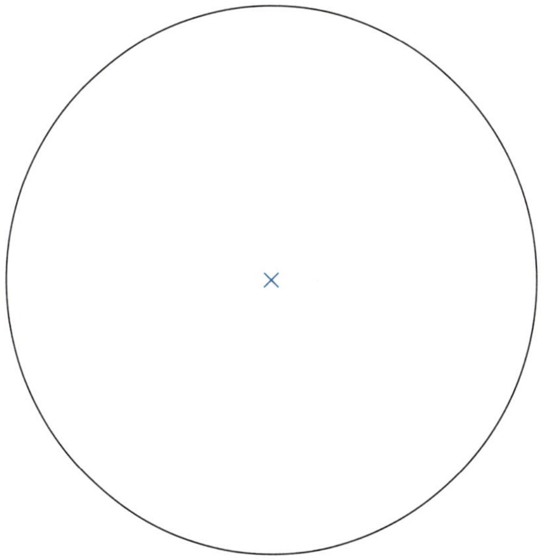

2 Anteil in Prozent:

deutsche Nationalität: ____________________

türkische Nationalität: ____________________

andere Nationalität: ____________________

Nebenrechnungen:

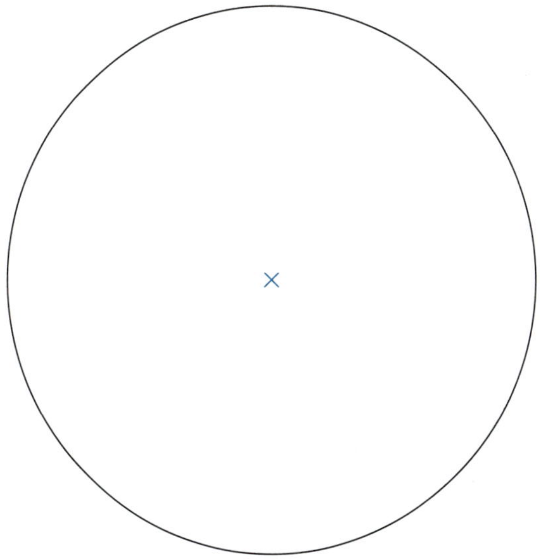

3

	a) Prozent	b) Stimmen
A-Partei		
B-Partei		
C-Partei		
D-Partei		

4

unter 18 Jahren	
18 bis 60 Jahre	
über 60 Jahre	

Nebenrechnungen:

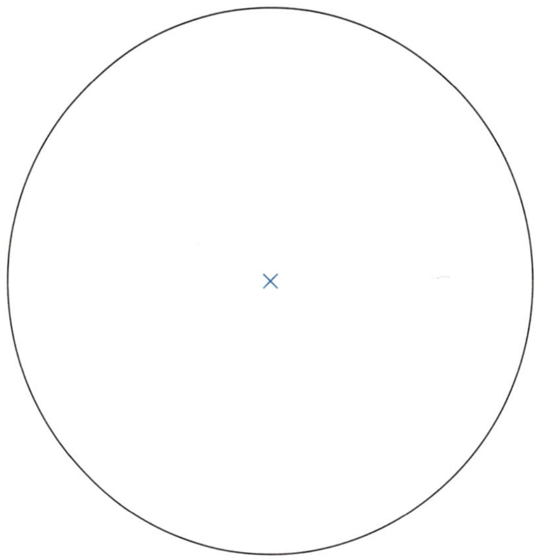

4 Zuordnungen

In welchen Beispielen erkennst du proportionale (p) oder antiproportionale (a) Zuordnungen? Wo liegt keines von beiden (k) vor? Trage in die rechte Spalte jeweils p, a oder k ein.

1	*Preis für 1 kg Äpfel → Preis für 3 kg Äpfel*	
2	*Anzahl von Fotos auf jeder Albumseite → Seitenanzahl eines Albums mit 100 Fotos*	
3	*Fläche eines Bundeslandes → Einwohnerzahl des Bundeslandes*	
4	*Entfernung zweier Orte auf der Landkarte → Entfernung (Luftlinie) der Orte in Wirklichkeit*	
5	*Körpergröße eines Menschen → Körpergewicht des Menschen*	

(1) Verdreifacht sich die gekaufte Menge an Äpfeln, verdreifacht sich deren Preis: Die Zuordnung ist **proportional.**

(2) Klebt man 4 statt 2 Fotos auf eine Seite, benötigt man für 100 Fotos statt 50 nur 25 Seiten. Die Zuordnung ist **antiproportional.**

(3) Ist die Fläche eines Landes A doppelt so groß wie die eines Landes B, so muss die Einwohnerzahl von A nicht doppelt und auch nicht halb so groß wie die von B sein. Es liegt **keines von beiden** vor.

(4) Der doppelten Entfernung auf der Karte entspricht die doppelte Entfernung in Wirklichkeit. Die Zuordnung ist **proportional.**

(5) Es gibt große und kleine Menschen, die über 100 kg wiegen. Es liegt **keines von beiden** vor.

5 Überschlagen

Von 39,5 kg Tomaten sind ca. 1900 g verdorben. Welcher Anteil Tomaten ist das? Kreuze zwei Angaben an, die dazu recht gut passen:

(1) ein Zehntel	☐	(5) 30 %	☐
(2) die Hälfte	☐	(6) 20 %	☐
(3) ein Zwanzigstel	☐	(7) 10 %	☐
(4) ein Drittel	☐	(8) 5 %	☐

Wir rechnen mit gerundeten Zahlen in gleichen Einheiten. *Zwei Rechenwege:*

① 39,5 kg sind 39 500 g. Also:

$$\frac{1900\text{ g}}{39\,500\text{ g}} \approx \frac{2000\text{ g}}{40\,000\text{ g}} = \frac{2}{40} = \frac{1}{20} = \frac{5}{100} = 5\,\%$$

② 1900 g = 1,9 kg. Also:

$$\frac{1{,}9\text{ kg}}{39{,}5\text{ kg}} \approx \frac{2\text{ kg}}{40\text{ kg}} = \frac{1}{20} = \frac{5}{100} = 5\,\%.$$

Die passenden Angaben sind also **(3)** und **(8)**.

1 Vervollständige die Wertetabellen zur proportionalen Zuordnung.

a)

x	1,5	3
y	4,5	

b)

x	1	
y	5	15

2 Vervollständige die Wertetabellen zur antiproportionalen Zuordnung.

a)

x	7	0,5
y	3,5	

b)

x	12	
y	5	6

3 Welche Zuordnung liegt vor?

1	*Tankfüllung in Liter → Preis in €*
2	*Masse eines Apfels → Anzahl von Äpfeln in einem 5-kg-Netz*
3	*Lebensalter eines Menschen → Schuhgröße des Menschen*
4	*Größe eines Feldes auf einem Schachbrett → Größe des Schachbrettes mit 64 Feldern*
5	*Anzahl von Staffelläufern im 10-km-Rennen → Länge der Teilstrecke, die ein Läufer laufen muss*

4 Eine Großbäckerei stellt täglich 1,9 t Zwieback her. Etwa 490 kg der Tagesproduktion werden ins Ausland exportiert.
Welcher Anteil der Tagesproduktion ist dies ungefähr?

☐ 2,5 % ☐ 25 % ☐ ein Viertel
☐ 30 % ☐ ein Achtel ☐ ein Zwanzigstel

5 Welche Ausdrücke sind gleichwertig? Bilde Paare.

ein Hundertstel • 5 von 10 • das 2fache • 1 % • die Hälfte • jeder Vierte • 25 % • das Doppelte

6 Schätze ab, wie viele Stunden du ungefähr seit deiner Geburt geschlafen hast.

☐ 700 ☐ 70 000 ☐ 700 000 ☐ 7000

7 Ordne durch Überschlagsrechnung das richtige Ergebnis (4,9; 3,1; 24,3; 0,38) zu.

$(4{,}4 + 3{,}7) \cdot 3$ | $0{,}95 \cdot 0{,}4$ | $\frac{245}{50}$ | $89{,}9 : 29$

1 a)

x	1,5	3
y	4,5	

b)

x	1	
y	5	15

2 a)

x	7	0,5
y	3,5	

b)

x	12	
y	5	6

3 Welche Zuordnung liegt vor?

Nummer	Art der Zuordnung
1	
2	
3	
4	
5	

4 Ungefährer Anteil der Tagesproduktion:

____

____

5 ______________ = ______________

______________ = ______________

______________ = ______________

______________ = ______________

6 Schätzergebnis:

____

7 $(4{,}4 + 3{,}7) \cdot 3 =$ ______________

$0{,}95 \cdot 0{,}4 =$ ______________

$\frac{245}{50} =$ ______________

$89{,}9 : 29 =$ ______________

Nebenrechnungen:

6 Funktionsgleichung

Die Gleichung $y = 27 - 3 \cdot (x - 6)^2$ wird mithilfe einer Tabellenkalkulation untersucht.

a) In welcher Zelle findest du den y-Wert für $x = 5$?
b) Für welche x-Werte wird $y = -21$?
c) Mit welcher Formel kann man den y-Wert in Zelle B2 berechnen?
d) Berechne ohne Tabellenkalkulation. Für welche x-Werte wird $y = 0$?

Zu a)
Der y-Wert zu $x = 5$ steht in Zelle **B7**.
Zu b)
Die Zellen A4 und A12 der Tabelle geben an:
$y = -21$ für $\mathbf{x = 2}$ und für $\mathbf{x = 10}$
Zu c)
Die Formel lautet **= 27 – 3 * (A2 – 6) ^2**
Zu d)
Hier setzt man für y den Wert 0 ein und bestimmt durch Umformen die x-Werte:

$27 - 3 \cdot (x - 6)^2 = 0 \qquad | -27$
$-3 (x - 6)^2 = -27 \qquad | : (-3)$
$(x - 6)^2 = 9$, also
$x - 6 = -3$ oder $x - 6 = 3$
$\mathbf{x = 3}$ oder $\mathbf{x = 9}$

Die gesuchten x-Werte lauten **3** und **9**.

7 Graphen und Gleichungen

Ordne den Graphen (g_1, g_2, …) die zugehörige Funktionsgleichung zu.

$y = -0{,}5\,x^2$		$y = -2\,x^2$	
$y = x - 2$		$y = 2\,x^2$	
$y = -x - 2$		$y = -x + 2$	
$y = x^2 + 2x + 2$		$y = 0{,}5\,x^2$	

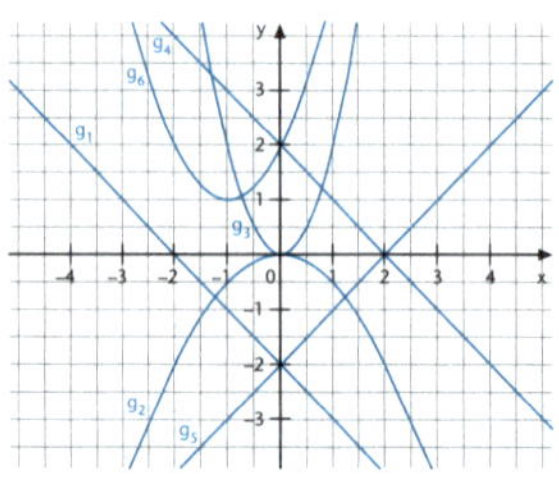

Die Geraden g_1, g_4 und g_5 haben Gleichungen der Form $y = mx + n$. Sie steigen bei $m > 0$ und fallen bei $m < 0$; die y-Achse schneiden sie an der Stelle n. Also gilt:

$\mathbf{g_1 \rightarrow y = -x - 2;\ g_4 \rightarrow -x + 2;\ g_5 \rightarrow x - 2}$

Die Parabeln g_2, g_3 und g_6 haben Gleichungen der Form $y = ax^2 + bx + c$. Sie schneiden die y-Achse an der Stelle c; bei $b = 0$ liegt der Scheitelpunkt auf der y-Achse. Bei $a > 0$ ($a < 0$) ist die Parabel nach oben (unten) geöffnet. Bei $|a| > 1$ ($|a| < 1$) ist sie steiler (flacher) als die Normalparabel. Also gilt:

$\mathbf{g_2 \rightarrow y = -0{,}5x^2;\ g_3 \rightarrow y = 2x^2;\ g_6 \rightarrow y = x^2 + 2x + 2}$

1 Für welche x-Werte wird $y = 0$?

a) $y = x\,(x - 1)$ b) $y = (x - 4)^2$

2 Löse die Gleichung.

a) $8 + (x - 3)^2 = 57$ b) $x^2 - 4x + 4 = 0$

3 Mithilfe einer Tabellenkalkulation wird die Gleichung $y = 8 - 2 \cdot (x - 2)^2$ untersucht.

◇	A	B	C	D	E	F	G	H	I	J
1	x	-2	-1	0	1	2	3	4	5	6
2	y	-24	-10	0	6	8	6	0	-10	-24

a) In welcher Zelle steht der x-Wert für $y = 0$?

b) Mit welcher Formel berechnet das Programm den Wert in Zelle F2?

c) Für welche x-Werte wird $y = 6$?

d) Berechne ohne Tabellenkalkulation die x-Werte für $y = 0$.

4 Arbeite mit der Gleichung $y = -2 \cdot (x - 1)^2 + 8$.

a) Welchen Wert hat y für $x = -2$?

b) Für welchen x-Wert wird $y = 0$?

5 Die Punkte $P(6|0)$, $Q(0|-3)$ und $R(-2|-4)$ gehören zum Graphen einer linearen Funktion $y = m \cdot x + n$.

a) Zeichne den Graphen der Funktion.

b) Gib die zugehörige Funktionsgleichung an.

6

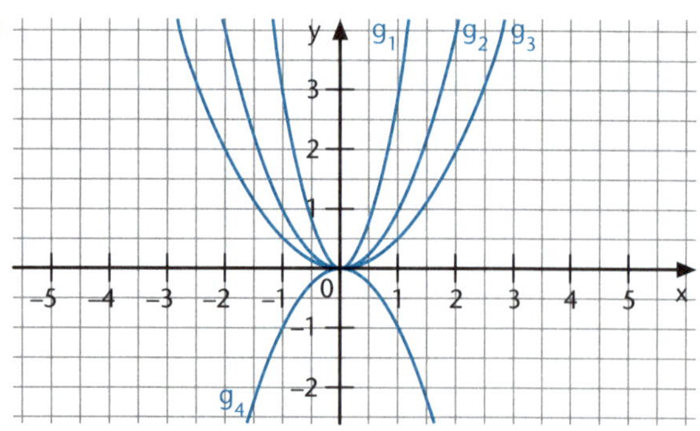

a) Ordne jedem Graph die passende Funktionsgleichung zu.

$y = -x^2$		$y = 0{,}5x^2$		$y = x^2$		$y = 3x^2$	

b) Was kannst du über den Verlauf des Graphen einer quadratischen Funktion der Form $y = a \cdot x^2$ aussagen, wenn du weißt, dass $a < 0$ ist?

1 a) x = ______ b) x = ______

2 a) Lösung: ______

b) Lösung: ______

3 a) Zelle: ______ b) Formel: ______

TIPP: Jede Eingabe einer Formel im Tabellenkalkulationsprogramm beginnt mit einem Gleichheitszeichen!
Mit den folgenden Zeichen wird die Art der Berechnung (Operation) festgelegt:

Zeichen	Operation
+ (Pluszeichen)	addieren
– (Minuszeichen)	subtrahieren
* (Sternchen)	multiplizieren
/ (Schrägstrich)	dividieren
^ (Caretzeichen)	potenzieren

c) x-Wert für y = 6: ______

d) x-Wert für y = 0: ______

4 a) y = ______

b) x = ______

5 a)

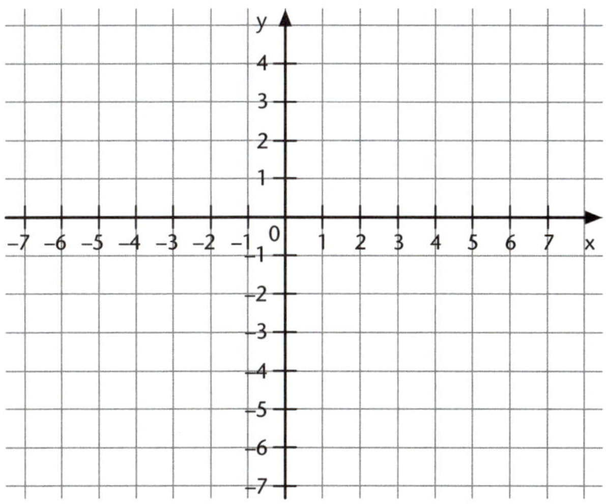

Nebenrechnungen:

b) Funktionsgleichung:

______

b) *Antwortsatz:* ______

______

______

______

______

______

______

6 a)

Funktionsgleichung	Gerade
$y = -x^2$	
$y = 0{,}5x^2$	
$y = x^2$	
$y = 3x^2$	

8 MP3-Player

Die Redakteure einer Verbraucherzeitschrift haben den Preis für einen bestimmten MP3-Player in fünf verschiedenen Geschäften erfragt. Unten siehst du das Ergebnis.

109,90 €	99,95 €	159,00 €
111,10 €	116,50 €	

a) Gib Median *(Zentralwert)*, Spannweite und arithmetisches Mittel der Stichprobe an.
b) Wie hoch hätte der Preis des teuersten MP3-Players nur sein dürfen, damit Median und arithmetisches Mittel übereinstimmen?

Zu a)
Der Median einer Stichprobe ist der Wert, der in der Mitte der geordneten Daten steht.
Bei einer geraden Anzahl von Daten ist der Median das arithmetische Mittel der beiden Daten links und rechts von der Mitte.

Daten nach Größe geordnet:
99,95 €; 109,90 €; 111,10 €; 116,50 €; 159,00 €

Median: 111,10 €

Die Spannweite ist die Differenz zwischen dem größten und dem kleinsten Wert der Stichprobe.

Spannweite:
159,00 € – 99,95 € = **59,05 €**

Arithmetisches Mittel:
(109,90 € + 99,95 € + 159,00 € + 111,10 € + 116,50 €) : 5
= **119,29 €**

Zu b)
Median ist und bleibt der Betrag 111,10 €. Damit dieser Betrag auch das arithmetische Mittel ist, müssen alle Preise zusammen 111,10 € · 5, also **555,50 €** ergeben.

Subtrahiert man davon die ersten Preise, erhält man die Antwort auf die Teilaufgabe b).

99,95 € + 109,90 € + 111,10 € + 116,50 €
= 437,45 €

555,50 € – 437,45 €
= **118,05 €**

1 Gib jeweils den Median *(Zentralwert)*, das arithmetische Mittel und die Spannweite der Stichprobe an.

a) 84,30 €; 65,80 €; 111,40 €; 99,70 €; 107,20 €

b) 4,50 m; 4,20 m; 5,10 m; 4,80 m; 5,30 m; 4,60 m

2 In einem Fahrstuhl befinden sich 12 Personen mit den auf dem Zettel angegebenen Gewichten*.

78,5 kg	96 kg	81,4 kg	54,5 kg
67,5 kg	93,4 kg	72,2 kg	56,8 kg
98,6 kg	78,2 kg	73,8 kg	84,3 kg

a) Bei der Angabe „max. 12 Personen" wurde davon ausgegangen, dass eine Person durchschnittlich 80 kg wiegt.
Liegt das vor?

b) Wie groß ist die Spannweite der Gewichte* in der Tabelle?

c) Bestimme den Median der Werte in der Tabelle und bestimme den Unterschied zum arithmetischen Mittel.

3 Sabine hat mit 7 Sprüngen für den Weitsprung-Wettbewerb trainiert. Hier sind die Weiten der ersten 5 Sprünge:

4,20 m	4,65 m	3,95 m	4,10 m	4,45 m

Der 6. Sprung war zugleich Sabines schlechteste Weite. Nach dem 7. Sprung stellt Sabine fest:
(1) Die Weitsprungdaten haben eine Spannweite von 90 cm.
(2) Das arithmetische Mittel der Sprungweiten ist 4,20 m.

a) Wie weit ist Sabine im 6. Versuch gesprungen?

b) Wie weit ist Sabine im 7. Versuch gesprungen?

c) Gib den Median der Weitsprungdaten an.

*„Gewicht" ist der umgangssprachliche Begriff. Korrekt müsste es „Masse" heißen.

1 a) Median (Zentralwert): ____________

arithmetisches Mittel: ____________

Spannweite: ____________

b) Median (Zentralwert): ____________

arithmetisches Mittel: ____________

Spannweite: ____________

2 a) *Antwortsatz:* ____________

____

____

b) *Antwortsatz:* ____________

____

____

c) Median: ____________

Unterschied zum arithmetischen Mittel:

____

3 a) *Antwortsatz:* ____________

____

____

b) *Antwortsatz:* ____________

____

____

c) Median aller sieben Weitsprungdaten:

____

Nebenrechnungen:

9 Gleichungssysteme

a) Löse das Gleichungssystem I. $x - 2y = 4$
II. $3x + y = 5$

b) Ein Rechteck hat den Umfang 30 cm, wobei die eine Seite 2 cm länger ist als die andere Seite.
Wie lang sind die Seiten?

Zu a)

I. $x - 2y = 4$
II. $3x + y = 5 \quad | \cdot 2$

I. $x - 2y = 4$
II. $6x + 2y = 10$
I. + II. $7x = 14 \quad | : 7$
$\mathbf{x = 2}$

x = 2 z. B. in Gleichung I. einsetzen:

$2 - 2y = 4 \quad | -2$
$-2y = 2 \quad | : (-2)$
$\mathbf{y = -1}$

Zu b)

x: Breite; y: Länge

I. $2x + 2y = 30$
II. $y = x + 2$

II. in I. einsetzen:
$2x + 2(x + 2) = 30$
$2x + 2x + 4 = 30 \quad | -4$
$4x = 26 \quad | : 4$
$\mathbf{x = 6{,}5}$

II. $y = 6{,}5 + 2$
$\mathbf{y = 8{,}5}$

Die Rechteckseiten sind **6,5 cm** und **8,5 cm** lang.

10 Dreieck im Koordinatensystem

a) Zeichne das Dreieck A(2|3), B(6|3) und C(5|6) in das gegebene Koordinatensystem.
b) Welchen Flächeninhalt hat das Dreieck?
c) Spiegele das Dreieck am Punkt B.

Zu a) und c)

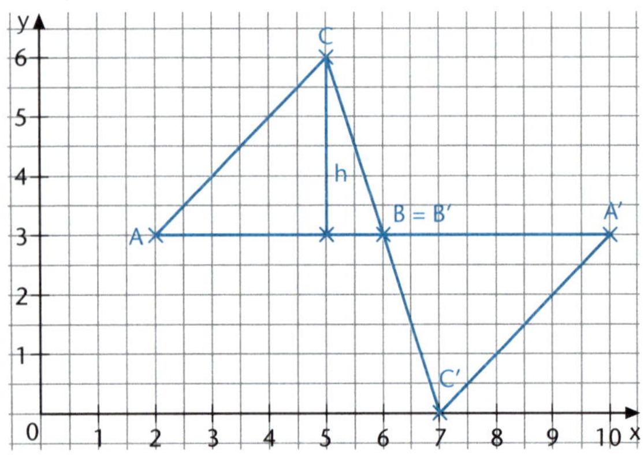

Zu b)

g ist die Länge der Strecke $\overline{AB}$: **4 cm; h = 3 cm**

$$A = \frac{g \cdot h}{2} = \frac{4\text{ cm} \cdot 3\text{ cm}}{2} = \mathbf{6\text{ cm}^2}$$

1 Welche Lösungen hat das Gleichungssystem?

a) I. $20x + 5y = 1$
II. $13x - 10y = 3{,}3$

b) I. $3x + 2y = 16$
II. $2x + 3y = 19$

c) I. $3x + 4y = 1$
II. $6x + 8y = 0$

b) I. $3x + 2y = 8$
II. $9x + 6y = 24$

2 Ein 50-Euro-Schein wird so in 10-Euro-Scheine und 5-Euro-Scheine gewechselt, dass die Anzahl der kleineren Scheine x dreimal so groß ist wie die Anzahl der größeren Scheine y.
Wie viele Scheine sind es?

3 Ein Korken und eine Flasche kosten zusammen 1,10 €.
Die Flasche ist 1 € teurer als der Korken.
Was kostet der Korken, was die Flasche?

4 Übertrage das Dreieck ABC mit A(1|6), B(1|1) und C(7|3) in ein Koordinatensystem in deinem Heft mit der Einheit 1 cm.

a) Welchen Flächeninhalt hat das Dreieck?

b) Spiegele das Dreieck an der Geraden durch die Punkte A und B.
Welche Koordinaten hat der Bildpunkt C′?

c) Wie nennt man das Viereck AC′BC und welchen Flächeninhalt hat es?

5 Trage die Punkte A(−5|1), B(7|1) und C(7|7) in ein Koordinatensystem (Einheit 1 cm) ein, verbinde sie zu einem Dreieck und markiere den Mittelpunkt M der Seite $\overline{AC}$.

a) Welchen Umfang hat das Dreieck?

b) Welche Koordinaten hat der Punkt M?

c) Spiegele das Dreieck ABC am Punkt M.
Welche Figur bilden das Originaldreieck ABC und das Bilddreieck A′B′C′ zusammen und welchen Flächeninhalt hat sie?

6 Das Dreieck ABC hat einen Flächeninhalt von 14 cm² und ist in ein Koordinatensystem mit der Einheit 1 cm eingezeichnet.
Die Punkte A (3|3) und B (3|−4) sind bekannt; von C weiß man, dass dieser Punkt 2 cm von der x-Achse entfernt ist.
Welche vier Punkte des Koordinatensystems kommen für C in Frage?

1 a) x = ______________ y = ______________

b) x = ______________ y = ______________

c) x = ______________ y = ______________

d) x = ______________ y = ______________

Nebenrechnungen:

2 *Antwortsatz:* ______________________________

____

____

3 *Antwortsatz:* ______________________________

____

____

4

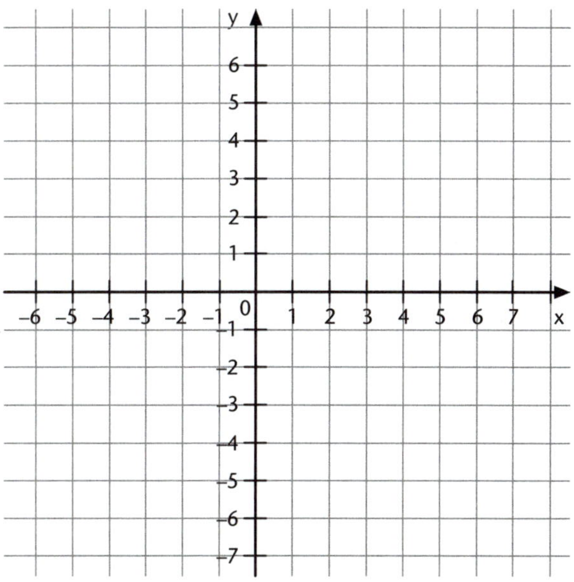

a) Flächeninhalt $A_\triangle$ = ______________________
(Achtung: 1 Karolänge ≙ 1 cm)

c) Flächeninhalt $A_\square$ = ______________________

Nebenrechnungen:

5

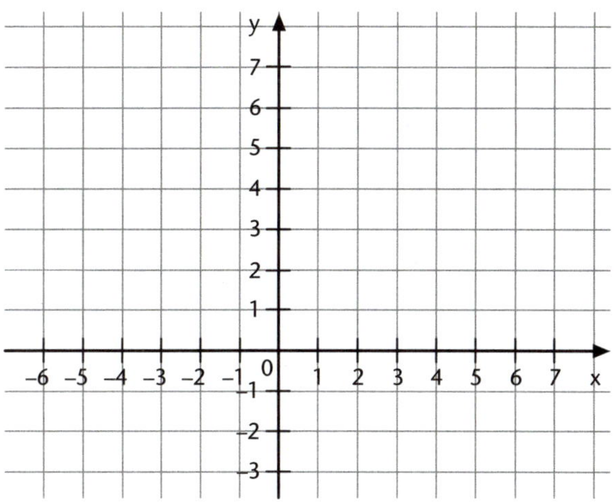

a) Umfang $u_\triangle$ = ______________________

b) M (|)

c) Figur: ______________ ; A = ______________

Skizze zu Aufgabe ⑤:

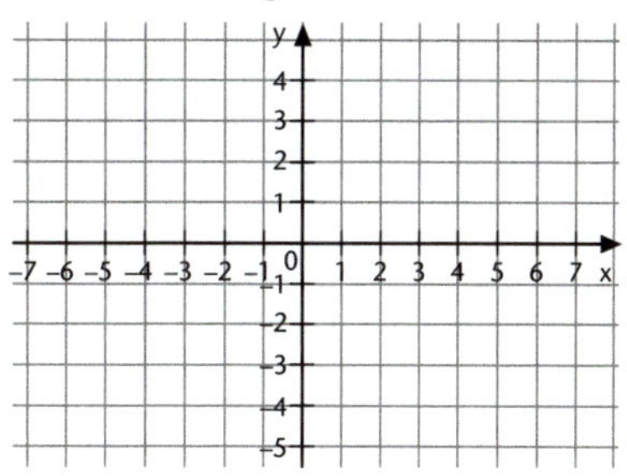

6 ① C (|) ② C (|) ③ C (|) ④ C (|)

11 Schätzen

Kreuze an, was am besten dazu passt.

Lackierte Oberfläche	*Zahl der Herzschläge im Jahr*	*Volumen des Kartons*
	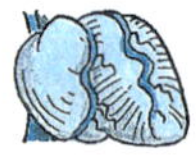	
☐ 12 000 cm^2	☐ 340 000	☐ 80 *l*
☐ 1200 dm^2	☐ 3 400 000	☐ 80 000 mm^3
☐ 120 m^2	☐ 34 000 000	☐ 0,8 dm^3
☐ 120 000 mm^2	☐ 340 000 000	☐ 8000 cm^3

Lackierte Oberfläche
Seiten ca. je 3 m^2, Motorhaube ca. 2 m^2, Dach ca. 2,5 m^2, Rest vorn und hinten ca. 1 m^2, also zusammen ca. 11,5 m^2
Am besten passt **1 200 dm^2** (= 12 m^2).

Zahl der Herzschläge im Jahr
geschätzt: ca. 70 Schläge in der Minute
$70 \cdot 60 \cdot 24 \cdot 365 = 36\,792\,000$
Am besten passt **34 000 000**.

Volumen des Kartons
$V = 35\text{ cm} \cdot 18\text{ cm} \cdot 12\text{ cm} = 7\,560\text{ cm}^3$
Am besten passt **8 000 cm^3**.

12 Schwimmbecken

Ein quaderförmiges Schwimmbecken (6 m breit, 5 m lang, 2 m tief) ist bis zum Rand mit Wasser gefüllt. Wie viel m^3 Wasser fasst dieses Schwimmbecken?

Das Schwimmbecken ist ein Quader. Bei der Frage nach dem Fassungsvermögen wird das Volumen (der Rauminhalt) gesucht.

Für Quader gilt die Volumenformel:
$V = a \cdot b \cdot c$ (Länge · Breite · Höhe)

oder auch

$V = G \cdot h$ (Grundfläche · Höhe)
$V = 6\text{ m} \cdot 5\text{ m} \cdot 2\text{ m}$
$V = 60\text{ m}^3$ (= 60 000 Liter)

Hinweis: Bevor man das Volumen eines Körpers berechnet, wandelt man alle Maße in dieselbe Einheit um. Das war hier nicht nötig, denn alle Längenangaben hatten die Einheit „m" (Meter).

1 Wie groß ist die Fläche eines 20-€-Scheines?

☐ 957 cm^2 ☐ 957 mm^2
☐ 95,7 dm^2 ☐ 9 570 mm^2

2 Wie groß ist etwa das Fell eines ausgewachsenen Eisbären?

☐ 48 000 cm^2 ☐ 0,48 m^2
☐ 480 000 mm^2 ☐ 4 800 dm^2

3 Wie viele Sekunden hat etwa eine Realschülerin vom ersten Schultag bis zum Ende ihrer Schulzeit in der Schule verbracht?

☐ 3 600 000 s ☐ 360 000 000 s
☐ 36 000 000 s ☐ 3 600 000 000 s

4 Wie viel Flüssigkeit passt etwa in den Innenraum eines mittelgroßen Pkw?

☐ 30 hl ☐ 300 000 ml
☐ 0,3 m^3 ☐ 30 000 *l*

5 Berechne das Volumen des abgebildeten Quaders.

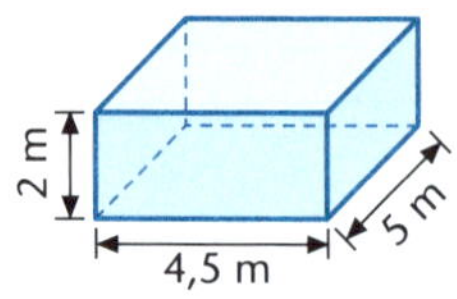

6 Eine Baugrube ist 4 m lang, 2,50 m breit und 1,80 m tief.
Wie viel Kubikmeter Erde mussten ausgehoben werden?

7 Ein quaderförmiges Aquarium hat die Bodenmaße 8 dm x 4,5 dm und ist 60 cm hoch. Es ist bis 5 cm unter dem Rand gefüllt.
Wie viel Liter Wasser befinden sich in diesem Aquarium?

8 Ein Schwimmbecken ist 25 m lang und verfügt über 8 Bahnen von je 1,50 m Breite. Es ist an allen Stellen gleich tief und fasst 750 m^3 Wasser.
Wie tief ist es?

9 Ein Quader ist doppelt so lang wie breit und dreimal so hoch wie breit. Sein Volumen beträgt 48 cm^3. Wie breit ist er?

1 Größe 20-€-Schein: ______

2 Eisbärfell: ______

3 Zeit in der Schule: ______

4 Innenraum Pkw: ______

5 V = ______

6 *Antwortsatz:* ______

7 *Antwortsatz:* ______

8 *Antwortsatz:* ______

9 *Antwortsatz:* ______

Nebenrechnungen:

13 Aussagen

Welche der folgenden Sachtexte passen zu der Gleichung x + (x – 3) = 60? Kreuze jeweils an.

1	Vera ist drei Jahre jünger als Max. Zusammen sind sie 60 Jahre alt.	☐ Ja	☐ Nein
2	Eine Lostrommel enthält dreimal so viel Nieten wie Gewinnlose. Insgesamt sind 60 Lose in der Trommel.	☐ Ja	☐ Nein
3	Familie Maier legt auf ihrer zweitägigen Radtour insgesamt 60 km zurück. Am zweiten Tag fahren sie 3 km weniger als am ersten Tag.	☐ Ja	☐ Nein
4	Ein 60 m^2 großer Saal wird mit Parkett ausgelegt. Länge und Breite des Raumes unterscheiden sich um 3 Meter.	☐ Ja	☐ Nein

(1): Max: x; Vera: x – 3
Gleichung x + (x – 3) = 60 **Ja**

(2): Gewinne: x; Nieten: 3x
Gleichung x + 3x = 60 **Nein**

(3): 1. Tag: x; 2. Tag : x – 3
Gleichung x + (x – 3) = 60 **Ja**

(4): Breite: x, Länge: 3x
Gleichung x · (x – 3) = 60 **Nein**

14 Winkelbestimmung

Wie groß ist Winkel α in der Figur rechts?

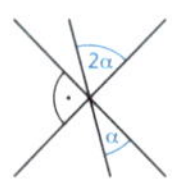

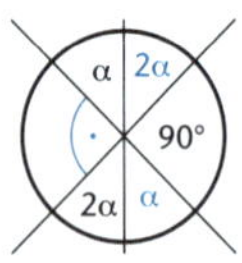

Scheitelwinkel sind gleich groß.
Es gilt $2\alpha + \alpha + 90°$,
also $3\alpha = 90°$ und damit $\boldsymbol{\alpha = 30°}$.

15 Farbige Kugeln

In einem Behälter sind 3 rote, 5 grüne und 2 blaue Kugeln. Eine Kugel wird verdeckt gezogen. Wie groß ist die Wahrscheinlichkeit, eine Kugel zu ziehen,
a) die blau ist,
b) die nicht rot ist?

Bei gleichwahrscheinlichen Ergebnissen gilt für ein Ereignis E:

$$p(E) = \frac{\text{Anzahl der günstigen Ergebnisse}}{\text{Anzahl der möglichen Ergebnisse}}$$

Zu a)
Möglich sind 10 Ergebnisse; günstig sind 2 Ergebnisse, da 2 der 10 Kugeln blau sind.
Also: p (blau) = **0,2 = 20 %**

Zu b)
Möglich sind 10 Ergebnisse; günstig sind 7 Ergebnisse, da 7 der Kugeln nicht rot sind.
Also: p (nicht rot) = $\frac{7}{10}$ = **0,7 = 70 %**

1 Welche der folgenden Aussagen passen zu der Gleichung 5x + 17 = 57? Was gibt in diesen Fällen x an?

(1) Fünf Freunde gehen ins Kino. Sie kaufen Karten und anschließend Popcorn für 17 €. Insgesamt bezahlen sie 57 €.
(2) Frau May kauft 5 Flaschen Wein und 17 Flaschen Sekt. Sie bezahlt insgesamt 57 €.
(3) Ein 5 km langer Rundkurs für Crossräder wird x-mal durchfahren. Der Kurs liegt 17 km von Tannendorf entfernt. Es sind 57 Teilnehmer am Start.
(4) Ein Unternehmen soll 57 m^3 Muttererde zu einem Grundstück bringen. Der große Lkw bringt mit einer Fahrt 17 m^3. Der kleine Lkw bringt den Rest mit fünf Fahrten, jeweils voll beladen.
(5) Ein Rechteck ist 5 cm breit, seine Länge unbekannt. Wäre es 17 cm^2 größer, hätte es einen Flächeninhalt von 57 cm^2.

2 Wie groß ist der Winkel AMC?

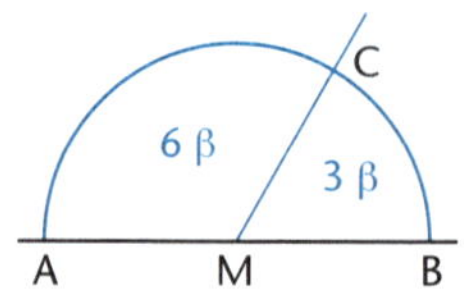

3 Bestimme die Größe aller Winkel.

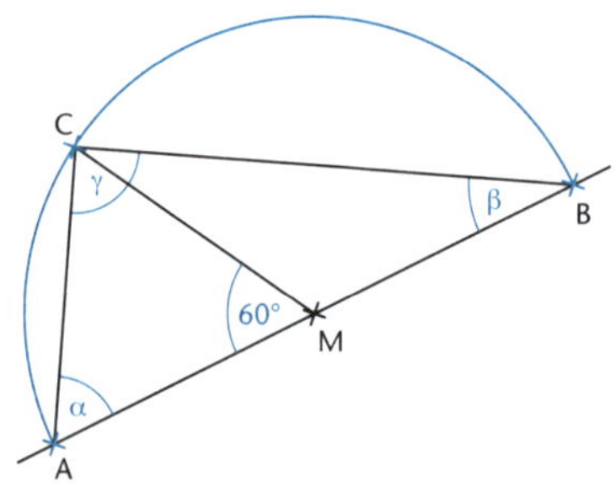

4 Färbe die Kugeln im Behälter so, dass beim verdeckten Ziehen die angegebenen Wahrscheinlichkeiten bestehen.

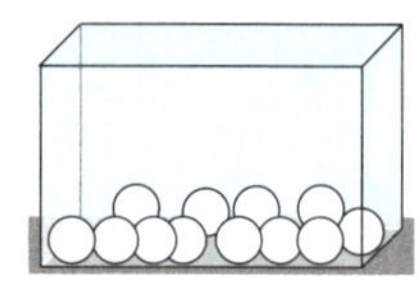

p (rot) = $\frac{1}{6}$
p (blau) = $\frac{1}{3}$
p (grün) = $\frac{1}{2}$

5 Aus dem abgebildeten Behälter wird Uwe mit verbundenen Augen eine Kugel ziehen.

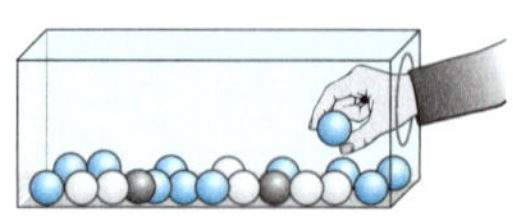

a) Wie groß ist die Wahrscheinlichkeit, eine weiße Kugel zu ziehen?

b) Wie groß ist die Wahrscheinlichkeit, keine schwarze Kugel zu ziehen?

1

Aussage	passt/passt nicht
(1)	
(2)	
(3)	
(4)	
(5)	

Bedeutung von x bei den passenden Aussagen:

Aussage	Bedeutung von x

Nebenrechnungen:

2 ∢ AMC = ______

3 α = ______

β = ______

γ = ______

4 a) Anzahl roter Kugeln: ______

Anzahl blauer Kugeln: ______

Anzahl grüner Kugeln: ______

5 a) Anzahl der möglichen Ergebnisse: ______

Anzahl der günstigen Ergebnisse: ______

p (weiß) = ______

b) Anzahl der möglichen Ergebnisse: ______

Anzahl der günstigen Ergebnisse: ______

p (nicht schwarz) = ______

16 Zylinder

Ein Zylinder hat eine Grundfläche mit dem Radius 14 cm und ist 8 cm hoch. Bestimme die Oberfläche des Zylinders gerundet auf ganze cm².

Zylinder Oberfläche des Zylinders

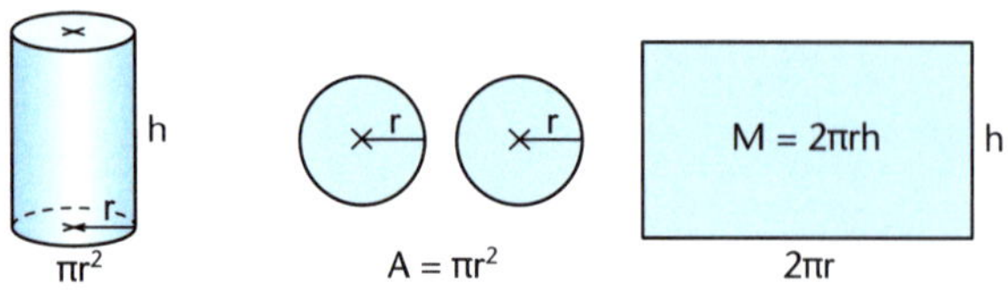

$V = \pi r^2 h$ $O = 2\pi r^2 + 2\pi rh$

$O = 2\pi \cdot (14\text{ cm})^2 + 2\pi \cdot 14\text{ cm} \cdot 8\text{ cm}$

$O = 2\pi \cdot 196\text{ cm}^2 + 2\pi \cdot 112\text{ cm}^2$

$\mathbf{O \approx 1935\text{ cm}^2}$

17 Prozente

a) Wie viel sind 30 % von 250 €?
b) Wie viel Prozent sind 25 cm von 5 m?
c) Von wie viel Kilogramm sind 5 % genau 10 kg?
d) Ein Kapital von 620 € wird ein Jahr lang mit 4 % verzinst. Berechne die Jahreszinsen.

In der Prozentrechnung treten folgende Größen auf:
- Grundwert G
- Prozentwert W
- Prozentsatz p %

3 %	von 800 €	sind 24 €
p %	G	W

Die Formel mit allen Umstellungen ist:

$W = G \cdot p\%$ $\qquad p\% = \frac{W}{G}$ $\qquad G = \frac{W}{p\%}$

Die Zinsrechnung ist eine Anwendung der Prozentrechnung:
Kapital K ↔ Grundwert G
Zinsen Z ↔ Prozentwert W
Zinssatz p % ↔ Prozentsatz p %
Z = K · p %

Zu a)
W ist gesucht.
$W = 250\text{ €} \cdot 0{,}3$
$= \mathbf{75\text{ €}}$

Zu b)
p % ist gesucht.
$p\% = \frac{0{,}25}{5} = 0{,}05$
$= \mathbf{5\,\%}$

Zu c)
G ist gesucht.
$G = \frac{10\text{ kg}}{0{,}05} = \mathbf{200\text{ kg}}$

Zu d)
Z ist gesucht.
$Z = 620\text{ €} \cdot 0{,}04$
$= \mathbf{24{,}80\text{ €}}$

1 Berechne vom abgebildeten Zylinder
a) den Flächeninhalt des Mantels,
b) die Oberfläche,
c) das Volumen in Litern.

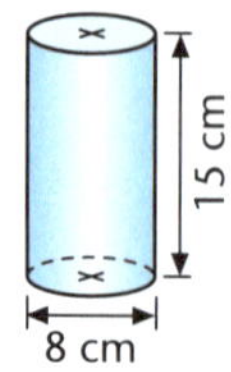

2 Eine Dose mit Erbsensuppe hat einen Durchmesser von 10,3 cm und eine Höhe von 12 cm. Angegeben ist auf der Banderole (das ist das Etikett auf dem Mantel der Dose) ein Inhalt von 998 ml.
a) Trifft diese Angabe zu?
b) Wie viel Quadratmeter Papier werden zur Herstellung von 50 000 Banderolen benötigt?

3 Abgebildet ist der Mantel eines Zylinders.

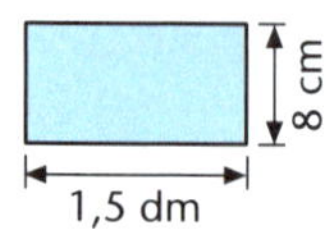

a) Welchen Durchmesser hat die Grundfläche des Zylinders?
b) Wie groß ist das Volumen des Zylinders?

4 Berechne.
a) 40 % von 650 € b) 23 % von 40 m

5 a) Wie viel Prozent sind 374 Personen von 800 Personen?
b) Wie viel Prozent sind 35 € von 1400 €?

6 Von welcher Länge sind 45 % 288 m?

7 Berechne die Jahreszinsen.
a) Ein Kapital von 3200 € wird ein Jahr lang mit 3 % verzinst.
b) Ein Jahr lang werden 560 € bei einem Zinssatz von 2,5 % verzinst.

8 Auf einem freien Gelände am Stadtrand, das 16 ha groß ist, wird ein neues Fußballstadion gebaut. Es nimmt 13 % der Gesamtfläche ein. Wie viel Quadratmeter wird es groß?

9 Von 827 kontrollierten Fahrzeugen waren 43 mit Mängeln versehen. Wie viel Prozent sind das?

1 a) M = ______

b) O = ______

c) V = ______

2 a) *Antwortsatz:* ______

______

______

b) *Antwortsatz:* ______

______

______

3 a) d = ______ b) V = ______

4 a) ______ b) ______

5 a) *Antwortsatz:* ______

______

______

b) *Antwortsatz:* ______

______

______

6 *Antwortsatz:* ______

______

______

7 a) *Antwortsatz:* ______

______

______

b) *Antwortsatz:* ______

______

______

8 *Antwortsatz:* ______

______

______

9 *Antwortsatz:* ______

______

Nebenrechnungen:

18 Billard

Die blaue Billardkugel läuft auf dem angegebenen Weg vom Punkt A in das Loch L. In den Diagrammen gibt *d* den Abstand der Kugel vom Loch L an. Beschreibe, wie sich dieser Abstand mit der Laufzeit *t* verändert, und gib an, welcher der abgebildeten Graphen (1), (2) oder (3) am ehesten dazu passt.

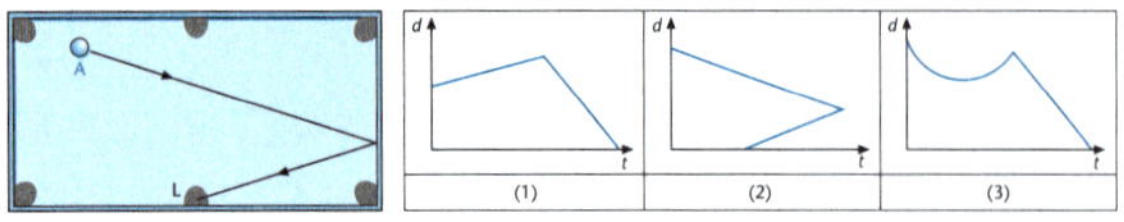

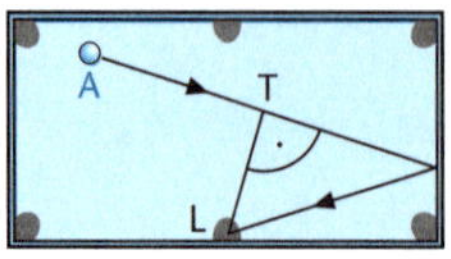

Auf der geraden Linie, auf der die Kugel zunächst entlangrollt, erreicht sie den kürzesten Abstand *d* vom Loch L beim Fußpunkt T des Lotes. Also nähert sich die Kugel zunächst Loch L, dann entfernt sie sich ebenso langsam wieder. Ab dem Tischrand bewegt sie sich direkt auf das Loch L zu. Zu dieser Abstandsentwicklung passt nur das **Diagramm (3)**. Hier verringert sich der Abstand *d* zwischen Kugel und Loch zunächst bis zum Tiefpunkt des gekrümmten Teiles des Graphen, dann nimmt *d* zu und schließlich linear ab, bis d = 0 ist.

Diagramm (2) scheidet von vornherein aus, weil es danach Zeitpunkte gibt, bei denen die Kugel zwei verschiedene Abstände zu L hat. Das kann nicht sein.

Bei Diagramm (1) entfernt sich die Kugel zu Anfang vom Loch L, und das steht im Widerspruch zu den obigen Überlegungen.

1 Ein Stein fällt in einen 40 m tiefen Brunnen. Welcher Graph stellt die Zuordnung *Zeit (t) → zurückgelegter Weg (s)* richtig dar?

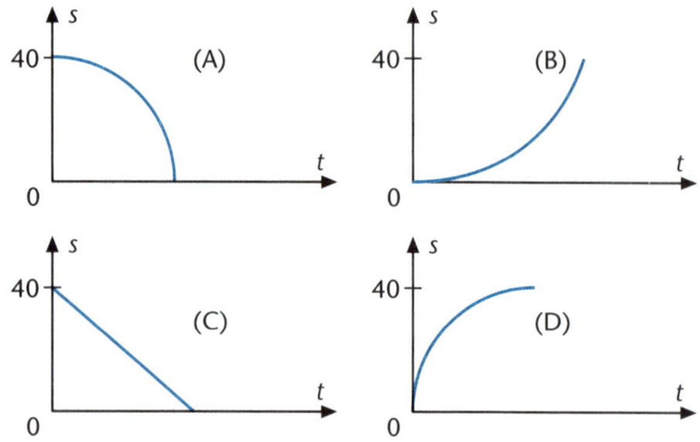

2 Abgebildet ist eine Murmelbahn. Lässt man die Murmel in A los, durchläuft sie die Bahn bis zur Absturzstelle B.

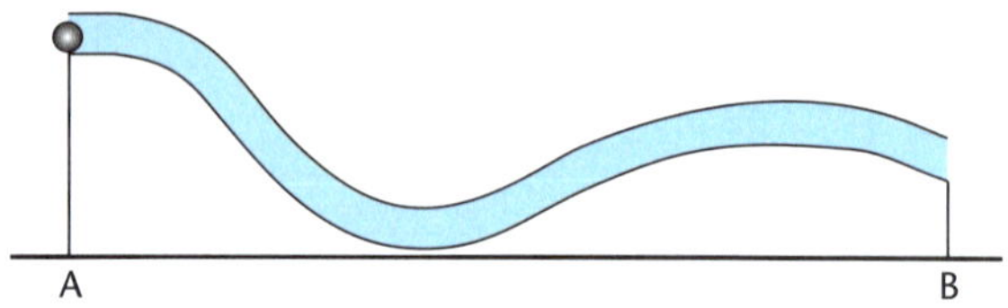

Welcher Graph stellt die Zuordnung *Weg (s) → Geschwindigkeit (v)* am ehesten dar?

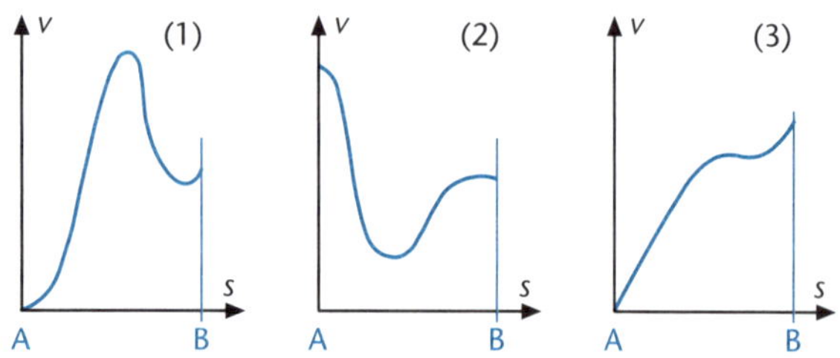

3 Einige Kilometer hinter einer Autobahnausfahrt überholt Peter mit seinem Motorrad einen Lastwagen, der auf Grund einer Motorpanne langsam die rechte Standspur befährt. Der geschilderte Sachverhalt ist in einem Diagramm dargestellt. Nutze es, um die folgenden Fragen zu beantworten.

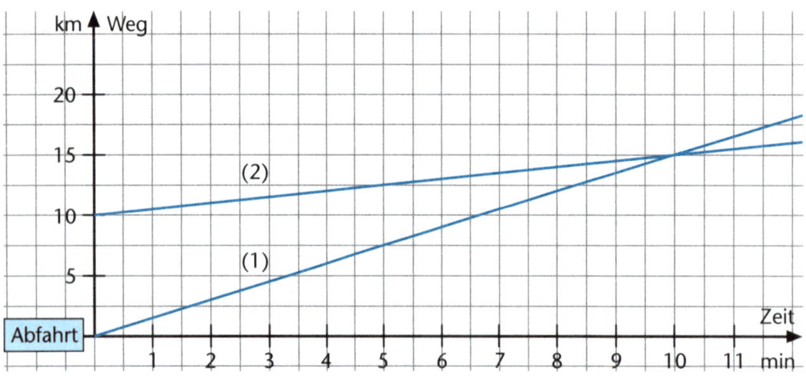

a) Welcher Graph beschreibt die Fahrt von Peter, welcher die Fahrt des Lkw?

b) Wie weit ist Peter bei der Abfahrt vom Lkw entfernt?

c) Wie hoch ist die Geschwindigkeit des Lastwagens?

d) Gib für beide Graphen die Funktionsgleichungen an.

1 Graph ________ stellt die Zuordnung richtig dar.

Begründung: ______________________________

____

____

____

2 Graph ________ stellt die Zuordnung am ehesten dar.

Begründung: ______________________________

____

____

____

3 a) *Antwortsatz:* ______________________________

____

____

____

b) *Antwortsatz:* ______________________________

____

____

____

c) *Antwortsatz:* ______________________________

____

d) Funktionsgleichungen:

(1) ________________ (2) ________________

Nebenrechnung für die Geschwindigkeit des Lastwagens:

19 Würfel

(1)

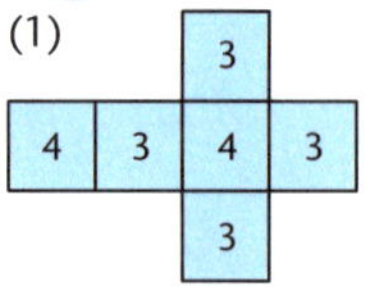

(2)

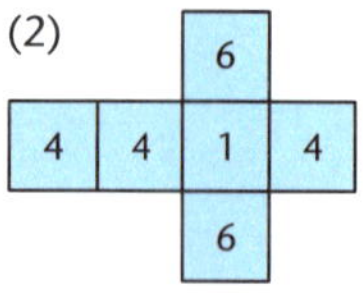

Oben siehst du die Netze zweier Würfel. Der Würfel (1) hat nur die Zahlen 3 und 4, der Würfel (2) die Zahlen 1, 4 und 6.

a) Wie groß ist die Wahrscheinlichkeit, mit Würfel (1) eine Vier zu würfeln?

b) Wie groß ist die Wahrscheinlichkeit, mit Würfel (2) eine Augenzahl größer als 3 zu würfeln?

c) Mit einem der beiden Würfel wurde 500-mal gewürfelt und dabei 162-mal die Vier erzielt. Mit welchem der beiden Würfel wurde deiner Meinung nach gewürfelt? Begründe.

Zu a)
Von den sechs Feldern der Würfeloberfläche (1) sind zwei mit der Zahl 4 beschriftet, also gilt

$p_1(4) = \frac{2}{6} = \frac{1}{3}$

Zu b)
Von den sechs Feldern der Würfeloberfläche (2) sind fünf mit einer Zahl beschriftet, die größer als 3 ist, also gilt

p_2 **(größer als 3)** $= \frac{5}{6}$

Zu c)
Bei 500 Würfeln kommt die relative Häufigkeit (rH) für ein bestimmtes Ereignis der Wahrscheinlichkeit schon sehr nah.

$rH(4) = \frac{162}{500} = 0{,}324$

Es gilt $p_1(4) = \frac{1}{3}$ und $p_2(4) = \frac{1}{2}$

Da die relative Häufigkeit knapp unter $\frac{1}{3}$ liegt ($0{,}324 < 0{,}333\ldots$), ist sicherlich mit dem **Würfel (1)** gewürfelt worden.

Hinweis: In Zufallversuchen werden oft auch „Würfel" verwendet, die quaderförmig sind. Dann sind die einzelnen Ergebnisse (z. B. 1, 2 oder 3) nicht gleichwahrscheinlich. Gleichwahrscheinlich ist dagegen, dass gegenüberliegende Flächen oben liegen.

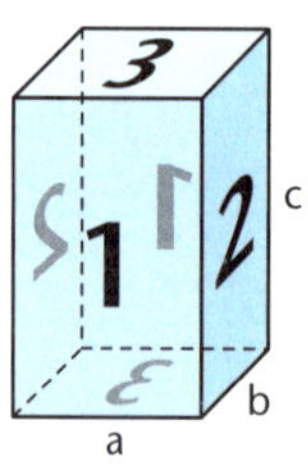

1 Wie groß ist die Wahrscheinlichkeit, mit Würfel (1) eine Vier zu würfeln?

(1)

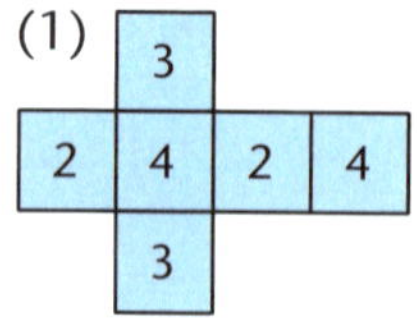

2 Wie groß ist die Wahrscheinlichkeit, mit Würfel (2) eine gerade Zahl zu würfeln?

(2)

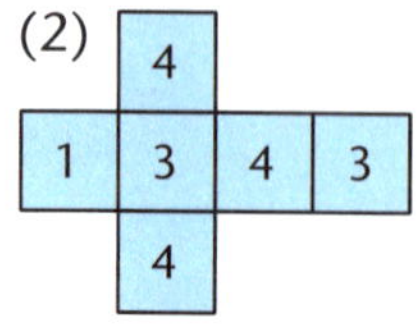

3 Wie groß ist die Wahrscheinlichkeit, mit Würfel (3) keine Sechs zu würfeln?

(3)

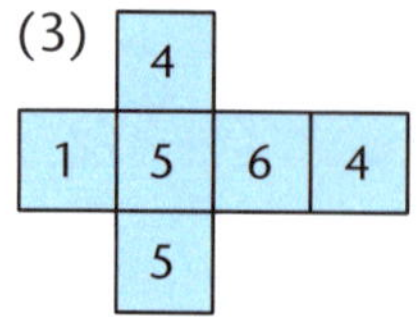

4 Mit einem der abgebildeten Würfel wurde 800-mal gewürfelt. Dabei lag 548-mal eine Primzahl oben.
Welcher Würfel war das deiner Meinung nach?

5 Mit einem der abgebildeten Würfel wurde 1500-mal gewürfelt. 252-mal war das Ergebnis eine Zahl unter 3.
Welcher Würfel wird das gewesen sein?

6 Mit Würfel (3) wurde 600-mal gewürfelt und dabei 197-mal ein bestimmtes Ergebnis erreicht.
Welche Ergebnisse können es gewesen sein?

- ☐ 6
- ☐ 2
- ☐ 4
- ☐ 1
- ☐ 5
- ☐ größer als 2
- ☐ größer als 3
- ☐ weder 4 noch 5
- ☐ Primzahl

7 Mit diesem „Würfel" wurden mehrfach relative Häufigkeiten ermittelt.

Gruppe 1: $rH(2) = \frac{198}{800}$

Gruppe 2: $rH(1) = \frac{339}{900}$

Gruppe 3: $rH(3) = \frac{346}{700}$

Gruppe 4: $rH(1) = \frac{188}{500}$

Gruppe 5: $rH(2) = \frac{253}{1000}$

Gruppe 6: $rH(3) = \frac{453}{1200}$

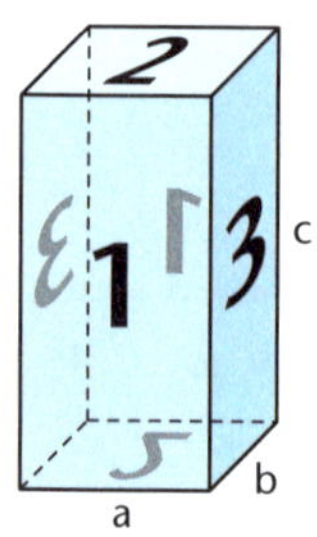

a) Eine Gruppe hat falsch gezählt. Welche?

b) Ist a oder b länger? Begründe deine Antwort.

1 *Antwortsatz:* ______

2 *Antwortsatz:* ______

3 *Antwortsatz:* ______

4 *Antwortsatz:* ______

Begründung: ______

Nebenrechnungen:

5 *Antwortsatz:* ______

Begründung: ______

6 *Antwortsatz:* ______

Begründung: ______

7 a) *Antwortsatz:* ______

b) *Antwort und Begründung:* ______

20 Regal im Dachgiebel

In der Nische einer Dachschräge soll in 1,00 m Höhe der abgebildete Boden aus Glas angebracht werden. Wie lang muss die Kante $\overline{A_1B_1}$ des Glasbodens sein?

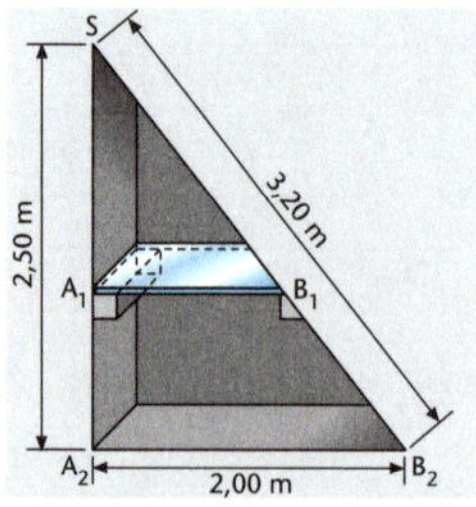

Im Regal erkennt man die ähnlichen Dreiecke $\triangle SA_1B_1$ und $\triangle SA_2B_2$. Die Länge SB_2 wird zur Berechnung nicht benötigt.

Der Abstand zwischen x und $\overline{A_2B_2}$ soll laut Text 1 m betragen.

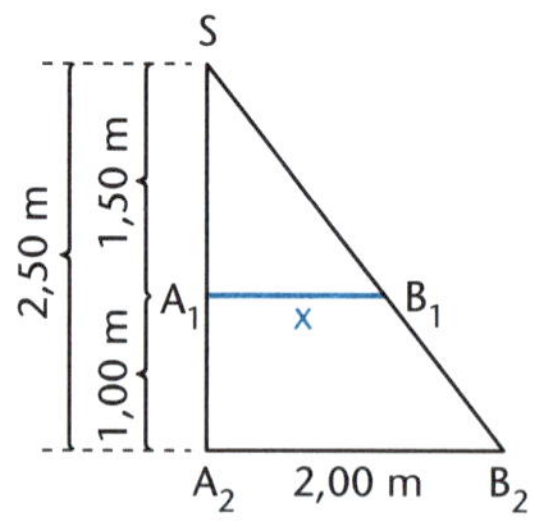

Verhältnisgleichung:

$\frac{x}{2} = \frac{1,5}{2,5}$

$\mathbf{x = 1,2}$

Die Kante des Bodens muss **1,20 m** lang sein.

21 Lineare Funktion

Die Gleichung einer linearen Funktion ist gegeben durch y = mx + n. Durch welche Punkte (m ≠ 0 und n ≠ 0) verläuft der Graph. Kreuze alle Punkte richtig an.

☐ (m|0) ☐ (0|n) ☐ (1|m + n) ☐ $\left(-\frac{n}{m}\middle|0\right)$ ☐ $\left(-\frac{m}{n}\middle|0\right)$

Ein Punkt P (x|y) gehört zum Graphen einer Funktion, wenn beim Einsetzen seiner Koordinaten in die Funktionsgleichung eine wahre Aussage entsteht.

(1) (m|0) in y = mx + n:
$0 = m \cdot m + n$ Das gilt in der Regel **nicht.**

(2) (0|n) in y = mx + n:
$n = m \cdot 0 + n$ Das ist **wahr.**

(3) (1|m + n) in y = mx + n:
$m + n = m \cdot 1 + n$ Das ist **wahr.**

(4) $\left(-\frac{n}{m}\middle|0\right)$ in y = mx + n:
$0 = m \cdot \left(-\frac{n}{m}\right) + n$
$0 = -\frac{mn}{m} + n$
$0 = -n + n$ Das ist **wahr.**

(5) $\left(-\frac{m}{n}\middle|0\right)$ in y = mx + n:
$0 = m \cdot \left(-\frac{m}{n}\right) + n$
$0 = -\frac{m^2}{n} + n$ Das gilt in der Regel **nicht.**

Anzukreuzen sind **(0|n), (1|m + n)** und **$\left(-\frac{n}{m}\middle|0\right)$.**

1 Mit einer Säge wird parallel zur Seite $\overline{AB}$ im Abstand von 40 cm ein Stück vom dreieckigen Brett abgeschnitten.

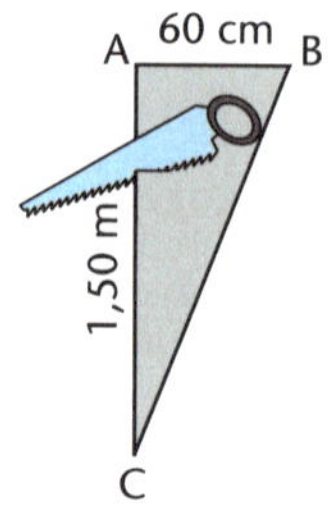

a) Wie lang ist die Schnittkante?

b) Welchen Flächeninhalt hat das verbleibende Dreieck, welchen das abgeschnittene Stück?

2 Abgebildet ist ein Schornstein und der Schatten, den dieser Schornstein wirft. Wie hoch ist der Schornstein insgesamt?

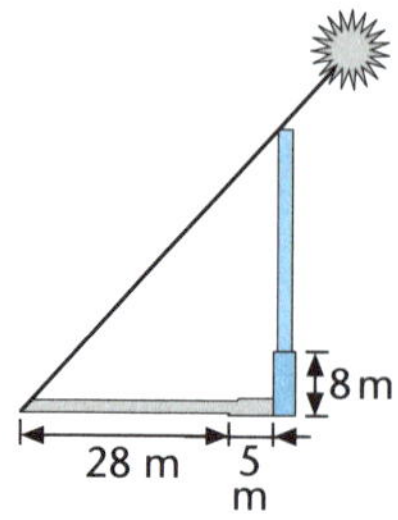

3 Sabine ist 1,50 m groß und wirft einen 1,20 m langen Schatten. Der neben ihr laufende Sebastian hat zum gleichen Zeitpunkt einen Schatten von 1,45 m. Wie groß ist Sebastian?

4 Ordne Funktionsgleichungen und Graphen einander zu.

(1) $y = 2x - 5$ (3) $y = \frac{3x + 5}{2}$

(2) $y = 3 - x$ (4) $y = -\frac{1}{5}x$

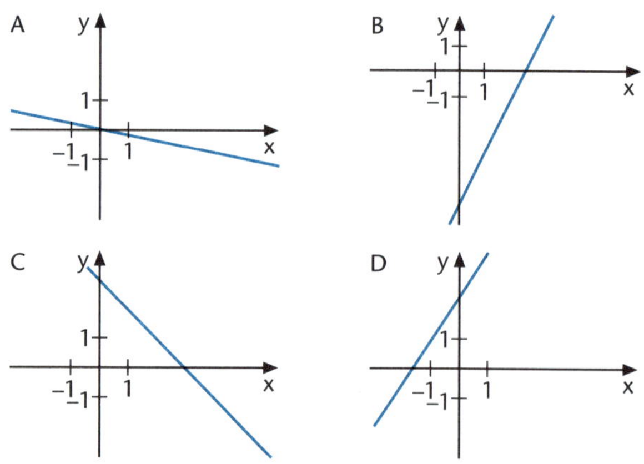

5 Beschreibe den Verlauf des Graphen zu der Gleichung.

a) $y = 0x - 2$ b) $y = -2x$

6 Welche Steigung hat eine Gerade, die durch den Nullpunkt und den Punkt A(5|4) geht?

1 a) *Antwortsatz:* ______________________

____

____

____

b) *Antwortsatz:* ______________________

____

____

____

Skizze und Nebenrechnungen:

2 *Antwortsatz:* ______________________

____

____

____

3 *Antwortsatz:* ______________________

____

____

____

4

Funktionsgleichung	(1) $y = 2x - 5$	(2) $y = 3 - x$	(3) $y = \frac{3x + 5}{2}$	(4) $y = -\frac{1}{5}x$
Graph				

5 a) *Verlaufsbeschreibung:* ______________________

____

____

b) *Verlaufsbeschreibung:* ______________________

____

____

6 *Antwortsatz:* ______________________

____

Skizze und Nebenrechnung:

22 Preisänderungen

a) Eine Bluse kostet 74,90 €. Der Preis wird um 35 % gesenkt. Berechne den neuen Preis.
b) Der Preis für einen Anzug wurde um 40 % auf 179,94 € reduziert. Wie teuer war er vorher?
c) Der Preis für ein Rennrad wird um 50 € erhöht und beträgt jetzt 499 €. Um wie viel Prozent wurde der Preis erhöht?

Zu a)
35 % von 74,90 € = 74,90 € · 0,35
≈ 26,22 €

74,90 € – 26,22 € = 48,68 €
oder
100 % – 35 % = 65 %
74,90 € · 0,65 ≈ 48,68 €

Der neue Preis der Bluse ist **48,68 €.**

Zu b)
179,94 € entsprechen 60 % des ursprünglichen Preises x.

x = (179,94 € : 60) · 100
= 299,90 €

kürzer: x = 179,94 € : 0,6 = 299,90 €

Der Anzug kostete vorher **299,90 €.**

Zu c)
Gesucht ist zunächst der prozentuale Zuschlagsfaktor q.

Alter Preis: 449 € (499 € – 50 €)
Neuer Preis: 499 €

449 € · q = 499 €
q = 499 € : 449 €
q = 1,1113585 …

Zu diesem Zuschlagsfaktor q gehört der Prozentsatz (gerundet) p % ≈ 11,14 %
oder
Wie viel Prozent sind 50 € von 449 €?
$p\,\% = \frac{50\text{ €}}{449\text{ €}} \approx 0{,}1114 \approx 11{,}14\,\%$

Der Preis wurde um rund **11,14 %** erhöht.

1 Svenja und Silke sind begeisterte Kart-Fahrerinnen.
Svenja legt 12 Runden zurück, das sind nur 80 % der Anzahl von Runden, die Silke in derselben Zeit geschafft hat.
Wie viele Runden hat Silke geschafft?

2 Ein Reisebüro wirbt für eine 14-tägige Mittelmeer-Kreuzfahrt im September. Der Normalpreis pro Person in einer Außenkabine im B-Deck beträgt 1 990 €. Bei Buchung bis Ende März kostet die Kreuzfahrt in derselben Kategorie nur 1 293,50 €.
Wie viel Prozent gegenüber dem Normalpreis spart man bei Buchung bis Ende März?

3 Gegenüber dem Vorjahr ist ein Auto 8 % billiger geworden. Es kostet jetzt 22 264 €.
Wie teuer war das Auto im Vorjahr?

4 In einer Kleinstadt sind wöchentlich 840 Hausmülltonnen zu leeren.
Jede dieser Hausmülltonnen ist erfahrungsgemäß mit durchschnittlich 18 kg Abfall gefüllt. Durch ein Neubaugebiet hat sich Anfang 2010 die Zahl der Tonnen um 15 % erhöht, zugleich ist auch die durchschnittliche Abfallmenge pro Tonne um 5 % gewachsen.
Wie viel Abfall aus Hausmülltonnen mussten die Stadtreinigungswerke der Kleinstadt 2010 insgesamt abtransportieren?

5 Zum Schuljahresbeginn 2008/2009 nahm die neue Regionalschule ihren Betrieb mit wenigen Schülerinnen und Schülern auf. 2009/2010 waren es schon 50 % mehr, zum Schuljahresbeginn 2010/2011 noch einmal 40 % mehr, nämlich 189.
Mit wie vielen Schülerinnen und Schülern nahm die Regionalschule den Betrieb auf?

23 Seitenlängen beim Quadrat

Welche Aussagen sind falsch? Begründe, warum sie falsch sind.
(1) Verdoppelt man die Seitenlänge eines Quadrats, so vervierfacht sich der Umfang.
(2) Verdoppelt man die Seitenlänge eines Quadrats, so vervierfacht sich der Flächeninhalt.
(3) Verdreifacht man die Seitenlänge eines Quadrats, so verdreifacht sich der Umfang.
(4) Verdreifacht man die Seitenlänge eines Quadrats, so verdreifacht sich der Flächeninhalt.

Aussage (1) ist **falsch:**
$u_1 = 4a \qquad u_2 = 4 \cdot 2a = 8a$
8a ist nur das Doppelte von 4a.

Aussage (2) ist **richtig:**
$A_1 = a^2 \qquad A_2 = (2a)^2 = 2a \cdot 2a = 4a^2$
$4a^2$ ist das Vierfache von a^2.

Aussage (3) ist **richtig:**
$u_1 = 4a \qquad u_3 = 4 \cdot 3a = 12a$
12a ist das Dreifache von 4a.

Aussage (4) ist **falsch:**
$A_1 = a^2 \qquad A_3 = (3a)^2 = 3a \cdot 3a = 9a^2$
$9a^2$ ist sogar das 9-fache von a^2.

Verdreifacht man dagegen bei einem Würfel die Kantenlänge, hat das folgende Auswirkung auf das Volumen:

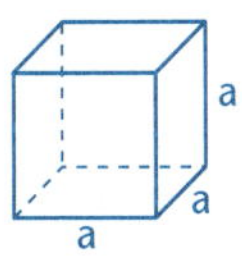

$\mathbf{V = a^3} \qquad V_3 = (3a)^3 \qquad \mathbf{V_3 = 27a^3}$

Verlängert man bei einer Fläche oder einem Körper alle Kanten um den Faktor k, so wächst:
- der Umfang um das k-fache,
- der Flächeninhalt bzw. die Oberfläche um das k^2-fache,
- das Volumen um das k^3-fache.

Beispiel:
Bei einem Kegel mit einem Radius r und der Höhe h werden beide Maße verdoppelt. Wie ändert sich das Volumen?
Der vergrößerte Kegel hat den Radius 2r und die Höhe 2h.

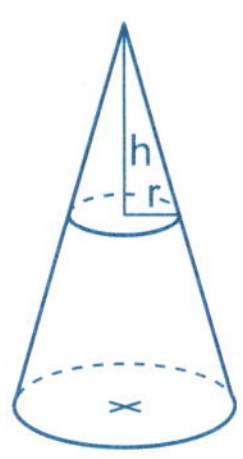

Es gilt: $V = \frac{\pi}{3} r^2 h \qquad V = \frac{\pi}{3} \cdot (2r)^2 \cdot 2h$

$\mathbf{V = \frac{\pi}{3} \cdot 8r^2h}$

Das Volumen ist 8-mal so groß.

1 Wie ändert sich der Umfang eines Rechtecks, wenn man Länge und Breite verdoppelt?
- ☐ Der Umfang verdoppelt sich.
- ☐ Der Umfang vervierfacht sich.
- ☐ Der Umfang verachtfacht sich.

2 Wie ändert sich der Flächeninhalt eines Kreises, wenn man den Radius vervierfacht?
- ☐ Der Flächeninhalt verdoppelt sich.
- ☐ Der Flächeninhalt vervierfacht sich.
- ☐ Der Flächeninhalt verachtfacht sich.
- ☐ Der Flächeninhalt versechszehnfacht sich.

3 Wie ändert sich das Volumen eines Würfels, wenn man seine Kantenlänge halbiert?

4 Abgebildet sind eine große Kugel und vier kleine Kugeln, die nur halb so hoch sind.

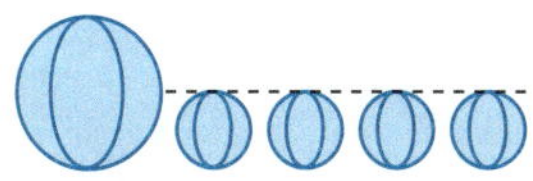

Die fünf Kugeln sind aus demselben Material. Die große Kugel wiegt 7 kg. Wie viel wiegen die vier kleinen Kugeln zusammen?

5 Beim abgebildeten Quader werden die Kantenlängen a, b und c verdoppelt.

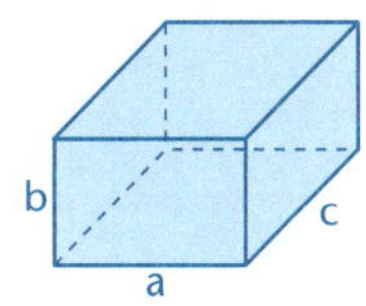

a) Wie ändert sich die Oberfläche des Quaders?

b) Wie ändert sich das Volumen des Quaders?

6 Die abgebildete Holzpyramide ist 24 cm hoch und wiegt 2 kg. 6 cm unterhalb der Spitze wird parallel zur Grundfläche ein Schnitt durch die Pyramide gelegt.

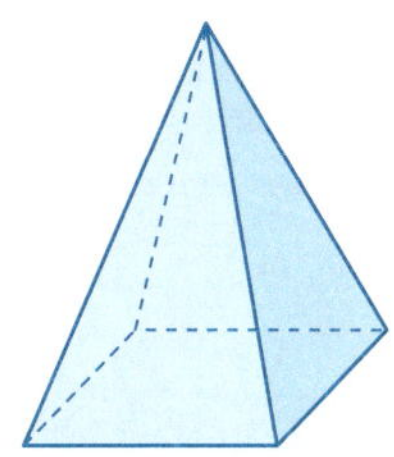

a) Wie schwer ist die abgeschnittene Spitze, die ja ebenfalls eine Pyramide ist?

b) Welchen Bruchteil von der Oberfläche der gesamten Pyramide beträgt die Oberfläche der Spitze?

☐ $\frac{1}{2}$	☐ $\frac{1}{16}$
☐ $\frac{1}{4}$	☐ $\frac{1}{32}$
☐ $\frac{1}{8}$	☐ $\frac{1}{64}$

24 Wanderung

Vom Hotel aus brachen das Ehepaar Schmidt und Herr Wolf zeitgleich zu einer 14 km langen Bergwanderung auf. Wanderzeit und zurückgelegte Strecke sind im Diagramm festgehalten.

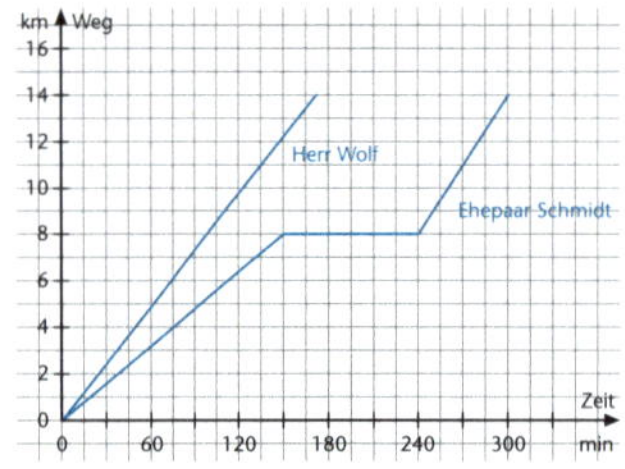

a) Welche Strecke hat Herr Wolf nach zweieinhalb Stunden zurückgelegt?

b) Das Ehepaar Schmidt legte eine Pause ein. Wie lange dauerte die Pause?

c) Bestimme die höchste Durchschnittsgeschwindigkeit, mit der Ehepaar Schmidt gewandert ist.

d) Bestimme für Herrn Wolf die Gleichung der Funktion *Zeit x (in Minuten)* → *Weg y (in km)*.

Zu a)

$2\frac{1}{2}$ h entsprechen 150 Minuten. Dies ist die x-Koordinate des gesuchten Punktes auf dem Graphen zur Wanderung von Herrn Wolf. Die y-Koordinate liest man dann ab: **12 km.**

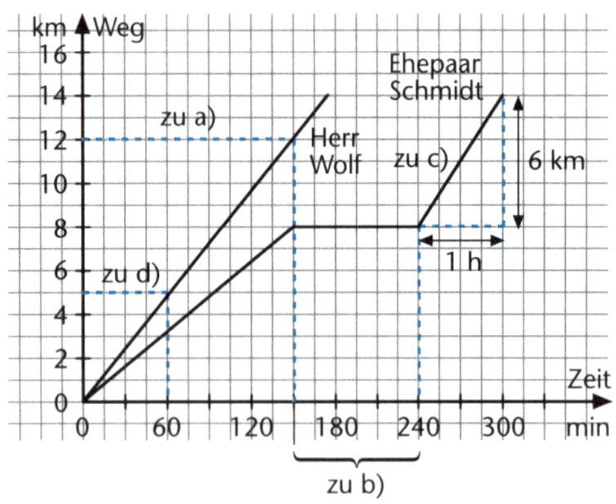

Zu b)

Der Abschnitt des Graphen zur Wanderung von Ehepaar Schmidt, in dem der zurückgelegte Weg unverändert bleibt, kennzeichnet die Länge der Pause: **90 min = $1\frac{1}{2}$ h.**

Zu c)

Je höher die Wandergeschwindigkeit, desto steiler steigt der Graph an. Ehepaar Schmidt wandert also nach der Pause mit der höchsten Durchschnittsgeschwindigkeit. Laut Steigungsdreieck beträgt sie **$6\,\frac{\text{km}}{\text{h}}$**.

Zu d)

Der zu Herrn Wolf gehörende Graph geht durch den Ursprung und besitzt die Steigung $\frac{5}{60} = \frac{1}{12}$. Die Funktionsgleichung ist $\mathbf{y = \frac{1}{12}x}$.

1 Die Klasse 10a veranstaltet um 20.00 Uhr eine Party im Jugendheim. Ina und Paul machen sich mit dem Fahrrad auf den Weg.

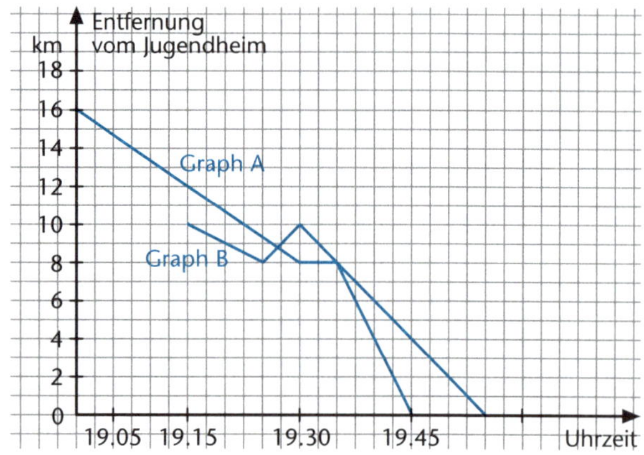

a) Ina startet 19.00 Uhr. Graph A beschreibt ihre Fahrt. Beurteile anhand dieser Darstellung, ob die Aussagen zutreffen können.

Nach einer Viertelstunde hat Ina bereits 5 km zurückgelegt.	☐ Ja	☐ Nein
Nach 30 Minuten legt Ina eine Rast ein.	☐ Ja	☐ Nein
Anfangs fährt Ina durchschnittlich $8\,\frac{\text{km}}{\text{h}}$.	☐ Ja	☐ Nein

b) Paul beginnt seine Fahrt 15 Minuten nach Ina. Wie könnte seine Fahrt, die von Graph B dargestellt ist, verlaufen sein? Beschreibe.

c) Mit welcher konstanten Geschwindigkeit hätte Paul die gesamte Strecke fahren müssen, um zeitgleich mit Ina anzukommen?

2 Eine 8 km lange Wanderung führt die Klasse 10b auf das Nebelhorn.

> Die ersten Kilometer geht es nur leicht bergauf, und die Gruppe kommt gut voran. Dann fordert ein Klettersteig (K) die Kondition aller heraus. Gut, dass am Ende des Steigs eine Hütte (H) zur Rast einlädt. Von hier aus führt ein fast ebener Weg zum Gipfelkreuz (G).

a) Skizziere in einem Koordinatensystem einen zu der Beschreibung passenden Graphen für die Zuordnung *Zeit t* → *Weg s*.

b) Trage K, H und G am Graph ein.

25 Tourismusentwicklung

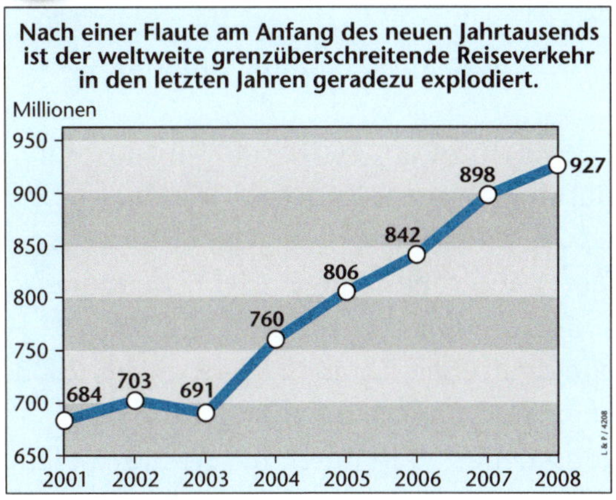

a) Wie viele Touristen reisten in den Jahren 2001 bis 2008 durchschnittlich pro Jahr ins Ausland?
b) Um wie viel Prozent stieg der Reiseverkehr von 2003 auf 2008 an?
c) Die Überschrift über dem Diagramm und das Diagramm selbst vermitteln den Eindruck, dass sich weltweit der grenzüberschreitende Reiseverkehr von 2003 auf 2008 vervielfacht hat. Wodurch wurde dieser Eindruck erreicht?
d) Zeichne rechts ein Säulendiagramm, das die Entwicklung des grenzüberschreitenden Reiseverkehrs realistisch darstellt. Vervollständige zunächst die Skalierung auf der Hochachse.

Zu a)

in Mio.: $\frac{684 + 703 + 691 + 760 + 806 + 842 + 898 + 927}{8}$

$= \frac{6311}{8}$ Mio. = **788,9 Mio.**

Zu b)

G = 691 (Mio.) W (Zuwachs) = 236 (Mio.)

p% ist gesucht: $p\% = \frac{236}{691} \approx$ **34%**

Zu c)

Die Personenzahl auf der y-Achse beginnt nicht bei Null, sondern bei 650 Mio.

Zu d)

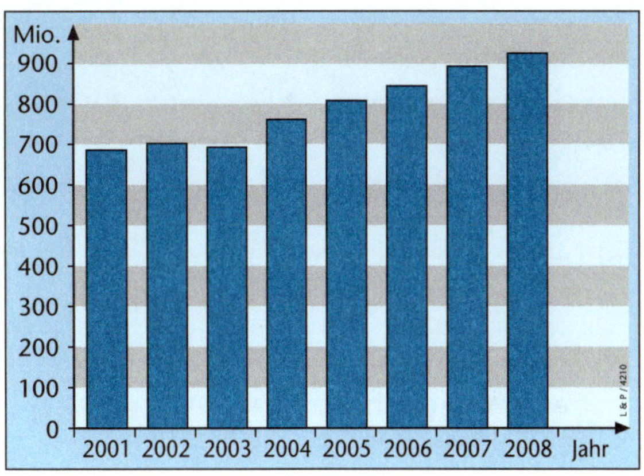

1 Die Grafik zeigt die Entwicklung der Aktie der Firma UV in den Monaten Januar bis Juni.

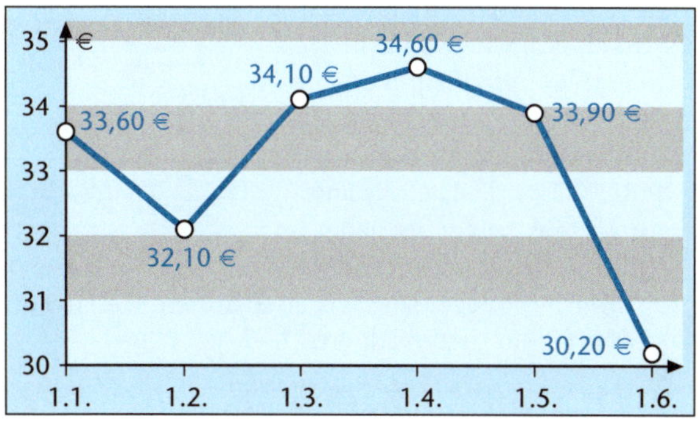

a) Um wie viel Prozent hat die Aktie der Firma UV vom 1.5. bis 1.6. verloren?

b) Im letzen Jahr hatte die Aktie der Firma durchschnittlich einen Wert von 33,65 €. Hat sie diesen Durchschnittswert auch in den dargestellten 6 Monaten erreicht?

c) Die Grafik vermittelt den Eindruck, als sei die Aktie der Firma UV vom 1.5. bis 1.6. so abgestürzt, dass sie fast nichts mehr wert ist. Wodurch entsteht dieser Eindruck?

d) Zeichne ein Säulendiagramm, das die Entwicklung des Aktienkurses vom 1.1. bis 1.6. realistisch darstellt.

2 In Entenhausen gibt es zwei Realschulen. Die Tabelle gibt an, wie viele Mädchen und Jungen jeweils in einem Sportverein sind.

Schule 1: 745 Schülerinnen und Schüler	
Mädchen 74	Jungen 91
Schule 2: 571 Schülerinnen und Schüler	
Mädchen 69	Jungen 84

a) Stelle für beide Schulen in einem Kreisdiagramm die Anteile dar.

b) Die Realschule mit 745 Schülerinnen und Schülern rühmt sich: „Wir sind die sportlichere der beiden Realschulen."
Erlaubt die Statistik diese Aussage?

c) „Jungen in Entenhausener Realschulen treten einem Sportverein eher bei als Mädchen."
Welche Information fehlt, um die Aussage überprüfen zu können?

26 Jugend-Triathlon

Jugend-Triathlon
Schwimmen 300 m
Radfahren 10 km
Laufen 3 km
Start: 9:00 Uhr

Jan absolvierte beim Jugend-Triathlon die Schwimmstrecke in 9:45 Minuten. Für die Radrennstrecke benötigte er 19:29 Minuten. Als Jan um 9:43:01 Uhr die Lauf-Ziellinie erreichte, stand er als Sieger fest.

a) Mit welcher Geschwindigkeit fuhr Jan die Radrennstrecke? Kreuze den Wert an, der diese Geschwindigkeit am besten angibt:

$15\ \frac{km}{h}$ ☐ $25\ \frac{km}{h}$ ☐ $35\ \frac{km}{h}$ ☐

$20\ \frac{km}{h}$ ☐ $30\ \frac{km}{h}$ ☐ $40\ \frac{km}{h}$ ☐

b) Wie lange brauchte Jan für den 3-km-Lauf?

Zu a)
Geschwindigkeiten in $\frac{km}{h}$ geben an, wie viele km in einer Stunde zurückgelegt werden.
Wir wissen:
Jan absolvierte in 19 min und 29 s, also ungefähr in 20 min, eine Strecke von 10 km. Dies entspricht in 3 · 20 min = 60 min = 1 h einer Strecke von 3 · 10 km = 30 km.
Jan fuhr die Radrennstrecke also mit einer Geschwindigkeit von etwa **30** $\mathbf{\frac{km}{h}}$.

Zu b)
Wir wissen: Jans Lauf endete um 9:43:01 Uhr. Um jedoch die gesuchte Zeitdauer berechnen zu können, muss man auch die Uhrzeit kennen, zu der Jan den Lauf begann. Hierzu bestimmt man aus den angegebenen Zeiten, die Jan für die Schwimmstrecke und das Radrennen gebraucht hat, Jans Startzeiten in den einzelnen Wettkampfteilen.

	Uhrzeit	Jans Zeiten
START	9.00 Uhr	
300 m Schwimmen	**9:09:45 Uhr**	9 min 45 s
10 km Rad fahren	**9:29:14 Uhr**	19 min 29 s
3 km Laufen		**13 min 47 s**
ZIEL	9:43:01 Uhr	

Die richtige Antwort lautet:
Für den 3-km-Lauf benötigte Jan **13 Minuten und 47 Sekunden.**

1. Laut Kalender geht am 18. Juni die Sonne um 5.15 Uhr auf und um 21.38 Uhr unter.
Wie viel Zeit liegt an diesem Tag zwischen Sonnenaufgang und Sonnenuntergang?

2. Jürgen kommt um 16.07 Uhr am Dortmunder Hauptbahnhof an. Insgesamt war er 1 Stunde und 24 Minuten mit dem Zug unterwegs.
Wann hat Jürgen seine Zugfahrt begonnen?

3. Beim deutschen Ironman-Wettbewerb 2003 in Frankfurt am Main benötigte Clemens Sandscheper 58 Minuten für die 3,8 km lange Schwimmstrecke im Langener Waldsee. In fünf Stunden und vier Minuten brachte er die 180 km lange Radrennstrecke hinter sich. Den abschließenden Marathon absolvierte Sandscheper in 3:13:14 Stunden und erzielte damit den 27. Gesamtplatz.
Um welche Uhrzeit lief Sandscheper über die Ziellinie des Marathonlaufs, wenn um 7.00 Uhr gestartet wurde?

4. Martinas Flug nach Rom geht um 15.10 Uhr. Für die Fahrt zum Flughafen plant sie 45 Minuten ein. Mindestens eine Stunde vor Abflug der Maschine muss sie am Schalter der Fluggesellschaft einchecken.
Wann muss Martina spätestens aufbrechen, um pünktlich am Check-in-Schalter zu sein?

5. Ein 500 m langer Personenzug durchfährt mit gleichbleibender Geschwindigkeit den 5,5 km langen abgebildeten Tunnel. Der Zug fährt um 12.56 Uhr in den Tunnel ein. Zwei Minuten später verlässt der letzte Wagen den Tunnel.

a) Mit welcher Geschwindigkeit $(\frac{km}{h})$ fährt der Zug durch den Tunnel?

b) Tim steht genau in der Mitte des Zuges am Fenster und schaut auf seine Uhr, als sein Wagen den Tunnel verlässt.
Welche Uhrzeit sieht er?

27 Konservendosen

Sechs Konservendosen werden von einem Plastikband umfasst. Jede Dose hat einen Radius von 4 cm.

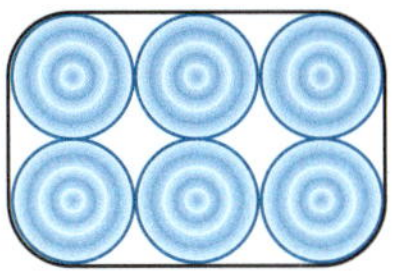

a) Berechne die Länge des Plastikbandes.

b) Reicht für Dosen mit doppeltem Radius ein doppelt so langes Plastikband? Begründe deine Antwort.

Zu a)
Zur Berechnung der Länge des Bandes unterteilt man es in gerade und gekrümmte Stücke.

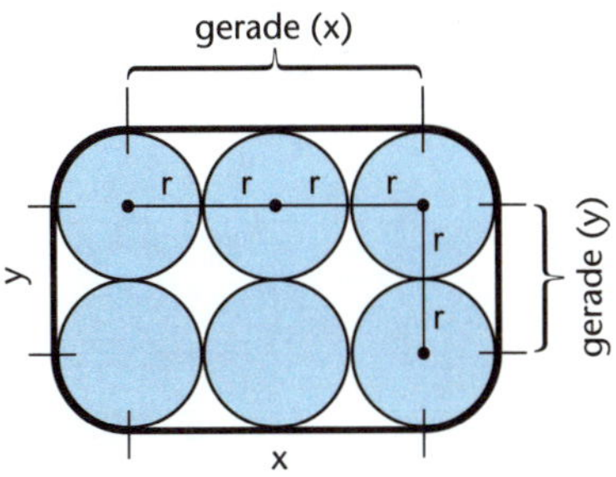

$x = 4 \cdot \text{Radius}$ $\quad y = 2 \cdot \text{Radius}$

$x = 4 \cdot 4\text{ cm}$ $\quad y = 2 \cdot 4\text{ cm}$

$x = 16\text{ cm}$ $\quad y = 8\text{ cm}$

Die vier gekrümmten Stücke entsprechen jeweils dem Viertelkreis, bilden zusammen also einen ganzen Kreis, dessen Umfang zu berechnen ist.

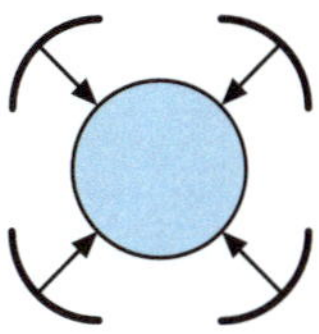

$u = 2\pi r$

$u = 2 \cdot \pi \cdot 4\text{ cm}$

$u \approx 25{,}1\text{ cm}$

Die Gesamtlänge des Bandes berechnet sich so:

$l = 2x + 2y + u$

$l \approx 2 \cdot 16\text{ cm} + 2 \cdot 8\text{ cm} + 25{,}1\text{ cm}$

$\mathbf{l \approx 73{,}1\text{ cm}}$

Zu b)
Dieses Problem ist bereits auf Seite 27 angesprochen worden.
Es verdoppeln sich x, y und u.

1 Vier Konservendosen werden von einem Plastikband umfasst. Jede Dose hat einen Radius von 5 cm.
Berechne die Länge des Plastikbandes.

2 Sechs Konservendosen werden wie in der Abbildung gezeigt von einem Plastikband umfasst. Jede Dose hat einen Radius von 6 cm. Berechne die Länge des Plastikbandes.

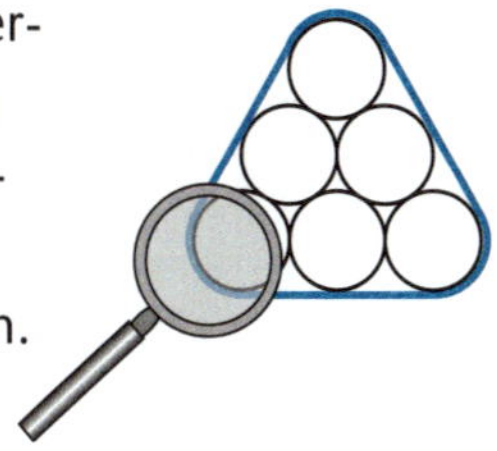

Hinweis: Das Lupenbild hilft dir bei der Lösung der Aufgabe. Überlege dazu, wie groß der Winkel α und demzufolge der Winkel β ist.

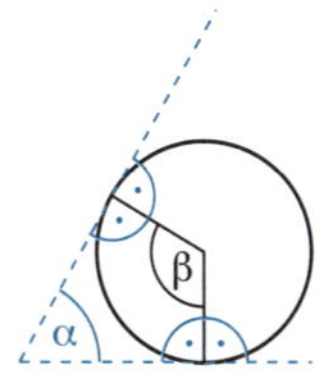

3 Der Kreis hat einen Radius von r = 8 cm.

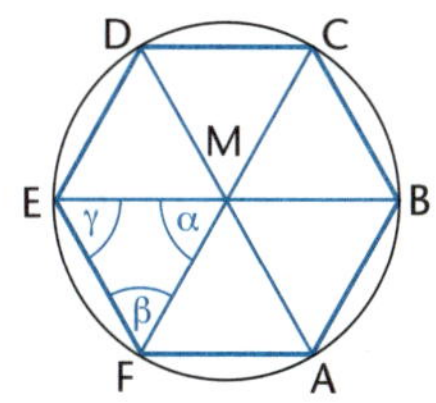

a) Berechne im Dreieck FME die Größe der Winkel.

b) Berechne den Umfang des regelmäßigen Sechsecks ABCDEF.

c) Um wie viel Prozent ist der Umfang des Kreises größer als der Umfang des regelmäßigen Sechsecks?

d) Welche Höhe hat das Trapez BCDE? Ermittle diese Höhe mit einer Zeichnung und berechne anschließend den Flächeninhalt des Trapezes.

e) Wie vergrößert sich der Flächeninhalt des Sechsecks, wenn der Radius des Umkreises verdoppelt wird? Wie vergrößert sich gleichzeitig der Umfang des regelmäßigen Sechsecks?

4 Aus einer quadratischen Sperrholzplatte mit einer Fläche von $0{,}25\text{ m}^2$ wird der größtmögliche Kreis ausgeschnitten.

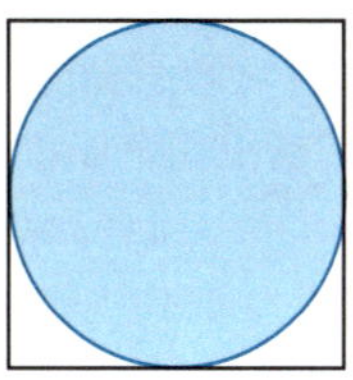

a) Berechne Flächeninhalt und Umfang des Kreises.

b) Wie viel Prozent der ursprünglichen Platte beträgt der entstehende Abfall?

28 Gläser

Ein Likörglas und ein Rotweinglas werden mit Wasser gefüllt.

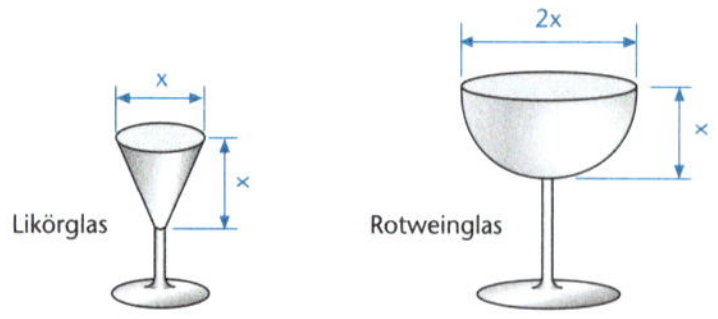

a) Wie viele vollständig gefüllte Likörgläser werden benötigt, um das Rotweinglas bis zum Rand zu füllen?

b) Welcher der abgebildeten Graphen zeigt am besten, wie sich die *Höhe h* des Flüssigkeitsspiegels beim gleichmäßigen Befüllen des **Rotweinglases** in Abhängigkeit von der *Zeit t* ändert? Kreuze an.

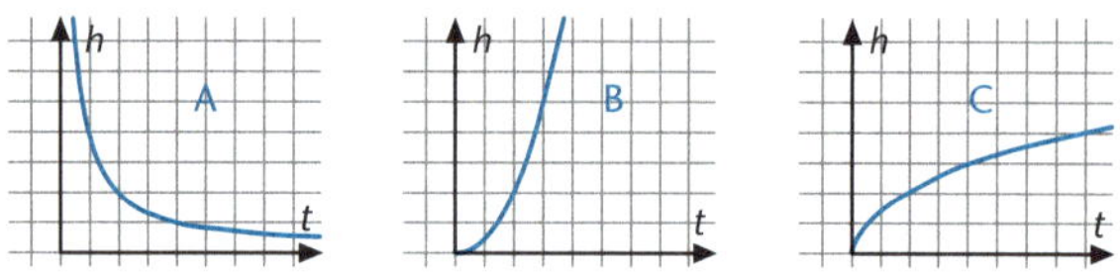

Zu a)
Zunächst muss das Volumen jedes Glases mit einem Term beschrieben werden.

- Der Kelch des Likörglases hat die Form eines auf die Spitze gestellten Kegels mit $r = \frac{1}{2}x$ und $h = x$. Also:
  $V_{Likörglas} = \frac{1}{3} \cdot \pi \cdot (\frac{1}{2}x)^2 \cdot x = \frac{1}{3} \cdot \pi \cdot \frac{1}{4}x^2 \cdot x$
  $= \frac{1}{12}\pi \cdot x^3$
- Der Kelch des Rotweinglases hat die Form einer Halbkugel mit $r = x$. Also:
  $V_{Rotweinglas} = \frac{1}{2} \cdot \frac{4}{3} \cdot \pi \cdot x^3 = \frac{2}{3} \cdot \pi \cdot x^3$
  Aus $(\frac{1}{12}\pi \cdot x^3)$ **8** $= \frac{2}{3} \cdot \pi \cdot x^3$ folgt: **8** randvolle Likörgläser füllen das Rotweinglas.

Zu b)
Je höher ein Punkt des Graphen liegt, desto voller ist das Gefäß.

A: Zu Beginn nimmt die Füllhöhe für eine kurze Zeit rapide, später immer allmählicher ab.
B: Die Füllhöhe steigt zu Beginn ein wenig, später immer stärker an.
C: Der Flüssigkeitsspiegel steigt für kurze Zeit rasch, später immer weniger stark an.

Da das Rotweinglas nach oben zunehmend breiter wird und in gleicher Zeit stets die gleiche Flüssigkeitsmenge in das Glas fließt, steigt die Füllhöhe immer langsamer an.
Deshalb: **Richtig ist C.**

1 Ein quaderförmiger Behälter besitzt die in der Zeichnung angegebenen Innenmaße.
Er wird langsam mit einer Flüssigkeit gefüllt. Pro Minute fließen 150 cm³ in den Behälter.

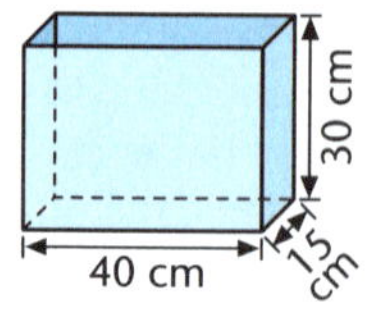

a) Welches Volumen hat der Behälter?

b) Nach wie vielen Minuten ist der Behälter voll?

c) Skizziere den Graphen der Funktion f:
Zeit x (in min) → Füllhöhe y (in cm).

d) Wie lautet die zu f gehörende Funktionsgleichung?

2 Auch der folgende Behälter wird langsam mit einer Flüssigkeit gefüllt.

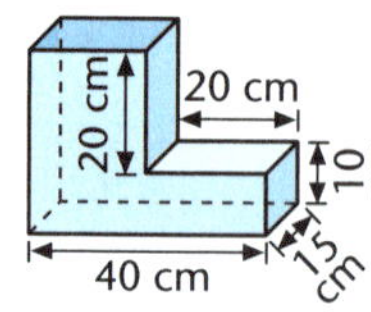

Es sollen wieder in jeder Minute 150 cm³ in den Behälter fließen.

a) Nach wie vielen Minuten ist jetzt der Behälter bis zum Rand gefüllt?

b) Skizziere den Graph dieses Füllvorgangs im Koordinatensystem.

3 Verschiedene Gefäße werden gleichmäßig mit Wasser gefüllt.

a) Ordne jedem Gefäß den Graph zu, der dessen Füllvorgang am besten darstellt.

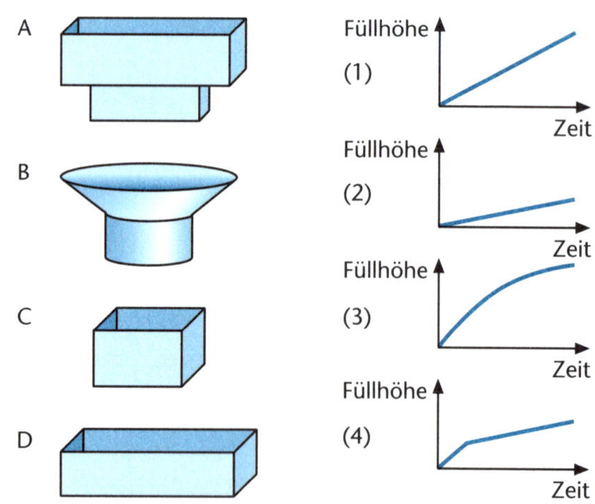

b) Skizziere ein Gefäß, dessen Füllvorgang zu diesem Graphen passt.

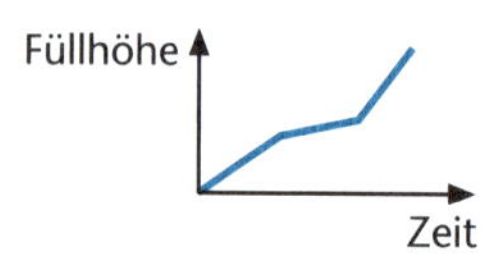

29 Zeitungs-(Proz-)ente

„Fuhr vor einigen Jahren noch jeder zehnte Autofahrer zu schnell, so ist es heute ‚nur noch' jeder fünfte. Doch auch fünf Prozent sind zu viele, und so wird weiterhin kontrolliert, und die Schnellfahrer haben zu zahlen."
Quelle: Norderneyer Badezeitung

Die Meldung ist fehlerhaft. Begründe.

Die Meldung beinhaltet zwei Fehler.

Der erste mathematische Fehler steckt in der Formulierung „nur noch".

Früher: Jeder 10. Autofahrer rast.

Heute: Jeder 5. Autofahrer rast.

Wenn also heute jeder 5. statt früher jeder 10. Autofahrer zu schnell fährt, dann hat sich die Zahl der Raser erhöht.

Der zweite Fehler liegt in der Angabe „fünf Prozent".

Jeder 5. Autofahrer bedeutet, dass sich unter jeweils 5 Autofahrern 1 Raser befindet.
Unter 100 Autofahrern sind dann 20 Raser zu finden, also: 20 von 100 oder 20 % der Autofahrer fahren zu schnell.

Richtig müsste die Meldung also lauten:
„Fuhr vor einigen Jahren noch jeder zehnte Autofahrer zu schnell, so ist es heute **sogar jeder fünfte. 20 Prozent** sind natürlich viel zu viel, und so wird weiterhin kontrolliert, und die Schnellfahrer haben zu zahlen."

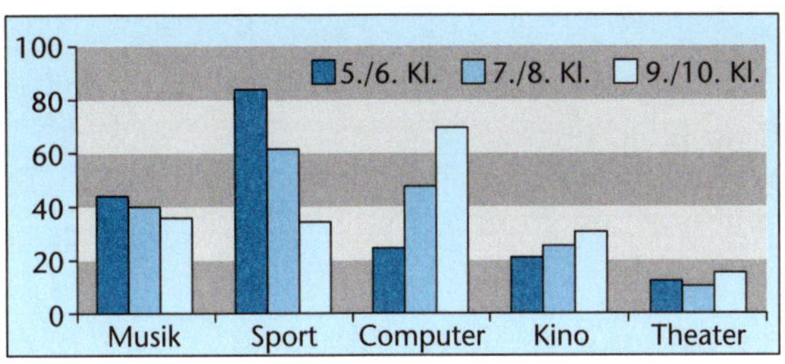

1 Aus dem Mitteilungsblatt des FC Dribbel:

In der vorletzten Saison gewann unsere 1. C-Jugend-Mannschaft jedes dritte Spiel. Die letzte Saison fiel dagegen deutlich besser aus. Nach jedem 6. Spiel verließ unsere Mannschaft als Sieger den Platz. Der Vereinsvorsitzende äußerte daher stolz: „Dies ist eine Steigerung um 50 %."

Was sagst du dazu?

2

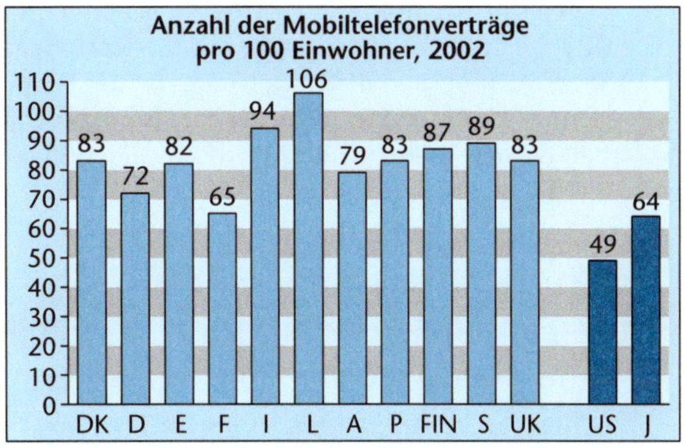

Japaner sind zurückhaltend
Während 72 von 100 Deutschen einen Mobilfunkvertrag besitzen, sind es in den Vereinigten Staaten (US) nur 49 %. Überraschend auch die Zahl aus dem technikbegeisterten Japan (J):
Nur jeder 64. Einwohner konnte sich dort bislang zu einem Handyvertrag entschließen.

Im Text steckt ein Fehler. Berichtige.

3 Jeweils 90 Schülerinnen und Schüler jeder Klassenstufe der Albert-Einstein-Schule wurden nach ihren bevorzugten Freizeitaktivitäten befragt und die Ergebnisse nach Klassenstufen sortiert. Das unten links abgebildete Diagramm zeigt das Umfrageergebnis.
Die Schülerzeitung stellt den Anstieg der Beschäftigung mit dem Computer so dar:

Der Computer ist in den Klassen 9 und 10 dreimal beliebter als in den Klassen 5 und 6!

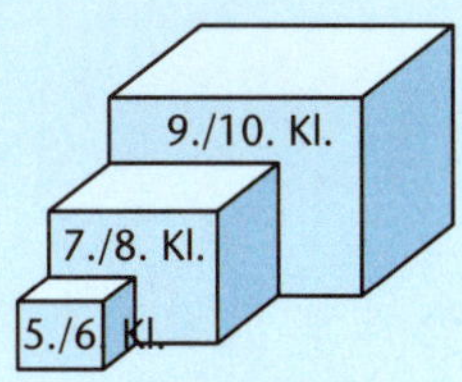

Stellen Text und Grafik in der Schülerzeitung das Umfrageergebnis zutreffend dar? Nimm Stellung.

30 Kugelstoßen

Hier siehst du den ersten Teil der Flugbahn einer gestoßenen Kugel (Maße in m).

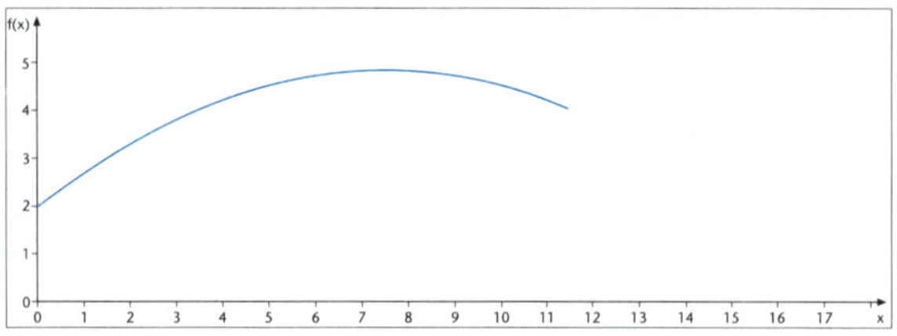

a) Lies am Graphen ab:
   (1) Welche maximale Höhe erreichte die Kugel?
   (2) In welcher Höhe wurde die Kugel abgestoßen?

b) Die Flugbahn kann näherungsweise mit der Funktionsgleichung $f(x) = -0{,}05x^2 + 0{,}75x + 2$ beschrieben werden. Berechne die Kugelstoßweite und vervollständige die Flugbahn.

Zu a)

(1) Die Kugel erreichte eine **maximale Höhe von ungefähr 4,80 m,** also knapp 5 m. Diese Flughöhe ist bei einer Entfernung vom Kugelstoßer von etwa 7,50 m – über dem Boden gemessen – erreicht.

(2) Die Kugel verlässt die Hand des Kugelstoßers in einer **Höhe von 2 m** (Punkt auf der x-Achse).

Zu b)

Wenn die Kugel auf den Boden aufprallt, ist die Flughöhe $f(x) = 0$. Zu lösen ist also die quadratische Gleichung

$$-0{,}05x^2 + 0{,}75x + 2 = 0 \qquad |\cdot(-20)$$
$$x^2 - 15x - 40 = 0$$
$$p = -15 \quad q = -40 \rightarrow x_{1/2} = 7{,}5 \pm \sqrt{7{,}5^2 + 40}$$
$$x_{1/2} = 7{,}5 \pm \sqrt{96{,}25}$$
$$x_1 \approx 17{,}31 \qquad (x_2 \approx -2{,}31)$$

Die Kugelstoßweite beträgt **17,31 m.**

Das ist die **vollständige Flugbahn:**

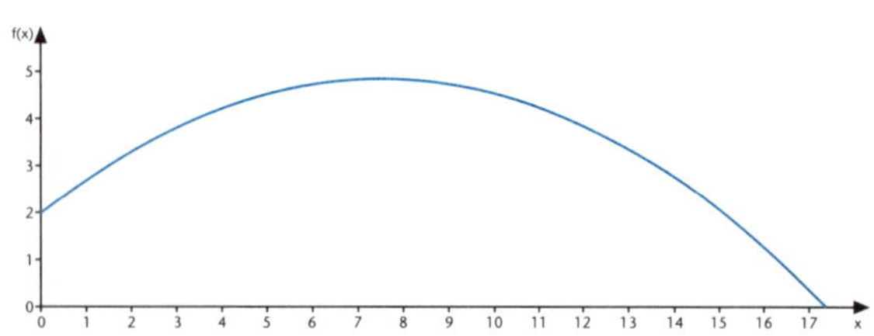

1 Ein Brückenbogen hat die Form einer Parabel mit der Gleichung $f(x) = -0{,}04x^2 + 38$

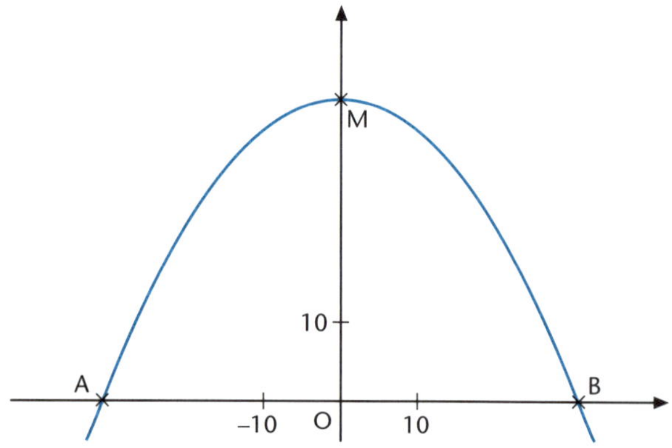

a) Wie lang ist die Strecke $\overline{OM}$?

b) Wie lang ist die Strecke $\overline{AB}$?

2 Das ist die Flugbahn von Karstens Hacken bei seinem besten Weitsprung.

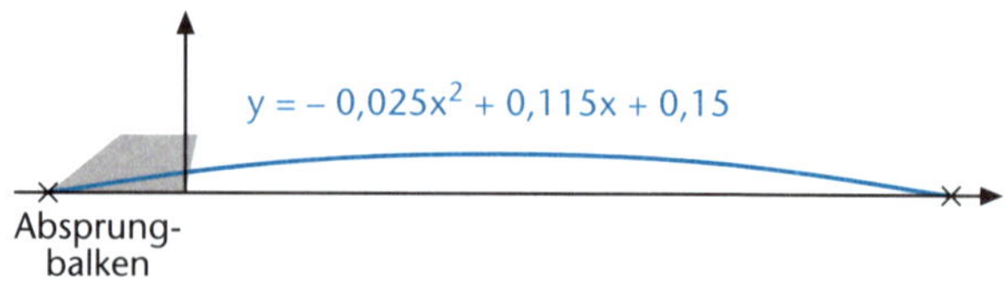

Wie weit ist Karsten gesprungen?
Gewertet wird nur die Entfernung vom Balken.

3 Elke versucht einen Korbwurf und verfehlt nicht seitwärts. Trifft sie? Begründe.

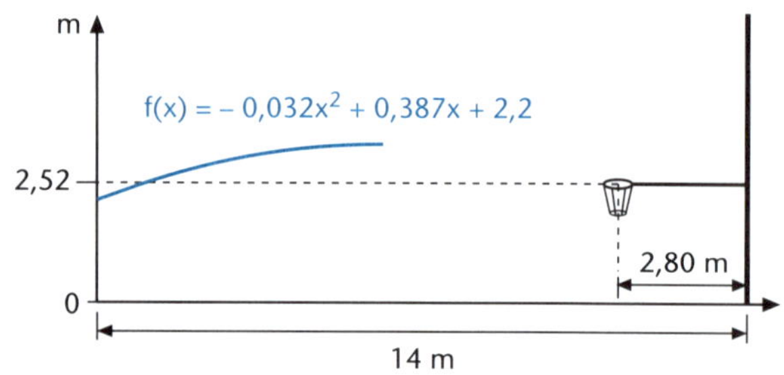

4 Das ist die Flugbahn eines Golfballes. Sie ist eine Parabel der Form $y = ax^2 + bx + c$.

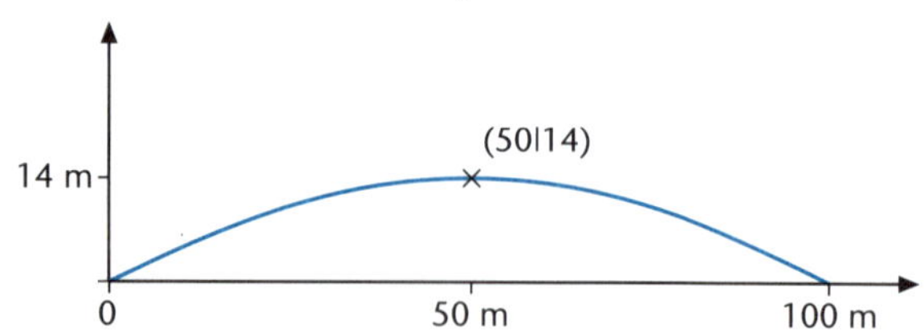

a) Wie groß ist c?

b) Berechne a und b mithilfe der Punkte $(50|14)$ und $(100|0)$.

c) Schreibe die Funktionsgleichung auf.

31 Haus mit Satteldach

Der Zeichnung kannst du die Außenmaße eines Einfamilienhauses entnehmen.

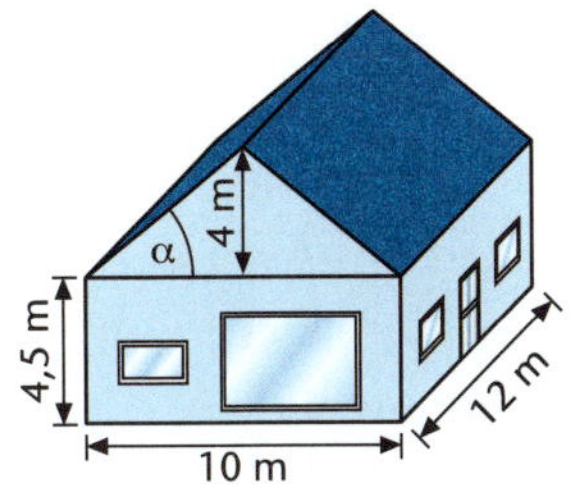

a) Berechne das Volumen des Hauses (umbauter Raum).
b) Wie groß ist die gesamte Dachfläche?
c) Berechne den Neigungswinkel a des Dachs.

Zu a)
Der untere Teil des Hauses ist ein Quader, der obere Teil ein Prisma.

$V_1 = a \cdot b \cdot c$ $\quad$ $V_2 = G \cdot h$

$V_1 = 10\text{ m} \cdot 4{,}5\text{ m} \cdot 12\text{ m}$ $\quad$ $V_2 = \frac{10\text{ m} \cdot 4\text{ m}}{2} \cdot 12\text{ m}$

$V_1 = 540\text{ m}^3$ $\quad$ $V_2 = 240\text{ m}^3$

$V = V_1 + V_2$

$V = 540\text{ m}^3 + 240\text{ m}^3 = 780\text{ m}^3$

Das Volumen des Hauses beträgt insgesamt **780 m³**.

Zu b)
Die Dachkante x wird mit dem Satz des Pythagoras berechnet.

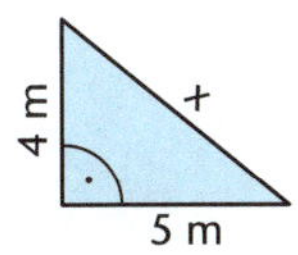

$x^2 = 4^2 + 5^2$

$x^2 = 41$

$x \approx 6{,}40\text{ m}$ $\quad$ $x = \sqrt{41} = 6{,}4031\ldots$

$A = (6{,}40\text{ m} \cdot 12\text{ m}) \cdot 2 = 153{,}6\text{ m}^2$

Die gesamte Dachfläche ist **153,6 m²** groß.

Zu c)

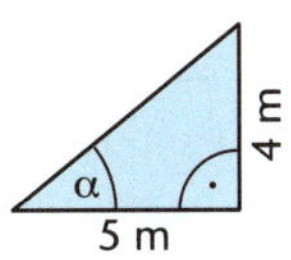

$\tan\alpha = \frac{4}{5}$

$\tan\alpha = 0{,}8$

$\alpha = 38{,}659\ldots°$

Der Neigungswinkel des Daches beträgt rund **39°**.

1 Abgebildet ist ein gleichschenkliges Dreieck.

a) Berechne den Flächeninhalt des Dreiecks.

b) Berechne die Innenwinkel des Dreiecks.

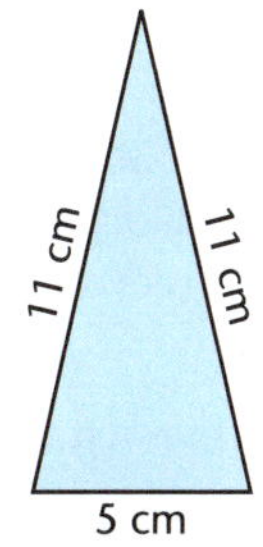

2 Das Werkstück aus Eisen ist ein Prisma mit einem gleichschenkligen Trapez als Grundfläche.

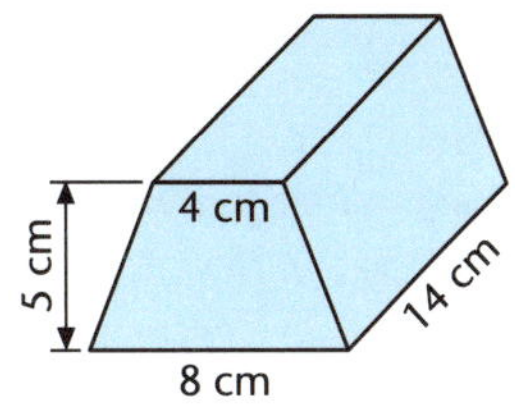

a) Berechne das Volumen des Werkstücks.

b) Berechne die Oberfläche des Werkstücks.

c) Berechne die Innenwinkel der Trapezfläche.

3 Abgebildet sind die Maße von Tor, Torraum und Strafraum eines Fußballfeldes. Das Tor ist 2,44 m hoch.

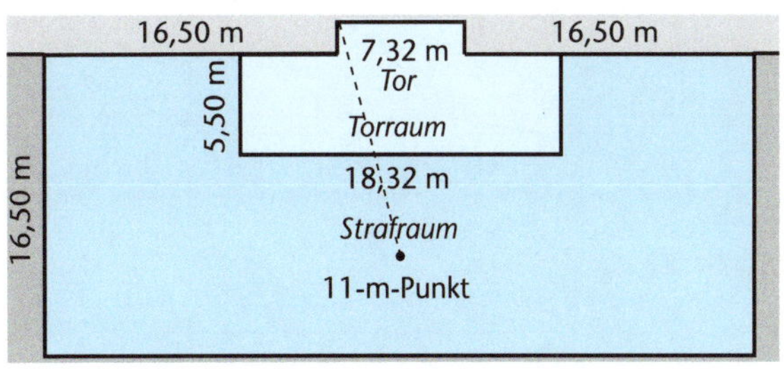

a) Wie groß ist der Strafraum eines Fußballfeldes außerhalb des Torraumes?

b) Vom Elfmeterpunkt wird ein Ball in gerader Linie gegen die obere linke Ecke geschossen, wo Pfosten und Latte zusammentreffen. Welchen Weg legt der Ball zurück?

c) Mit welchem Winkel hebt der Ball, dessen Weg in Teilaufgabe b) beschrieben ist, vom Boden ab?

4 Berechne Flächeninhalt und Umfang des Parallelogramms.

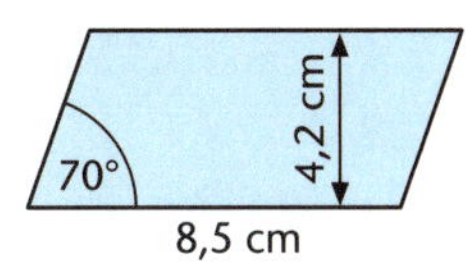

32 Mit dem Fahrrad zur Schule

An einer Schule sind 55 % der Schülerinnen und Schüler Mädchen. 35 % der Mädchen kommen mit dem Fahrrad zur Schule. Insgesamt fahren 40 % mit dem Fahrrad zur Schule.

a) Vervollständige das Baumdiagramm.

b) Berechne, wie viel Prozent der Jungen mit dem Fahrrad zur Schule kommen.

Zunächst wandelt man die Prozentangaben in Dezimalbrüche um:

55 % = 0,55
35 % = 0,35
40 % = 0,4

Der gesuchte Anteil der Jungen, die mit dem Fahrrad zur Schule kommen, wird mit x bezeichnet.
Folglich ist der Anteil der Jungen, die nicht mit dem Fahrrad zur Schule kommen, (1 – x).

Vervollständigtes Baumdiagramm

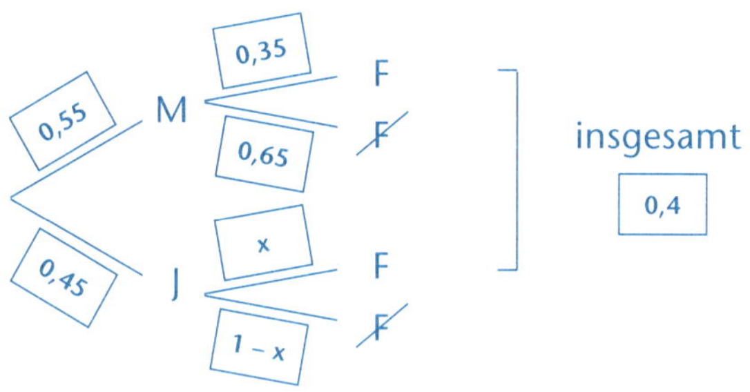

Die Anteile längs eines Pfades multiplizieren sich.

Mädchen mit Fahrrad:
$\underline{0,55}$ M $\underline{0,35}$ F (0,1925)

Jungen mit Fahrrad:
$\underline{0,45}$ J $\underline{x}$ F (0,45x)

insgesamt **0,4**

Daraus ergibt sich die folgende Gleichung:

$$0,1925 + 0,45x = 0,4 \quad | -0,1925$$
$$0,45x = 0,2075 \quad | :0,45$$

Sie hat die Lösung **x = 0,46111…**

46 % der Jungen kommen mit dem Fahrrad zur Schule.

1 In der Borsig-Realschule sind $\frac{1}{3}$ aller Schülerinnen und Schüler ausländischer Herkunft; unter ihnen sind $\frac{2}{5}$ Mädchen. Welcher Bruchteil der gesamten Schülerschaft sind Jungen ausländischer Herkunft?

2 Die Jugendabteilung des Sportklubs bietet viele Sportarten an. Am beliebtesten ist Fußball, dort spielen $\frac{3}{4}$ aller Jugendlichen, $\frac{3}{10}$ von ihnen sind Mädchen.

Insgesamt beträgt der Anteil der Mädchen in der Jugendabteilung $\frac{2}{5}$.
Mit welchem Anteil sind die Mädchen in den anderen Sportarten (außer Fußball) insgesamt vertreten?

3 Cornelia und Rebecca unternahmen über Pfingsten eine dreitägige Radtour. Insgesamt ging es auf 27 % der gesamten Strecke bergauf.

Am ersten Tag schafften Cornelia und Rebecca 30 % der Fahrradtour, 20 % der Strecke ging es bergauf.

Besonders anstrengend war der zweite Tag: 40 % der Fahrradtour wurden geschafft, obwohl es 33 % davon bergauf ging.

Am dritten Tag schafften Cornelia und Rebecca die restliche Strecke.
Wie viel Prozent der letzten Etappe ging es bergauf?

4 40 % der Urlaubstage waren verregnet. An 80 % der Regentage kam stürmischer Wind dazu. Insgesamt stürmte es an der Hälfte aller Urlaubstage. An wie viel Prozent der Urlaubstage war es stürmisch, aber trocken?

33 Kraftstoffkosten im Vergleich

Günstiger als mit Erdgas kommt man derzeit nicht von Köln nach Frankfurt am Main
(Quelle: Das Erdgasfahrzeug; Ausgabe 1/2007; S. 18)

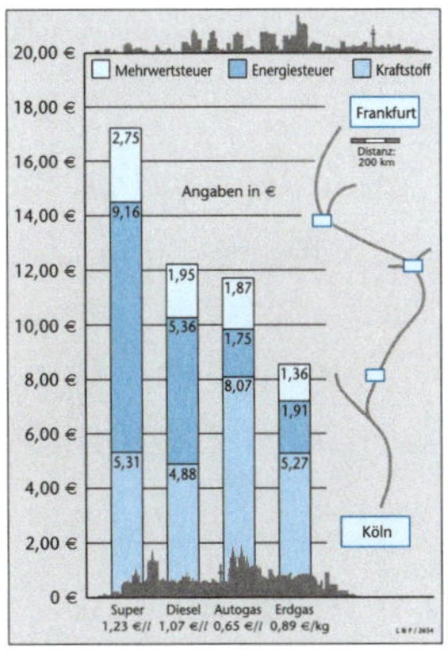

a) Welche Kraftstoffkosten entstehen laut Grafik insgesamt für die Fahrt eines Erdgasfahrzeugs von Köln nach Frankfurt am Main?
b) Bei welchem Kraftstoff ist der Anteil der Energiesteuer am geringsten?
c) Frau Mirbach erwägt den Kauf eines Dieselfahrzeugs. Mit welchen Kraftstoffkosten pro 100 km muss Frau Mirbach laut der nebenstehenden Grafik rechnen?

Zu a)
Die Höhe der zum Erdgas gehörenden Säule gibt die Gesamtkosten an. An der Hochachse ist abzulesen, dass diese etwas mehr als 8 € betragen. Den exakten Wert erhält man, indem man die einzelnen Anteile addiert:

5,27 € + 1,91 € + 1,36 € = **8,54 €**

Zu b)
Dem Anteil der Energiesteuer an den Kraftstoffkosten entspricht der Anteil des dunkelblauen Teilstücks an der gesamten Säule.
Bei **Autogas** ist dieser Anteil am geringsten.

Zu c)
Der Grafik ist zu entnehmen,
① dass die Fahrt von Köln nach Frankfurt 200 km lang ist.
② dass diese Fahrt mit einem Dieselfahrzeug

4,88 € + 5,36 € + 1,95 € = 12,19 € kostet.

Kraftstoffkosten für eine Strecke von 100 km:

200 km	12,19 €
100 km	x

(:2 auf beiden Seiten)

Frau Mirbach muss also bei einem Dieselfahrzeug mit Kraftstoffkosten von etwa **6,10 €** pro 100 km rechnen.

1 Das Schaubild gibt an, wie viele Personen je 100 000 Einwohner eines Bundeslandes im Jahr 2004 im Straßenverkehr verunglückten.

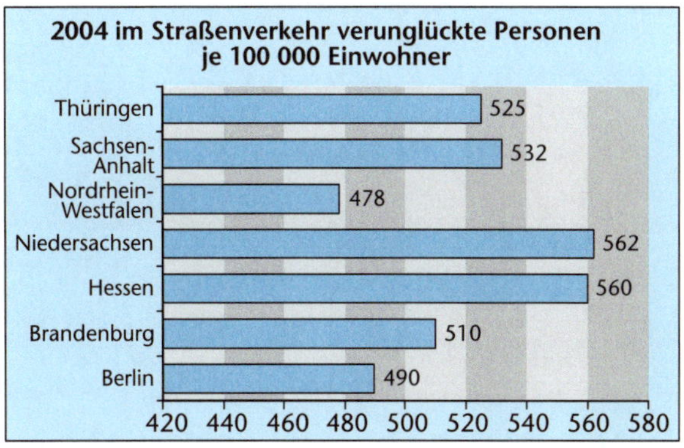

a) Die Einwohnerzahl von Nordrhein-Westfalen beträgt etwa 18 Millionen.
Wie viele unter ihnen verunglückten im Jahr 2004 im Straßenverkehr?

b) Peter sagt: „In der Großstadt Berlin mit ca. 3,4 Millionen Einwohnern verunglückt natürlich eine größere Anzahl von Personen im Straßenverkehr als in Nordrhein-Westfalen." Stimmt das?

2 Mit der unten stehenden Grafik wird für den öffentlichen Personennahverkehr geworben.

Im Werbetext heißt es:
„Ein Pkw mit einer durchschnittlichen Geschwindigkeit von 100 $\frac{km}{h}$ benötigt für die gleiche Strecke fast 1,5 Stunden länger."

Wie viel km beträgt ungefähr die Entfernung zwischen Essen und Berlin?

3 Der Regionalexpress R1 legt jedes Jahr fast 3,4 Mio. km zurück. Für die 215 km lange Strecke benötigt er knapp 3 h. Berechne, wie viel Zeit ein einziger Zug mindestens für diese Jahresleistung benötigen würde.

34 Werkstück

Das abgebildete Werkstück ist ein Quader, aus dem oben eine Halbkugel mit dem Radius 5 cm gefräst wurde.
Das Werkstück besteht aus Stahl mit der Dichte 7,9 $\frac{g}{cm^3}$.

a) Berechne die Masse des Werkstückes.

b) Wie groß ist die gesamte Oberfläche?

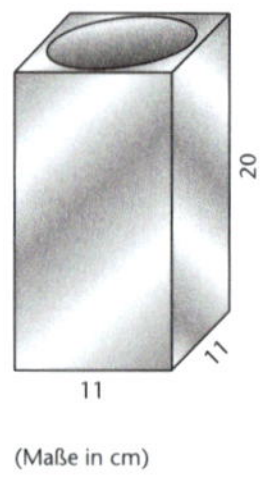

Zu a)
Volumen Werkstück =
Volumen Quader – Volumen Halbkugel

– Das Volumen des Quaders mit a = 11 cm, b = 11 cm und c = 20 cm beträgt:
$V_Q = 11\text{ cm} \cdot 11\text{ cm} \cdot 20\text{ cm} = 2420\text{ cm}^3$

– Das Volumen der Kugel mit dem Radius r = 5 cm beträgt:
$V_K = \frac{4}{3} \cdot \pi \cdot (5\text{ cm})^3 = \frac{4}{3} \cdot \pi \cdot 125\text{ cm}^3 \approx 523{,}6\text{ cm}^3$

– Das Volumen des Werkstücks beträgt dann
$V_Q - \frac{1}{2} V_K = 2420\text{ cm}^3 - 261{,}8\text{ cm}^3 = 2158{,}2\text{ cm}^3$

Da jeder Kubikzentimeter Stahl 7,9 g wiegt, ergibt sich die Masse m des Werkstücks aus:
$m = 7{,}9\ \frac{g}{cm^3} \cdot 2158{,}2\text{ cm}^3 = 17049{,}78\text{ g} \approx$ **17 kg**

Zu b)

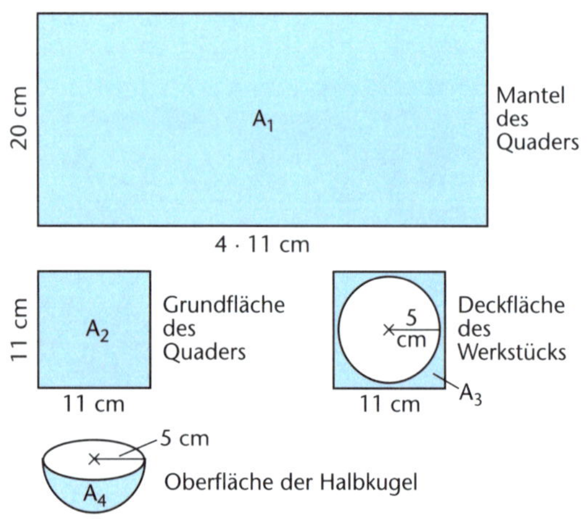

$A_1 = 20\text{ cm} \cdot 44\text{ cm} = 880\text{ cm}^2$
$A_2 = (11\text{ cm})^2 = 121\text{ cm}^2$
$A_3 = 121\text{ cm}^2 - \pi \cdot (5\text{ cm})^2 \approx 42{,}5\text{ cm}^2$
$A_4 = 2\,\pi r^2 \rightarrow A_4 = 2\,\pi \cdot (5\text{ cm})^2 \approx 157{,}1\text{ cm}^2$

$O = A_1 + A_2 + A_3 + A_4$
$O = 880\text{ cm}^2 + 121\text{ cm}^2 + 42{,}5\text{ cm}^2 + 157{,}1\text{ cm}^2$
$O = 1200{,}6\text{ cm}^2$

Die **Oberfläche ist ca. 1200 cm²** groß.

1 Dieser Turm aus Holz steht als Modell vor dem Eingang zu einer Ausstellung.

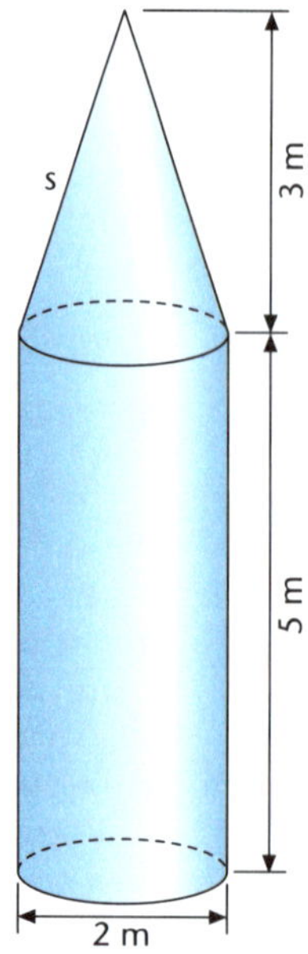

a) Jeder Kubikmeter Holz wiegt 0,7 t. Wie schwer ist das Modell insgesamt? Runde auf zehntel Tonne.

b) Das Modell soll einen Schutzanstrich erhalten, damit es vor der Witterung geschützt ist. Pro Quadratmeter wird ein halber Liter Farbe gebraucht.
Wie viele Liter Farbe werden insgesamt benötigt?

Hinweis: Berechne zunächst s.

2 Aus einem Holzzylinder mit dem Durchmesser 30 cm und der Höhe 10 cm wird ein Kegel mit dem Radius 2 cm und der Höhe 5 cm herausgebohrt.
1 cm³ Holz wiegt 0,76 g.
Berechne die Masse des Werkstückes.

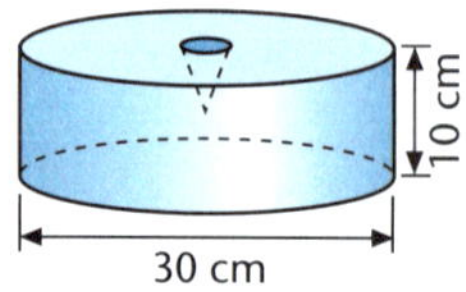

3 Die Skizze zeigt ein Werkstück aus Aluminium. Es besteht aus einer quadratischen Pyramide mit einer kegelförmigen Aushöhlung. Der Winkel zwischen den Seitenflächen und der Grundfläche beträgt 67°. Die Höhe des Kegels beträgt die Hälfte der Höhe der Pyramide.

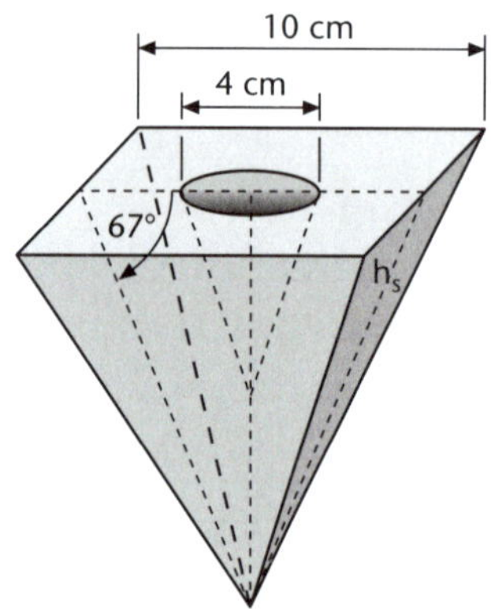

a) Wie groß ist die Körperhöhe der Pyramide?

b) Wie groß ist das Volumen des Werkstücks?

c) Ein Kubikzentimeter Aluminium wiegt 2,7 g.
Berechne die Masse des Werkstücks in kg.

35 Vereinfachen

Nina, Salima und Max sollen den Term (Rechenausdruck) $2x - 4\,(x + 1)$ vereinfachen.

Nina:	Salima:	Max:
$2x - 4 \cdot (x + 1)$	$2x - 4 \cdot (x + 1)$	$2x - 4 \cdot (x + 1)$
$= 2x - 4x + 4$	$= 2x - 4x - 4$	$= 2x - 4x + 1$
$= 4 - 2x$	$= -2x - 4$	$= -2x + 1$

a) Bei wem findest du Fehler?
Schreibe auf mit „≠" (ungleich), was falsch ist.
b) Schreibe einen Term mit Klammern auf, der vereinfacht so aussieht: $2x - 4$

Zu a)
bei Nina: $\mathbf{2x - 4 \cdot (x + 1) \neq 2x - 4x + 4}$
bei Salima: Alles richtig, denn:
$2x - 4 \cdot (x + 1) = 2x - 4x - 4$
$= -2x - 4$
bei Max: $\mathbf{2x - 4 \cdot (x + 1) \neq 2x - 4x + 1}$

Zu b)
Um den Term zu finden, geht man von dem vereinfachten Term aus und
- prüft, ob sich ein Faktor ausklammern lässt:
  $2x - 4 = \mathbf{2\,(x - 2)}$
- ergänzt den vereinfachten Term, ohne seinen Wert zu verändern so, dass mehrere Faktoren ausgeklammert werden können, z. B.
  $2x \quad - \quad 4$
  $= 6x - 4x \quad - 6 + 2$
  $= 6x - 6 \quad - 4x + 2$
  $= \mathbf{6\,(x - 1) - 2\,(2x - 1)}$

Verändert man in den gefundenen Termen, ohne den Wert des Terms zu verändern, die Vorzeichen vor und in der Klammer und dann die Reihenfolge der Summanden, kommt man zu weiteren richtigen Lösungen:
$2x - 4 = \mathbf{2\,(x - 2)}$
$= \mathbf{-2\,(-x + 2)}$
$= \mathbf{-2\,(2 - x)}$
oder
$2x - 4 = \mathbf{6\,(x - 1) - 2\,(2x - 1)}$
$= \mathbf{-6\,(-x + 1) + 2\,(-2x + 1)}$

1 Über zwei Zahlen bzw. Termen steht immer deren Summe. Achte auf die Vorzeichen und ergänze!

a) 

b) 

c) 

d) 

e) 

2 Fasse zusammen.

a) $-3x - 3 + x - 8$ b) $u - 5 + 12 - 4u$

3 Löse die Klammern auf.

a) $5\,(-6y - 8)$ b) $-8 - (12 + 4u)\,2$

4 In den Termen steht die Variable n für eine beliebige natürliche Zahl, die durch 2 teilbar ist. Untersuche, welche der folgenden Terme ebenfalls durch 2 teilbar sind. Kreuze an.

☐ $7n$	☐ $n + 7$	☐ $2n + 1$
☐ $n - 1$	☐ $n - 8$	☐ $n + 2$
☐ $2n$	☐ $(n + 1)^2 - 1$	☐ $(n + 1)^2$

5 Welche Vereinfachungen sind richtig? Ordne zu.

A	$3x - 5\,(y - 1)$	1	$-6x + 24$
B	$18y - (x - 6)\,3$	2	$-9 + 3x$
C	$-4\,(-1{,}5x + 6)$	3	$18y - 3x - 18$
D	$3x - 8\,(x - 1)$	4	$-5x + 8$
E	$9 - (6 - x) \cdot 3$	5	$3x - 5y - 5$
F	$3x + 5\,(-y - 1)$	6	$6x - 24$
G	$(x - 4)\,(-6)$	7	$18y - 3x + 18$
H	$-7x - 2\,(2x - 4)$	8	$3x - 5y + 5$
I	$3\,(6y - x - 6)$	9	$11x + 8$
J	$12 - 3\,(1 + x)$	10	$9 - 3x$

6 Vervollständige die Zahlenmauer. Über zwei Zahlen bzw. Termen steht hier stets das Produkt.

a) 

b) 

c) 

d) 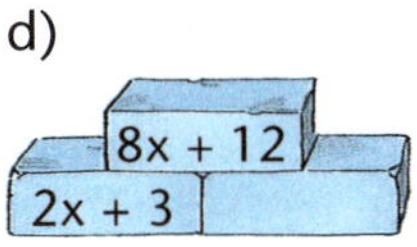

e) 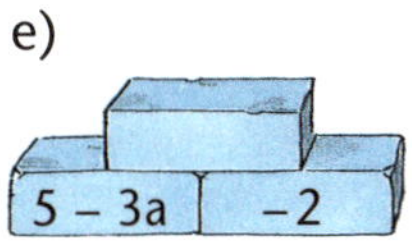

f) 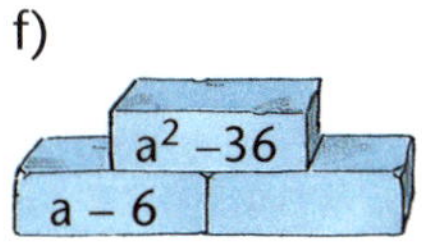

36 Kapitalanlage

Zur Konfirmation erhält Henrik 1000 € von seinen Großeltern. Er legt das Geld zu 6 % an und will den Betrag so lange unangetastet lassen, bis sich sein Anfangskapital verdoppelt hat.

a) Wie viele Jahre muss Henrik warten?

b) In welcher Zeit würde sich bei gleicher Verzinsung ein Kapital von 10 000 € verdoppeln?

Zu a)

Um zu berechnen, in wie vielen Jahren das Anfangskapital von 1000 € bei einem Zinssatz von 6 % auf ein Endkapital von 2000 € anwächst, überlegt man sich:

Anfangskapital	1000,0 €	
	↓ $\cdot$ 1,06	
Kapital nach 1 Jahr	1060,00 €	
	↓ $\cdot$ 1,06	$\cdot\ 1{,}06^2$
Kapital nach 2 Jahren	1123,60 €	**$\cdot\ 1{,}06^x$**
Kapital	⋮	
nach x Jahren	**2000,00 €**	

Die Anzahl der Jahre bis zur Verdopplung des Anfangskapitals auf 2000 € liefert demnach die Gleichung:

$$1000\ € \cdot 1{,}06^x = 2000\ € \quad |:1000\ €$$

$$1{,}06^x = \frac{2000\ €}{1000\ €}$$

$$1{,}06^x = 2$$

Lösen der Gleichung:

① durch probierendes Einsetzen von ganzzahligen Exponenten

oder

② durch Logarithmieren

$$x \cdot \log 1{,}06 = \log 2 \quad |:\log 1{,}06$$

$$x = \frac{\log 2}{\log 1{,}06} \approx 11{,}89$$

Die Antwort lautet also:

Henrik muss etwa **12 Jahre** bis zur Verdopplung seines Anfangskapitals warten.

Zu b)

Die Lösung zu a) zeigt, dass die Höhe des Betrages keinen Einfluss auf die Verdopplungszeit hat. Richtig ist daher: Auch ein Kapital von 10 000 € verdoppelt sich bei einem Zinssatz von 6 % in etwa **12 Jahren**.

1 Berechne die fehlenden Angaben mithilfe der Zinseszinsformel: $K_n = K_0 \cdot (1 + \frac{p}{100})^n$.

	a)	b)	c)
Kapital (K_0)	2000 €		1560 €
Zinssatz (p %)	6,5 %	4,5 %	5 %
Laufzeit (n)	4 Jahre	1 Jahr	
Endkapital (K_n)		773,30 €	2090,55 €

2 Legt man einen Betrag von 2000 € fest zu 5 % Zinsen an, so verdoppelt sich das Kapital durch Zins und Zinseszins nach etwa 14 Jahren. Wie viele Jahre dauert es ungefähr, bis sich das Kapital vervierfacht hat?

☐ etwa 21 Jahre ☐ etwa 56 Jahre

☐ etwa 28 Jahre ☐ etwa 35 Jahre

3 Im Diagramm ist die Entwicklung eines Anfangskapitals von 500 € bei einem festen Zinssatz über mehrere Jahre dargestellt. Das Endkapital y nach x Jahren kann durch die Gleichung

$y = 500 \cdot (1 + \frac{p}{100})^x$ berechnet werden.

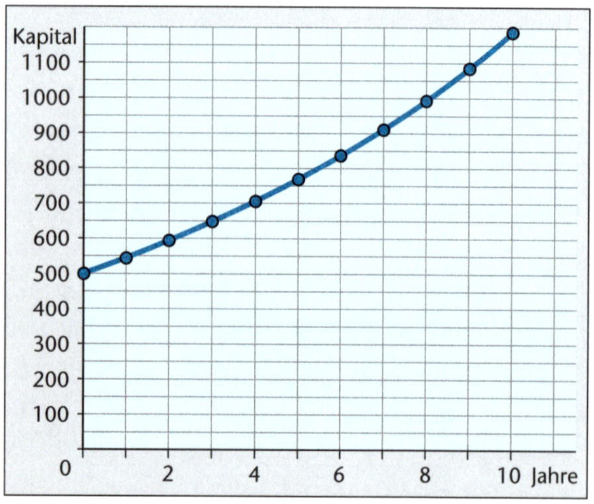

a) Lies aus dem Diagramm ab, nach welcher Zeit sich das Anfangskapital verdoppelt hat.

b) Gib an, zu welchem gleichbleibenden Zinssatz das Anfangskapital angelegt wurde. Notiere deine Rechnung. Runde das Ergebnis auf Zehntel %.

c) Wie lange würde es bei gleicher Verzinsung dauern, bis sich ein Kapital von 50 000 € verdoppelt hätte?

37 Zwei Würfel

Es wird gleichzeitig mit einem blauen und einem schwarzen Würfel gewürfelt.
Das Ergebnis (3|5) bedeutet: Mit dem blauen Würfel wurde eine 3 und mit dem schwarzen Würfel eine 5 gewürfelt.

a) Wie viele Ergebnisse sind möglich?
b) Wie groß ist die Wahrscheinlichkeit für das Ergebnis (3|5)?
c) Wie groß ist die Wahrscheinlichkeit, einen Pasch, d. h. zwei gleiche Zahlen, zu würfeln?

Zu a)
Die möglichen Ergebnisse kann man sich in einer Tabelle darstellen.

	1	2	3	4	5	6
1	1|1	1|2	1|3	1|4	1|5	1|6
2	2|1	2|2	2|3	2|4	2|5	2|6
3	3|1	3|2	3|3	3|4	3|5	3|6
4	4|1	4|2	4|3	4|4	4|5	4|6
5	5|1	5|2	5|3	5|4	5|5	5|6
6	6|1	6|2	6|3	6|4	6|5	6|6

Das blau unterlegte Feld zeigt das Wurfergebnis: schwarzer Würfel 4, blauer Würfel 3.

Es gibt 6 · 6 = **36 mögliche Ergebnisse.**

Zu b)
(1) Von den 36 möglichen Ergebnissen ist nur ein einziges Ergebnis (3|5). **p (3|5) =** $\frac{1}{36}$

(2) Das Würfeln mit zwei Würfeln kann als zweistufiger Versuch aufgefasst werden. Für das Ergebnis (3|5) können wir ein vereinfachtes Baumdiagramm zeichnen.

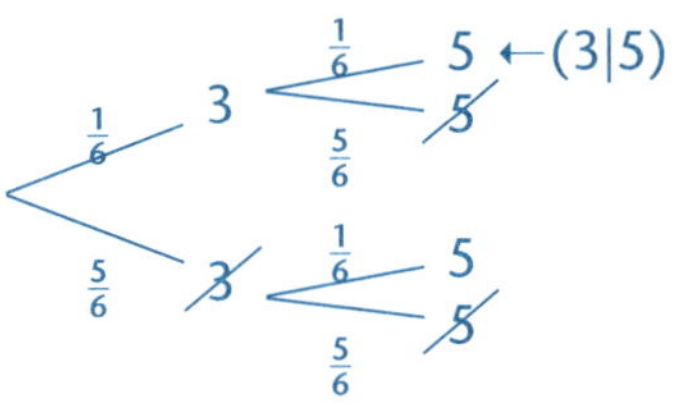

Mit der Pfadregel erhalten wir:
p (3|5) = $\frac{1}{6} \cdot \frac{1}{6} = \frac{1}{36}$

Zu c)
Es gibt die sechs Pasche (1|1), (2|2), (3|3), (4|4), (5|5) und (6|6).

p (Pasch) = $\frac{6}{36}$ **p (Pasch) =** $\frac{1}{6}$

1 Es wird mit den beiden Würfeln aus der nebenstehenden Info-Spalte geworfen. Benutze zur Beantwortung der folgenden Fragen das Baumdiagramm aus der Info-Spalte.

a) Wie groß ist die Wahrscheinlichkeit, zwei verschiedene Zahlen zu würfeln?

b) Wie groß ist die Wahrscheinlichkeit, mindestens die Augensumme 10 zu würfeln?

c) Wie groß ist die Wahrscheinlichkeit, zwei ungerade Zahlen zu würfeln?

2 Herr Schmidt und Frau Schäfer würfeln abwechselnd mit zwei Würfeln, Frau Schäfer beginnt. Sie muss versuchen, die Augensumme 12 zu erzielen, Herr Schmidt ist erfolgreich mit der Augensumme 7.
Das Spiel ist zu Ende, wenn Frau Schäfer 3-mal die Augensumme 12 oder Herr Schmidt 15-mal die Augensumme 7 erzielt hat.
Begründe, wer von den beiden die besseren Gewinnchancen hat.

3 Abgebildet sind die Netze von zwei Würfeln, mit denen gleichzeitig geworfen wird.

(1)
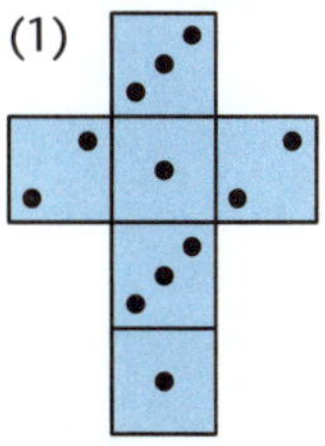

(2)
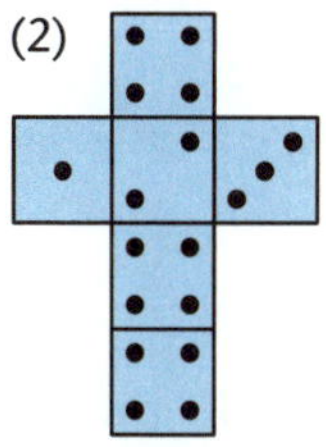

a) Wie groß ist die Wahrscheinlichkeit, eine gerade Augensumme zu würfeln?

b) Wie groß ist die Wahrscheinlichkeit, zwei gleiche Zahlen zu würfeln?

c) Wie groß ist die Wahrscheinlichkeit, die Augensumme 6 zu würfeln?

4 Die vier Könige eines Skatspiels werden gemischt und verdeckt auf den Tisch gelegt. Du drehst nacheinander zwei der vier Spielkarten um. Wie groß ist die Wahrscheinlichkeit,

a) beide schwarzen Könige umzudrehen?

b) einen roten und einen schwarzen König in beliebiger Reihenfolge umzudrehen?

38 Die Welt als Dorf

Die unten stehende Grafik vergleicht die Entwicklung der Bevölkerung auf der Welt mit einem Dorf.

a) Wie groß war 2005 der prozentuale Anteil der Lateinamerikaner an der Gesamtbevölkerung des 100-Einwohner-Dorfes?

b) „Auf allen Kontinenten nimmt die Zahl der Dorfbewohner bis zum Jahr 2050 zu". Stimmt das?

c) Laut Angaben der UN-Statistik vermehrt sich die Menschheit zurzeit um 1,2 % pro Jahr. Nach wie vielen Jahren hätte sich nach diesem Wachstumsmodell die Bevölkerung des Weltdorfes von 100 auf 200 Bewohner verdoppelt?

Zu a)
Aus der Grafik ist abzulesen, dass 9 der 100 Einwohner des Weltdorfes Lateinamerikaner sind. In Prozentschreibweise ausgedrückt:
9 von 100 = $\frac{9}{100}$ = **9 %**

Zu b)
Unter den genannten Erdteilen ist Europa derjenige Kontinent, dessen Einwohnerzahl von 11 auf 10 schrumpft.
Die Aussage stimmt also nicht.

Zu c)
Die Erdbevölkerung wächst jedes Jahr um einen gleichbleibenden Prozentsatz von 1,2 %. Der Wachstumsfaktor beträgt daher 1,012.
Die Gleichung, mit der man die Anzahl der Jahre berechnen kann, in der sich die Bevölkerungszahl des Weltdorfes verdoppelt, lautet:

$$100 \cdot 1{,}012^x = 200 \quad | : 100$$
$$1{,}012^x = 2$$

Wie bei der Aufgabe auf Seite 60 löst man diese Gleichung entweder durch probierendes Einsetzen von ganzzahligen Exponenten oder durch Logarithmieren, d. h.

$$x \cdot \log 1{,}012 = \log 2 \quad | : \log 1{,}012$$
$$x = \frac{\log 2}{\log 1{,}012} \approx 58{,}11$$

Nach diesem Wachstumsmodell hätte sich die Bevölkerung des Weltdorfes **nach ca. 58 Jahren** verdoppelt.

1 Für ein neues Theaterstück müssen Uwe und Paul einen Text von 800 Seiten lesen.
- Uwe plant jeden Tag, 40 Seiten zu lesen.
- Paul nimmt sich vor, jeden Tag 10 % der noch verbleibenden Seiten zu lesen.

a) Welcher Graph zeigt das geplante Leseverhalten von Uwe am besten?

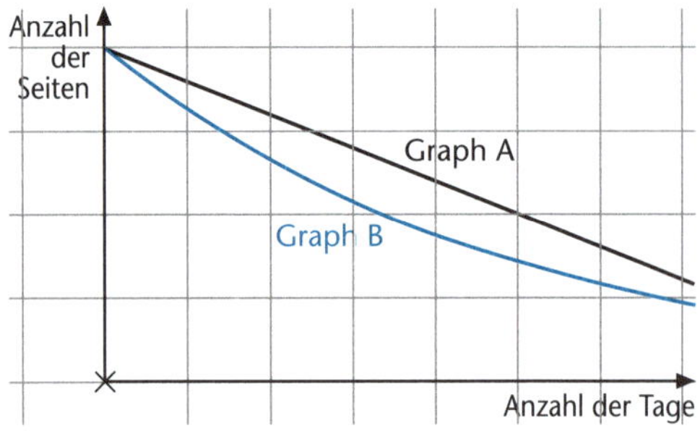

b) Uwe hat nach 20 Tagen den gesamten Text gelesen. Auch Paul hat sich an seinen Plan gehalten. Welche der folgenden Aussagen treffen zu?

(A)	Paul hatte den gesamten Text bereits nach 10 Tagen gelesen.
(B)	Uwe hat die Hälfte des Textes in 10 Tagen gelesen.
(C)	Nach seinem Plan wird es Paul nie gelingen, den gesamten Text zu lesen.

2 Gute Unterwasserfotos sind nur bei ausreichend guten Lichtverhältnissen möglich. Selbst bei klaren Gewässern nimmt die Lichtstärke an der Oberfläche (L_0) pro Meter Wassertiefe um etwa 10 % ab.

a) An der Wasseroberfläche beträgt die Lichtstärke 1. Gib die Lichtstärken für Wassertiefen von 1 m, 2 m, 3 m, 4 m, 5 m an.

b) Inas Unterwasserkamera benötigt 50 % der Lichtstärke 1, um gute Aufnahmen zu machen. Ab welcher Tauchtiefe sollte Ina auf Unterwasserfotos verzichten?

c) Mit welcher Funktion kann die Lichtstärke L für jede Wassertiefe x (in m) in Abhängigkeit von der Lichtstärke an der Oberfläche (L_0) berechnet werden? Kreuze an.

☐ $L(x) = L_0 - 0{,}9^x$ ☐ $L(x) = L_0 \cdot 0{,}9^x$
☐ $L(x) = L_0 \cdot 0{,}1^x$ ☐ $L(x) = L_0 - 0{,}1x$

39 Zahlenrätsel

(1) Subtrahiere vom Dreifachen einer Zahl 8, dann erhältst du 5 mehr als die Zahl.
(2) Verdreifachst du die Differenz aus einer Zahl und 8, so erhältst du 5 weniger als die Zahl.
(3) Subtrahiert man 8 von einer Zahl, so erhält man das Dreifache der Summe aus 5 und der Zahl.

a) Welches Zahlenrätsel gehört zu der Gleichung $x - 8 = 3(5 + x)$?
b) Löse die Gleichung $x - 8 = 3(5 + x)$.
c) Schreibe auch zu den anderen Zahlenrätseln eine passende Gleichung auf.

Zu a)
Um zu überprüfen, welches Zahlrätsel zu der Gleichung $x - 8 = 3(5 + x)$ gehört, „übersetzen" wir die Terme rechts und links vom Gleichheitszeichen.
„$x - 8$" heißt „die Differenz aus einer Zahl und 8" oder „Subtrahiere 8 von einer Zahl";
„$3(5 + x)$" heißt „das 3-fache der Summe aus 5 und einer Zahl" oder „Verdreifache die Summe aus 5 und einer Zahl".
Diese Formulierung findet man nur bei **Zahlenrätsel (3)**.

Zu b)
Die Lösung der Gleichung erhält man so:

$x - 8 = 3(5 + x)$ | Klammer auflösen
$x - 8 = 15 + 3x$ | $+8$
$x = 23 + 3x$ | $-3x$
$-2x = 23$ | $:(-2)$
$x = 11{,}5$

Die gesuchte Zahl lautet **11,5.**

Zu c)
Zahlenrätsel (1):
„Subtrahiere vom Dreifachen einer Zahl 8" heißt in der mathematischen Sprache: „$3x - 8$".
„5 mehr als die Zahl" heißt „$x + 5$".
„Erhältst du" steht für das Gleichheitszeichen.
Zum **Zahlenrätsel (1)** lautet die passende Gleichung also: $\mathbf{3x - 8 = x + 5}$

Zahlenrätsel (2):
„Verdreifache die Differenz aus einer Zahl und 8" heißt in mathematischer Sprache: „$3 \cdot (x - 8)$".
„5 weniger als die Zahl" heißt „$x - 5$".
„Erhält man" steht für das Gleichheitszeichen.
Zum **Zahlenrätsel (2)** lautet die passende Gleichung also: $\mathbf{3(x - 8) = x - 5}$

1 Ordne jedem Zahlenrätsel die passende Gleichung zu und bestimme die Lösung.

- Die Differenz aus 3 und dem 3. Teil einer Zahl a ist 8. ④
- $\frac{3a}{8} = \frac{1}{2}a$ (C)
- $3 - \frac{1}{3}a = 8$ (B)
- $8 : 3a = 0{,}5a$ (D)
- Die Summe aus einer Zahl a und dem Dreifachen dieser Zahl a ergibt 8. ①
- Multipliziere das Dreifache einer Zahl a mit 8, so erhältst du 3. ③
- $a + 3a = 8$ (E)
- $3a \cdot 8 = 3$ (A)
- Der Quotient aus dem Dreifachen einer Zahl a und 8 ist gleich der Hälfte von a. ②

2 Mit Termen lassen sich auch geometrische Sachverhalte beschreiben.
Skizziere das 4. Muster und schreibe einen Term auf, mit dem sich die Anzahl der Stäbe im n-ten Muster berechnen lässt.

a)

Nummer	n = 1	n = 2	n = 3
Muster		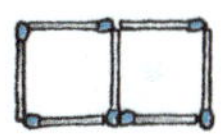	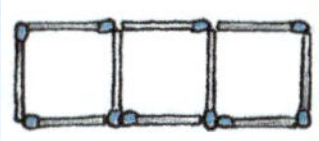
Hölzer	$4 = 1 + 3$	$7 = 1 + 2 \cdot 3$	$10 = 1 + 3 \cdot 3$

b)

Nummer	n = 1	n = 2	n = 3
Muster		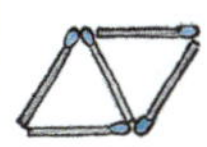	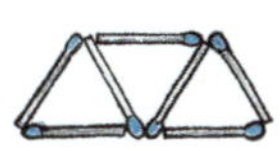
Hölzer	3	$5 = 3 + 2$	$7 = 3 + 2 \cdot 2$

3 a) Schreibe für das Zahlenrätsel eine Gleichung auf und löse sie: „Subtrahiere von der Hälfte einer Zahl ein Drittel der Zahl, dann erhältst du 4."
b) Erfinde ein Zahlenrätsel zur Gleichung $7x - 48 = 2x$. Löse auch die Gleichung.

4 Subtrahiert man vom dreifachen Alter der Frau Krause 5 Jahre, so erhält man dieselbe Zahl, als wenn man in 15 Jahren Frau Krauses Alter verdoppelt. Stelle eine Gleichung auf und berechne das heutige Alter von Frau Krause.

40 Benzinverbrauch

Ein Automagazin hat von mehreren Testfahrern bei einem neuen Automodell den Benzinverbrauch auf 100 km testen lassen und das Ergebnis des Tests in einem Boxplot dargestellt (siehe Abbildung).

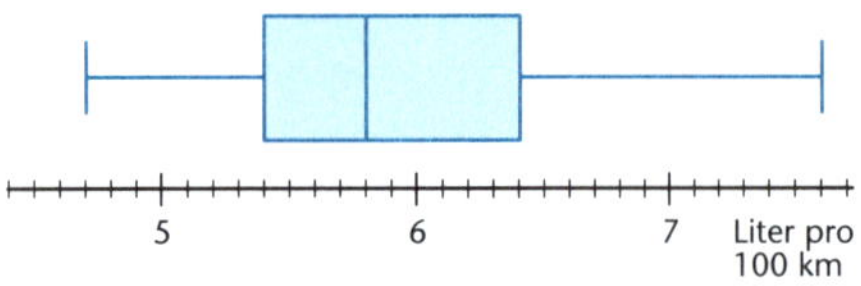

a) Entnimm dem Boxplot folgende Werte: Spannweite, Median (Zentralwert), Unteres Quartil, Oberes Quartil

b) In welchem Bereich ist die Streuung der Testergebnisse am geringsten, in welchem am größten?

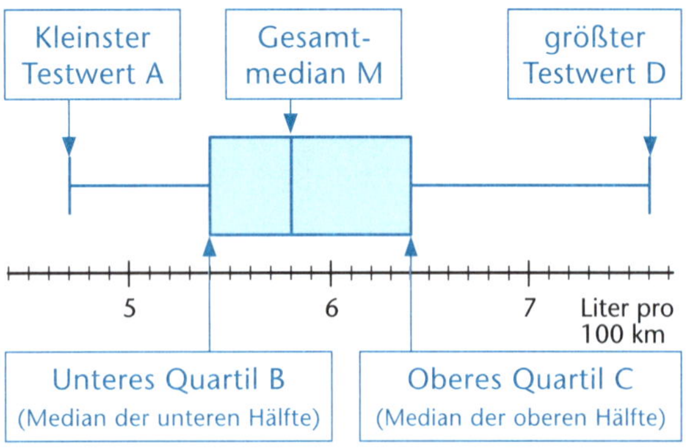

Gesamtmedian M (auch mittleres Quartil genannt) sowie die Quartile B und C teilen die Testwerte in vier Bereiche, die je ein Viertel der Testwerte umfassen. Häufig werden die Bereiche ebenfalls „Quartile" genannt.

Zu a)

Spannweite:
größter Testwert – kleinster Testwert
7,6 *l* – 4,7 *l* = **2,9 *l***

Median (Zentralwert):
5,8 *l* (gemeint ist der Gesamtmedian)

Unteres Quartil: 5,4 *l*

Oberes Quartil: 6,4 *l*

Zu b)
Die Streuung der Testergebnisse ist am **geringsten im Bereich zwischen B und M;** hier „drängen" sich ein Viertel aller Testergebnisse im Verbrauchsbereich zwischen 5,4 *l* und 5,8 *l* auf 100 km.

1 Gehe davon aus, dass beim Test über den Benzinverbrauch 60 Testpersonen teilgenommen haben und dass die Messgeräte in den Fahrzeugen den Verbrauch auf eine Stelle hinter dem Komma angeben.
Stelle in einer Tabelle ein mögliches Testergebnis zusammen, das zum links abgebildeten Boxplot passt.

2 Jugendliche Zigarettenraucher wurden nach ihrem täglichen Zigarettenkonsum befragt. Die Tabelle enthält die Ergebnisse.

Anzahl Zig./Tag	5	6	7	8	9	10	11	12	13
Personenzahl	3	5	5	6	8	4	5	7	9

14	15	16	17	18	19	20	21	22	23	24
12	11	15	14	12	35	17	14	15	6	8

25	26	27	28	29	30	31	32	33	34	35
11	3	5	7	4	14	5	3	1	2	1

Stelle das Ergebnis in einem Boxplot dar und entnimm deiner Darstellung folgende Werte:

a) Spannweite
b) Median
c) Unteres Quartil
d) Oberes Quartil
e) Bereich mit geringster/größter Streuung

3 Eine Gruppe von 16jährigen, die ein Handy besitzen, wurde nach der Höhe der monatlichen Handygebühren befragt – gerundet auf ganze Euro. Das Ergebnis dieser Befragung wurde in einem Boxplot dargestellt.

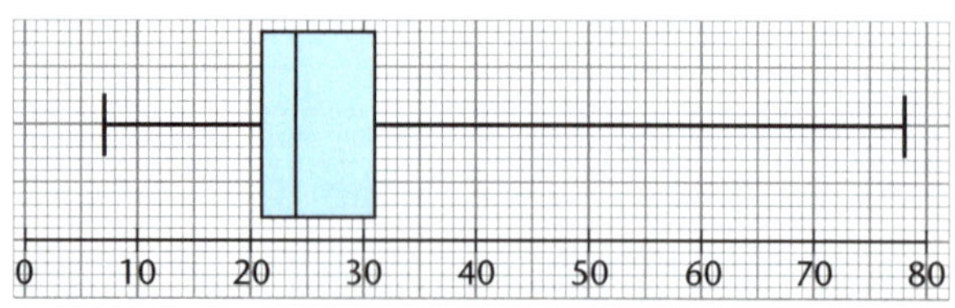

Formuliere einige Aussagen, die du am Boxplot ablesen kannst. In diesen Aussagen sollen die Begriffe Spannweite, Median, Quartil und Streuung auftreten.

41 Fläche NRW

Der Kartenausschnitt zeigt das Bundesland Nordrhein-Westfalen. Schätze die Fläche von Nordrhein-Westfalen, indem du den Maßstab der Karte benutzt. Begründe dein Vorgehen.

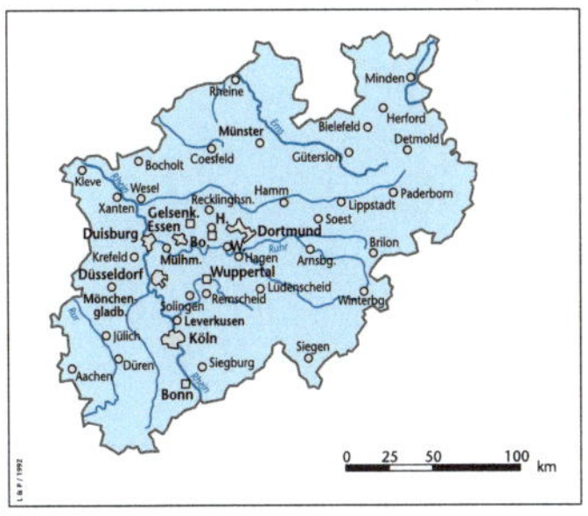

Man muss versuchen, die Fläche von NRW durch berechenbare Figuren (Vierecke, Dreiecke, ...) so abzudecken, dass sich „Gewinne" und „Verluste" ungefähr ausgleichen. Da gibt es sehr viele verschiedene Möglichkeiten; hier ist eine dargestellt. Die gemessenen „cm auf der Karte" muss man mit 40 multiplizieren und hat dann „km" in Wirklichkeit.

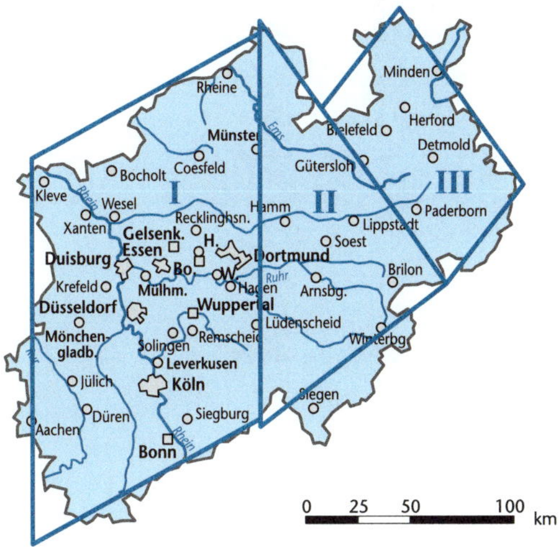

$A_I = 186\text{ km} \cdot 114\text{ km}$ (Parallelogramm)

$A_{II} = \frac{186\text{ km} \cdot 92\text{ km}}{2}$ (Dreieck)

$A_{III} = 92\text{ km} \cdot 56\text{ km}$ (Parallelogramm)

$A_I + A_{II} + A_{III} \approx 34\,900\text{ km}^2$

Nach dieser Schätzung ist das Bundesland knapp **35 000 km²** groß.

Ein Blick ins Lexikon zeigt, dass NRW etwas mehr als 34 600 km² groß ist. Die Schätzung ist also ein guter Wert.

1 Wie viel Quadratkilometer ist Frankreich ungefähr groß?
Vergleiche dein Schätzergebnis mit Angaben aus dem Lexikon oder dem Internet.

Beachte: Zu Frankreich gehört auch die Mittelmeerinsel Korsika, die rechts abgebildet ist. Ihre Größe musst du beim Vergleich mit der offiziellen Größe Frankreichs berücksichtigen.

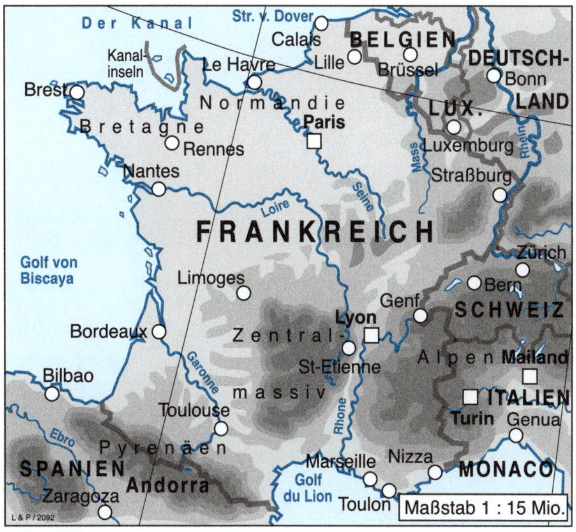

2 Ebenfalls im Maßstab 1:15 Mio. ist Ägypten abgebildet.
Überlege vor einer Schätzung, ob Ägypten größer oder kleiner als Frankreich ist. Führe dann die Schätzung durch. Vergleiche dein Ergebnis mit offiziellen Angaben über die Größe des Landes.

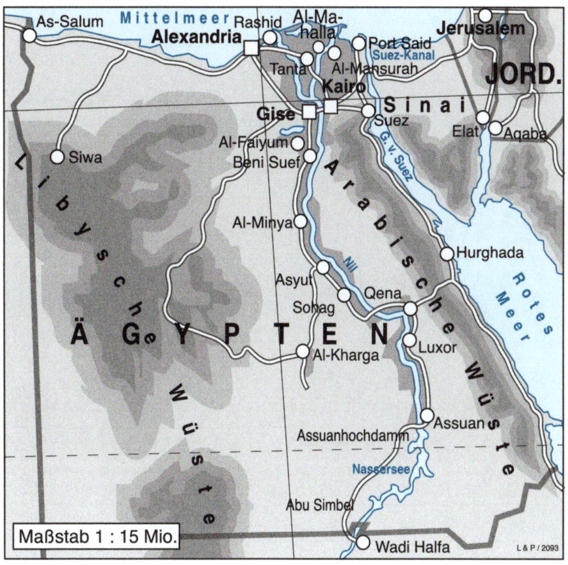

42 Gleichung

Alex und Bea sollen die Gleichung
$(x - 2) \cdot (x + 1{,}5) = 0$ lösen.
Alex meint: „Ich löse zuerst die Klammern auf, dann löse ich die quadratische Gleichung.“
Bea sagt: „Eine Lösung ist 2 und die andere sehe ich auch sofort.“ Schreibe deinen Rechenweg auf.

Rechenweg von Alex:

$$(x - 2) \cdot (x + 1{,}5) = 0$$
$$x^2 + 1{,}5\,x - 2x - 3 = 0$$
$$x^2 - 0{,}5\,x - 3 = 0$$
$$x^2 - 0{,}5\,x + 0{,}0625 - 0{,}0625 - 3 = 0$$
$$(x - 0{,}25)^2 - 3{,}0625 = 0 \quad | +1{,}75^2$$
$$(x - 0{,}25)^2 = 1{,}75^2$$

$x - 0{,}25 = 1{,}75$ *oder* $x - 0{,}25 = -1{,}75$
$\mathbf{x = 2}$ *oder* $\mathbf{x = -1{,}5}$

Überlegung von Bea:

Bea weiß, dass ein Produkt $a \cdot b$ immer dann den Wert 0 annimmt, wenn einer der beiden Faktoren a oder b gleich 0 ist.

Aus $(x - 2) \cdot (x + 1{,}5) = 0$ folgt dann:
$x - 2 = 0$ *oder* $x + 1{,}5 = 0$
$\mathbf{x = 2}$ *oder* $\mathbf{x = -1{,}5}$

Beas Lösungsweg ist nicht nur schnell, sondern auch wenig fehleranfällig.

1 Löse die Gleichung.

a) $7x - 3 = 5x + 9$
b) $4(a - 8) = 8$
c) $(y - 8)(y + 2) = 24$
d) $(2x - 4)(x - 8) = 0$
e) $x^2 - 3x = 0$
f) $a^2 - 36 = 0$
g) $y^2 + 12y - 13 = 0$
h) $a^2 + 3a = 4$

2 Stelle eine Gleichung auf und löse sie.

a) Maike erhält 7 € weniger Taschengeld als Tom. Zusammen erhalten sie 25 €.

b) Ein Rechteck ist dreimal so lang wie breit. Sein Umfang beträgt 8 Meter.

c) Tinas Opa ist 6-mal so alt wie sie. Zusammen sind sie 84 Jahre alt.

3 Berechne die Länge der Strecke x.

a)
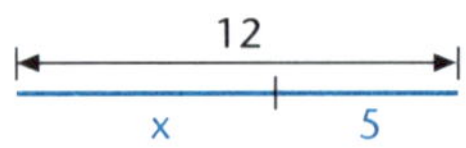

b)
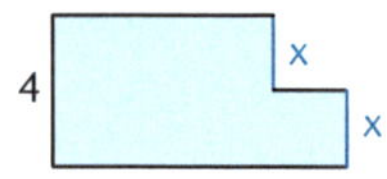

c)
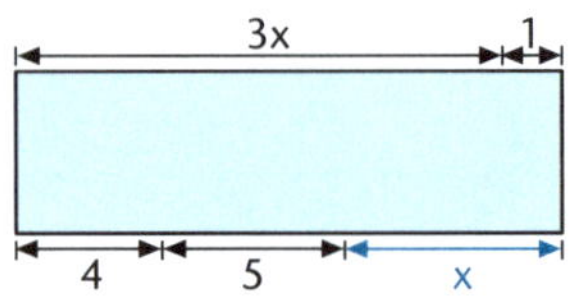

d)
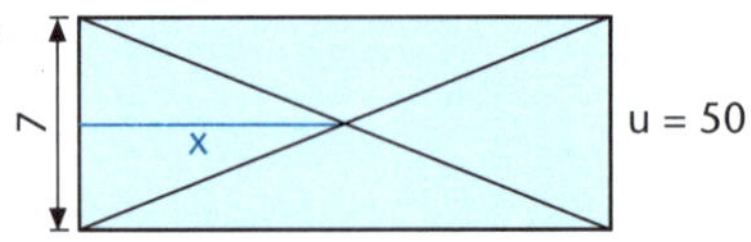

4 Alle Waagschalen sind im Gleichgewicht. Gleiche Gegenstände sind gleich schwer.

a) Wie viele Kugeln sind so schwer wie ein blaues Säckchen?

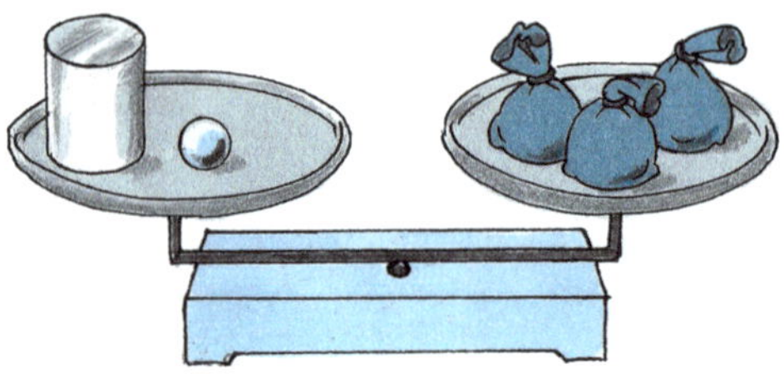
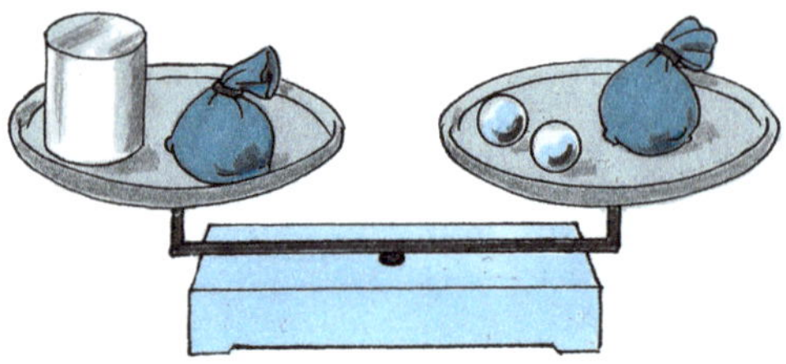

b) Wie viele Kugeln sind so schwer wie eine blaue Schale?

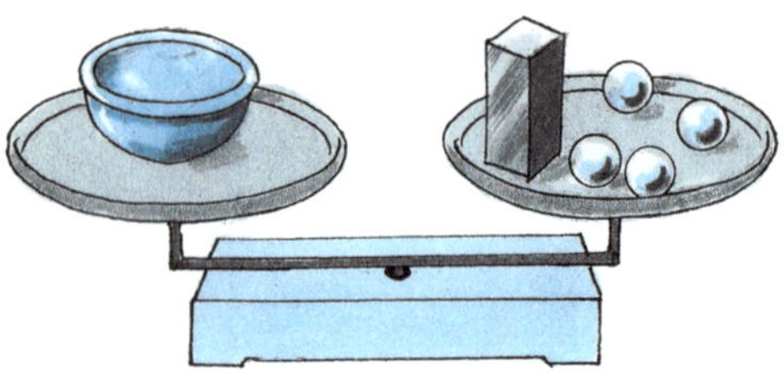
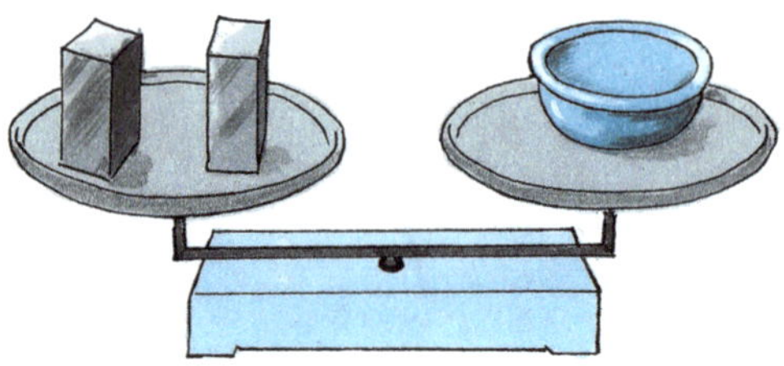

43 Glücksrad

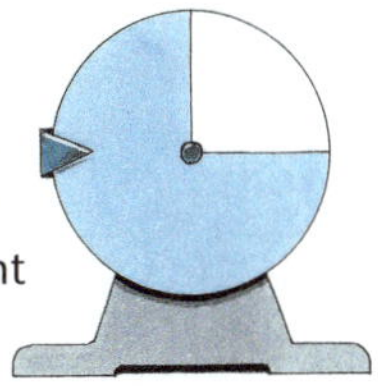

Auf einem Schulfest kann man am Stand der Klasse 10a für einen Einsatz von 1 € zweimal das abgebildete Glücksrad drehen. Bleibt es jedes Mal auf der gleichen Farbe stehen, gewinnt man, und zwar bei *blau/blau* einen Trostpreis im Wert von 0,30 € und bei *weiß/weiß* einen Sachpreis von 8 €.

a) Zeichne ein Baumdiagramm und bestimme damit die Wahrscheinlichkeiten für die möglichen Gewinne (1) *blau/blau* und (2) *weiß/weiß*.

b) Wie groß ist die Wahrscheinlichkeit, bei diesem Spiel zu verlieren?

c) Es werden 400 Spiele durchgeführt. Mit welchem Gewinn kann die Klasse rechnen?

Zunächst stellt man fest: Es ist $\frac{1}{4}$ des Glücksrades weiß und $\frac{3}{4}$ sind blau gefärbt.

Mit einem Baumdiagramm und der Pfadregel kann man die Wahrscheinlichkeiten bei 2 Drehungen darstellen (b: *blau*, w: *weiß*).

Zu a)

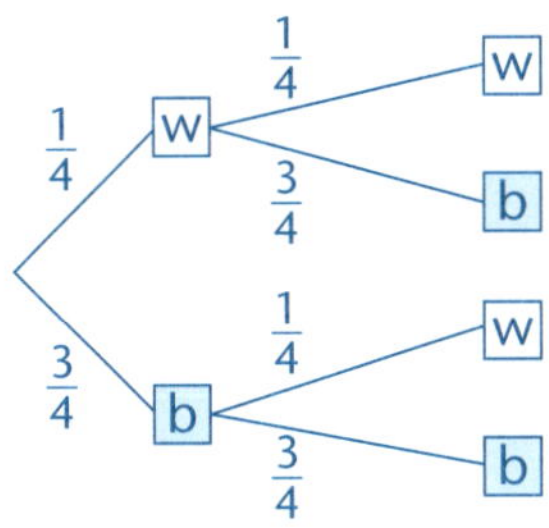

p (*blau/blau*): $\frac{3}{4} \cdot \frac{3}{4} = \frac{9}{16}$

p (*weiß/weiß*): $\frac{1}{4} \cdot \frac{1}{4} = \frac{1}{16}$

Zu b)
Die Wahrscheinlichkeit zu verlieren ist

$p = 1 - \frac{9}{16} - \frac{1}{16}$ $\quad$ $p = \frac{6}{16} = \frac{3}{8}$

Zu c)
Bei 400 Spielen gibt es zunächst 400 € Einnahmen.

400 : 16 = 25	25 Sachpreise kosten 200 €.
(400 : 16) · 9 = 225	225 Trostpreise kosten 67,50 €.

Die Klasse kann mit ca. **132,50 €** (400 € – 200 € – 67,50 €) **Einnahmen** rechnen.

1 In einem Gefäß sind 4 blaue und 7 rote Kugeln. Es werden nacheinander verdeckt zwei Kugeln gezogen, wobei die erste Kugel vor der zweiten Ziehung wieder zurückgelegt wird.

a) Zeichne ein Baumdiagramm und berechne die Wahrscheinlichkeiten für
(1) zwei blaue Kugeln;
(2) zwei Kugeln verschiedener Farbe;
(3) zwei Kugeln gleicher Farbe.

b) Wie ändern sich die Wahrscheinlichkeiten, wenn die zuerst gezogene Kugel nicht zurückgelegt wird?

2 Das Glücksrad hat abwechselnd weiße und blaue Felder gleicher Größe. Es wird zweimal nacheinander gedreht. Wie groß ist die Wahrscheinlichkeit für das genannte Ereignis?

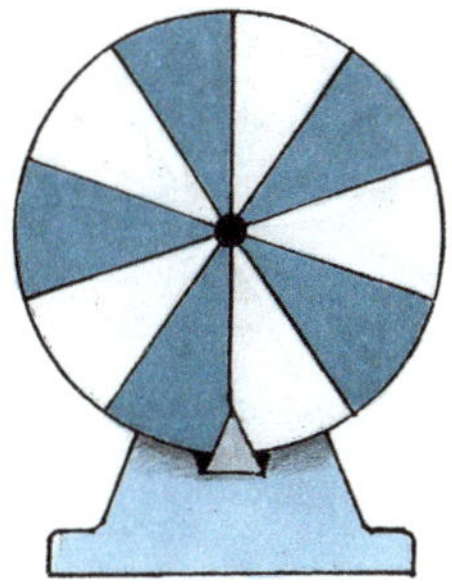

a) Es wird zweimal „blau" erzielt.

b) Die letzte Drehung führt zu „blau".

c) Keine Farbe tritt zweimal auf.

d) Die Farbe „weiß" tritt höchstens einmal auf.

3 Die Klasse 10b hat für das Schulfest einen Stand mit einem Würfelspiel aufgebaut. Im Würfelbecher sind zwei Würfel, die gleichzeitig geworfen werden.
Einen Hauptpreis im Wert von 10 € gibt es bei der Augensumme 12; bei den Augensummen 11 und 10 gibt es einen kleineren Preis im Wert von 2 €. Der Einsatz pro Spiel beträgt 1 €.

Am Ende des Schulfestes hat die Klasse 10b 392 € bei dem Spiel verdient. Wie viele Gäste haben am Würfelspiel teilgenommen?
Eine Zahl stimmt; begründe deine Entscheidung.

457 | 893 | 1116 | 1431 | 1599

44 Angebote

Frau Kurt kann für zwei Jahre einen Lottogewinn von 1 000 000,– € sparen. Sie hat drei Angebote:
(A) Die A-Bank zahlt im 1. Jahr 4 % Zinsen und im 2. Jahr 6 %.
(B) Die B-Bank zahlt im 1. Jahr 3 % Zinsen und im 2. Jahr 7%.
(C) Die C-Bank zahlt im 1. Jahr 5 % Zinsen und im 2. Jahr auch 5 %.
a) Welche Bank kannst du ihr empfehlen? Begründe deine Empfehlung.
b) Würdest du die gleiche Bank auch für jeden anderen Sparbetrag empfehlen? Begründung!

Zu a)
① Ein Lösungsweg besteht darin, für jede Bank die jährlichen Zinsen sowie das Kapital nach 2 Jahren zu ermitteln.

	Zinsen für das 1. Jahr	Zinsen für das 2. Jahr	Endkapital
A-Bank	40 000 €	62 400 €	1 102 400 €
B-Bank	30 000 €	72 100 €	1 102 100 €
C-Bank	50 000 €	52 500 €	**1 102 500 €**

② Ein zweiter Lösungsweg betrachtet lediglich die auftretenden Faktoren, mit denen das Anfangskapital entsprechend der Zinseszinsformel multipliziert wird:
A-Bank: 1,04 · 1,06 = 1,1024
B-Bank: 1,03 · 1,07 = 1,1021
C-Bank: 1,05 · 1,05 = **1,1025**

Angebot C liefert den größten Faktor, also auch das größte Endkapital:
1,1025 · 1 000 000 € = **1 102 500 €**
Zu empfehlen ist also die **C-Bank.**

Zu b)
Das Angebot der C-Bank ist auch bei jedem anderen Sparbetrag zu empfehlen. Wie die Überlegung unter ② zeigt, bewirkt der größere Faktor den Vorteil der C-Bank und dies unabhängig von der Höhe des Sparbetrages.

Die Summe der Zinssätze beträgt bei allen drei Banken 10 %, die Produkte der Zinssätze jedoch sind verschieden. Dieser Zusammenhang lässt sich auch geometrisch interpretieren: Den größten Flächeninhalt von allen umfangsgleichen Rechtecken besitzt das Quadrat.

1 Berechne den fehlenden Wert mithilfe der Zinsformel
$Z = K \cdot p\,\% = K \cdot \frac{p}{100}$

	a)	b)	c)
Kapital (K)	1800 €		3000 €
Zinssatz (p %)	6,5 %	8 %	
Zinsen (Z)		60 €	195 €

2 Tom hat seine Ersparnisse für ein Jahr fest angelegt. Am Jahresende erhält er 100 € Zinsen. Wie viele Zinsen würde Tom nach einem Jahr erhalten,

a) wenn er doppelt so hohe Ersparnisse bei doppelt so hohem Zinssatz angelegt hätte?

b) wenn er doppelt so hohe Ersparnisse bei halb so großem Zinssatz angelegt hätte?

c) wenn er nur die Hälfte seiner Ersparnisse bei doppelt so hohem Zinssatz angelegt hätte?

3 Welche Person hat in 10 Jahren den höchsten Zinssatz für ihr Kapital erzielt?

	Anfangskapital	Endkapital
☐ Anja	2400 €	4298,03 €
☐ Boris	1800 €	2795,34 €
☐ Pia	300 €	590,15 €
☐ Luca	600 €	977,34 €

4 Die Hausverwaltung bietet Frau Winter zwei Formen des Staffelmietvertrags an:

Angebot A: 3,5% Mieterhöhung im 1. Jahr, 4,5 % im 2. Jahr

Angebot B: 4,5% Mieterhöhung im 1. Jahr, 3,5 % im 2. Jahr

a) Auf den ersten Blick erscheinen ihr beide Angebote gleich gut. Stimmt das? Begründe.

b) Mit welcher gleich bleibenden prozentualen Mieterhöhung könnte die Hausverwaltung nach 2 Jahren dieselbe Miete erzielen?

45 Riesenmammutbäume

Riesenmammutbäume sind eine der großen Attraktionen der Nationalparks in den USA und in Südafrika. Sie können sehr alt werden und so breit, dass sogar Autos hindurchfahren können.

a) Kann man auch in diesen Baum eine Durchfahrt schneiden, durch die ein Auto hindurchpasst? Begründe deine Antwort.
b) Welchen Umfang hat ein Zylinder von 18,3 m Höhe, dessen Volumen genau so groß ist wie das des Baumstamms?
c) Wie groß ist ein Würfel, der das gleiche Volumen hat wie der Baumstamm?

Zu a)
Der Informationstafel ist zu entnehmen, dass dieser Mammutbaum einen Umfang von 8,9 m hat.
Für den Kreisumfang gilt die Formel $u = 2\pi r$.

Also: $8{,}9 = 2\pi r \quad | : 2\pi$

$\frac{8{,}9}{2\pi} = r \quad$ **$r \approx 1{,}4$ m**

Ein Pkw ist durchschnittlich ca. 2 m breit und 1,5 m hoch. Es ist so möglich, eine Durchfahrt von erforderlicher Breite in den Stamm zu schneiden. Ob der Mammutbaum dann aber noch stabil steht, ist fragwürdig. Die richtige Antwort lautet dennoch: **Ja**.

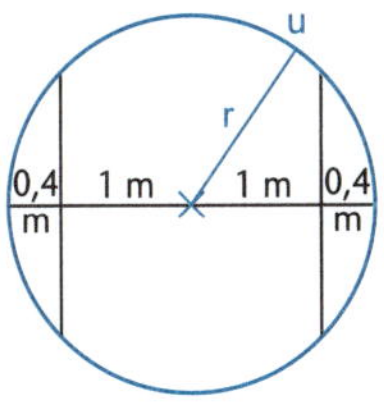

Zu b)
Für das Volumen eines Zylinders mit dem Radius r und der Höhe h gilt: $V_Z = \pi r^2 h$.
Also:

$50{,}9\ m^3 = \pi r^2 \cdot 18{,}3\ m \quad |: 18{,}3\ m$

$2{,}78\ m^2 \approx \pi r^2 \quad |: \pi$

$0{,}885\ m^2 \approx r^2 \quad |\sqrt{\ }$

$0{,}94\ m \approx r$

Dann ergibt sich der Umfang u aus:
$u = 2\pi r \approx 2\pi \cdot 0{,}94\ m \approx$ **5,91 m**

Zu c)
Für das Volumen eines Würfels mit der Kantenlänge a gilt die Formel: $V_W = a^3$

Also: $50{,}9\ m^3 = a^3 \quad$ | 3. Wurzel ziehen

$3{,}71\ m \approx a$

Die Kantenlänge des gesuchten Würfels beträgt etwa **3,71 m**.

1 Angebot in einer Internetauktion:

Antiker Schachtisch mit einem Umfang von 2,24 m. Das Schachfeld, an dessen Seiten jeweils die Spielfiguren kunstvoll dargestellt sind, ist umgeben von einer 10 cm breiten Bordüre.

Wie groß ist der Flächeninhalt eines der 64 Quadrate des Schachfelds?

2 Familie Jürgens sucht im Möbelgeschäft einen neuen runden Tisch für ihr 2,10 m breites und 3,50 m langes Esszimmer. Der alte Tisch hat einen Durchmesser von 105 cm, der neue Tisch soll eine doppelt so große Tischfläche besitzen.
Der Verkäufer meint: „Für einen Tisch solcher Größe ist ihr Esszimmer zu klein. Der reicht doch bei ihnen von Wand zu Wand!"
Was meinst du dazu?
Begründe deine Antwort.

3 Abgebildet ist die Halbkurve einer Leichtathletik-Laufbahn.
Wer unmittelbar auf der Innenlinie 1 läuft, legt einen Weg von 90 m zurück.
Die Linien haben einen Abstand von 1,50 m zueinander.

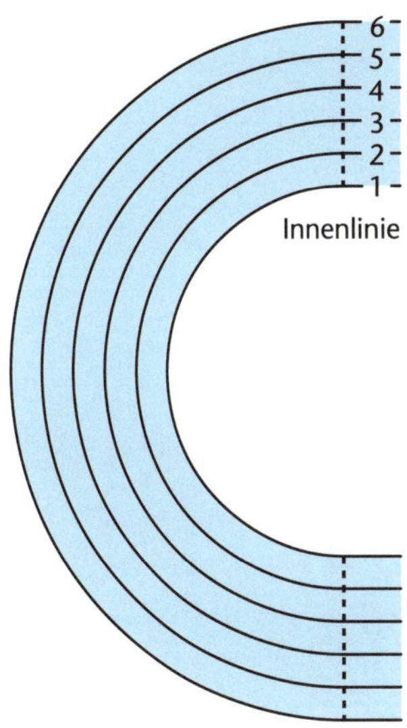

a) Berechne die Laufwege unmittelbar auf den Linien 2, 3, 4, 5 und 6.

b) Berechne den Flächeninhalt des blau unterlegten Laufbereichs.

46 Tabellenkalkulation

Paul untersucht Umfang und Flächeninhalt bei Quadraten unterschiedlicher Seitenlängen mithilfe einer Tabellenkalkulation.

a) Wie groß ist der Umfang u eines Quadrats mit der Seitenlänge 1,5 cm?

b) Mit welcher Formel berechnet das Programm den Wert in Zelle H2?

c) Welche Eingaben liefern das korrekte Ergebnis in Zelle F3? Kreuze an.
☐ 2 * 5 ☐ = 4 * F1 ☐ = E3 + 4 * 0,5 ☐ = 4 * x

d) Wächst eine der Eingaben A oder u linear? Skizziere dazu auf einem Extrablatt die zugehörigen Graphen und begründe.

Zu a)
Der Umfang ist in der Zelle D3 abzulesen.
Er beträgt **6 cm.**

Zu b)
Die Tabellenkalkulation ist so angelegt, dass in Zelle H2 das Programm mit folgender Formel rechnet:
= H1 * H1 oder **= H1^2**

Zu c)
1. Möglichkeit: **= 4 * F1** (Der Umfang ist das Vierfache der Kantenlänge 2 cm, dazu kommen noch 4 mal 0,5.)
2. Möglichkeit: **= E3 + 4 * 0,5** (In der Zelle E3 steht der Umfang für die Kantenlänge 2 cm, dazu kommen noch 4 mal 0,5 cm.)

Hinweis: Im Tabellenkalkulationsprogramm beginnt jede Formel mit einem Gleichheitszeichen!

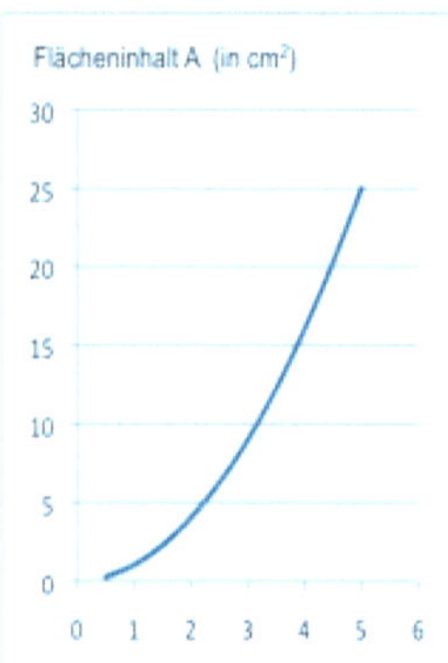

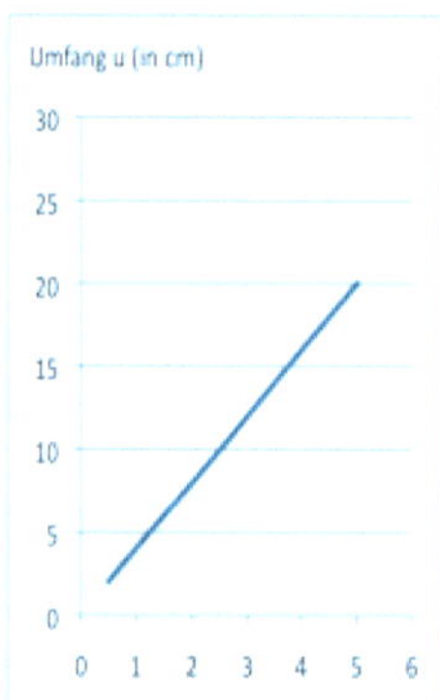

Zu d)
Der Umfang u wächst **linear**, denn im Graph oben rechts ist die Zuordnung x → u eine Gerade.

1 Tanja untersucht mit einer Tabellenkalkulation die Veränderung des Würfelvolumens beim Anwachsen der Kantenlänge.

◇	A	B	C	D	E	F	G
1	Kantenlänge a	2	3	4	5	6	7
2	Volumen V	8	27				

a) Durch welche Eingabe berechnet das Programm den Wert in Zelle D2?

b) Welche Zellen würdest du vergleichen, um die folgende Frage zu beantworten: Wie verändert sich das Würfelvolumen, wenn sich die Kantenlänge verdoppelt?

2 Arne und Bettina sollen von Quadern mit quadratischer Grundfläche und einer Höhe, die doppelt so groß wie die Kantenlänge der Grundfläche ist, Volumen und Oberfläche berechnen. Das machen sie mit einer Tabellenkalkulation.

◇	A	B	C	D
1	a (cm)	h (cm)	O (cm²)	V (cm³)
2	2	4		
3	3	6		
4	4	8		
5	5	10		
6	6	12		
7	7	14		
8	8	16		

a) Welche Formeln liefern das korrekte Ergebnis in Zelle D7?
☐ = A7^2 * 2 * A7 ☐ = A7+B7 * B7
☐ = C7 * B7 ☐ = A7 * A7 * B7

b) Mit welcher Formel berechnet das Programm den Wert in Zelle C6?

3 Wie entwickelt sich der Preis von 80 € für ein Paar Schuhe, wenn er abwechselnd um 20 % herauf und um 20 % herabgesetzt wird? Eine Tabellenkalkulation hilft.

◇	A	B
1	q	80
2	1,2	
3	0,8	
4	1,2	
5	0,8	
6	1,2	
7	0,8	

a) Die Zahl in Zelle B2 wird mit der Formel "=B1 * A2" berechnet. Erkläre.

b) Erkläre die Zahl in A3.

c) Welche Formel muss in Zelle B5 eingegeben werden. Welche in Zelle B6?

d) Wie heißt die Antwort auf die Hauptfrage?

47 Giraffenbaby

Helena (2 Jahre, 90 cm) besucht mit einem größeren Freund den Kölner Zoo. Vor dem Giraffengehege erfahren beide, wie groß ein erwartetes Giraffenbaby etwa sein wird.

a) Wie groß ist etwa Helenas Freund?
b) Schätze die Größe eines Giraffenbabys.
c) Wie groß wird eine ausgewachsene Giraffe, die ähnlich wie Helena wächst?

Die folgenden Maßangaben beziehen sich auf das Foto vorn im Text.

Zu a)
Das Verhältnis der Körpergrößen der beiden Freunde auf dem Foto entspricht dem Verhältnis ihrer Körpergrößen in Wirklichkeit.
Helena ist auf dem Foto 3,2 cm groß, ihr Freund 4,3 cm. Mit dem Taschenrechner bestimmt man also den Faktor k, um den der Freund größer ist als Helena: $k = \frac{4{,}3}{3{,}2} \approx 1{,}34$

Da Helena 90 cm groß ist, ergibt sich für die Größe ihres Freundes 1,34 · 90 cm. **Helenas Freund ist ca. 1,20 cm groß** (genauere Angaben sind nicht sinnvoll).

Zu b)
Das Giraffenbaby ist auf dem Foto 5,8 cm groß. Die Abschätzung erfolgt wie bei Helenas Freund: k = 1,81. Aus 1,81 · 90 cm folgt:
Das **Giraffenbaby** wird etwas größer als **1,60 m** sein.

Zu c)
Wir wissen nicht, wie groß Helena als Erwachsene sein wird. Man kann aber schätzen, dass sie knapp doppelt so groß werden wird, wie sie heute ist.
Wenn die **Giraffe** ähnlich wächst, wird sie ausgewachsen **ungefähr 3,20 m** sein.

1 Wie groß müsste ein Mensch sein, zu dem der abgebildete Daumen passt?

2 Der erste Kanzler der Bundesrepublik Deutschland hieß Konrad Adenauer. Angenommen, man wollte sein Denkmal mit einer ganzen Person errichten – wie groß müsste es sein, wenn der abgebildete Kopf von Adenauer verwendet werden soll?

3 Vor dem Fußballschuh, der in Berlin zur Weltmeisterschaft 2006 aufgestellt wurde, steht die 1,60 m große Melanie. Wie groß müsste eine Fußballspielerin ungefähr sein, der dieser Schuh passen würde?

1 Ordnen

Ordne auf der Zahlengerade an: 0,25 $-0{,}7$ 0,5 $1\frac{3}{5}$ $\frac{3}{4}$ $-\frac{1}{2}$

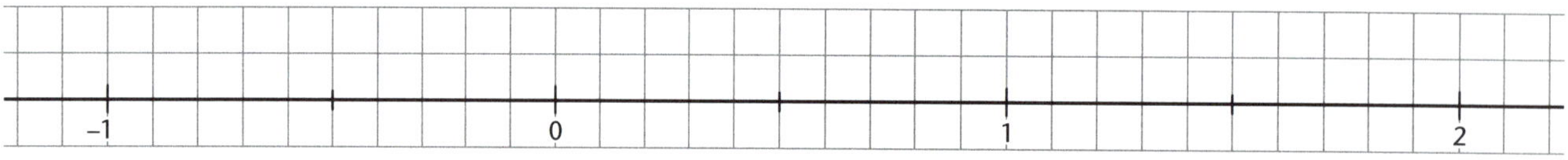

2 Quadrat und Rechteck

Der Flächeninhalt eines Quadrats beträgt 36 cm².

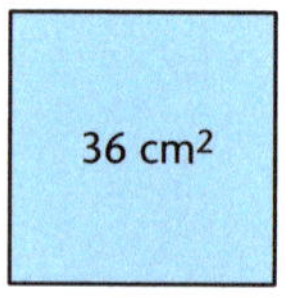

a) Berechne den Umfang eines solchen Quadrats.

____

b) Gib die Seitenlängen von zwei Rechtecken an, die ebenfalls einen Flächeninhalt von 36 cm² haben.

(1) a = __________ b = __________

(2) a = __________ b = __________

3 Wahlumfrage

Bei einer repräsentativen Umfrage wurden Wahlberechtigte in Deutschland befragt: „Welche Partei würden sie wählen, wenn am nächsten Sonntag Bundestagswahlen wären?"

CDU/CSU	SPD	FDP	Grüne	Die Linke	Sonstige
658	457	259	185	197	104

a) Wie viel Prozent entfallen nach dieser Wahlumfrage auf die einzelnen Parteien?

CDU/CSU: ______ % SPD: ______ %

FDP: ______ % Grüne: ______ %

Die Linke: ______ % Sonstige: ______ %

b) Stelle die Anteile in einem Kreis- und in einem Streifendiagramm dar.

Streifendiagramm:

Kreisdiagramm:

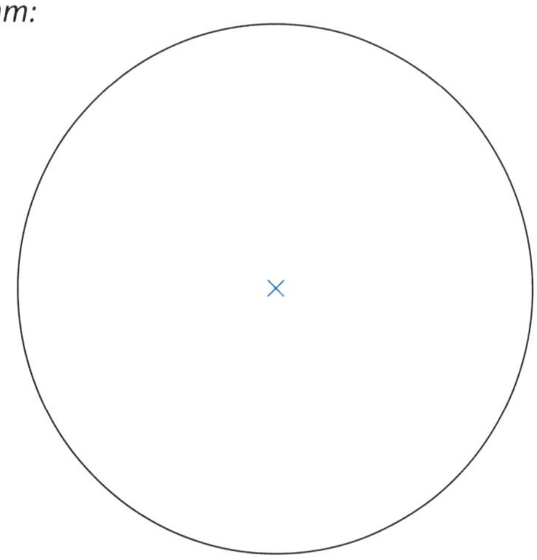

4 Im Koordinatensystem

In einem Koordinatensystem sind die Graphen der Funktion f mit der Gleichung $y = -0{,}2x - 3$ und der Funktion g mit der Gleichung $y = -0{,}2x + 3$ dargestellt.
Was kannst du über die Lage der beiden Graphen im Koordinatensystem aussagen, ohne sie selbst zu zeichnen?

____

____

5 Gleichungssystem

a) Löse das Gleichungssystem

I: $5x - 3y = 53$
II: $4x + 3y = 37$

x = ________ y = ________

b) Das Dreifache einer Zahl ist um 1 kleiner als eine zweite Zahl. Das Doppelte der einen Zahl plus der zweiten Zahl ergibt 36.
Wie heißen die beiden Zahlen?

1. Zahl: ________ 2. Zahl: ________

6 Ordne zu

In welchen Beispielen erkennst du proportionale (p) oder antiproportionale (a) Zuordnungen? Wo liegt keines von beiden (k) vor? Trage in die rechte Spalte jeweils p, a oder k ein.

1	*Anzahl der Brötchen → Kosten der Brötchen*	
2	*Anzahl gleicher Teilstücke → Länge der Teilstücke bei einer Gesamtlänge von 100 m*	
3	*Seitenlänge eines Quadrats → Umfang des Quadrats*	
4	*Größe eines Schwimmbads → Zahl der Freischwimmer im Schwimmbad*	
5	*Durchschnittsgeschwindigkeit des Rennwagens → Zeit für eine Runde*	

7 Dreieck im Koordinatensystem

a) Zeichne das Dreieck A(1|1), B(4|1) und C(4|5) in das gegebene Koordinatensystem.

b) Bestimme den Umfang des Dreiecks.

u = ________________

u = ________________

c) Spiegele das Dreieck an der Geraden g.

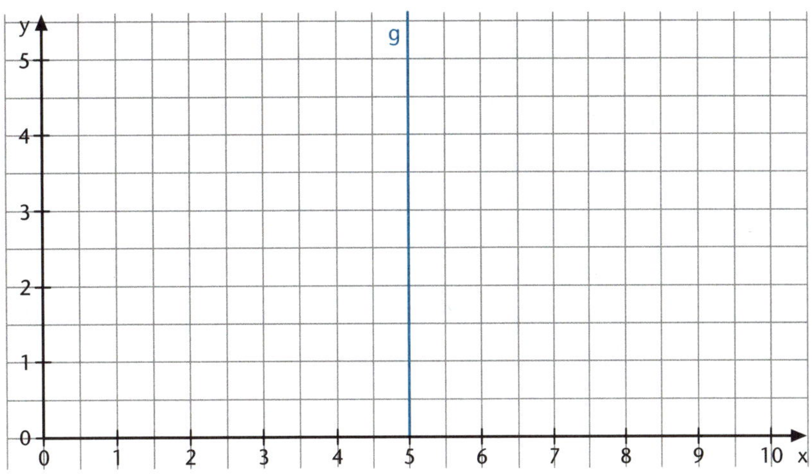

8 Überschlag

Von 480 Schülerinnen und Schülern einer Schule spielen 155 ein Instrument. Welcher Anteil ist das etwa? Kreuze zwei Angaben an, die dazu recht gut passen:

(1) ein Zehntel	☐	(5) 30 %	☐
(2) ein Zwanzigstel	☐	(6) 20 %	☐
(3) die Hälfte	☐	(7) 10 %	☐
(4) ein Drittel	☐	(8) 5 %	☐

9 Sportfest

Auf dem Sportfest erzielte Luisa folgende Sprungweiten: 3,75 m 4,10 m 4,25 m 3,70 m 3,15 m.

a) Wie weit ist Luisa durchschnittlich gesprungen?

____

____

b) Wie weit hätte Luisa im fünften Sprung springen müssen, um eine durchschnittliche Sprungweite von 4 m zu erzielen?

____

____

10 Größen ordnen

a) Suche alle Flächen-Angaben heraus.

____

b) Ordne die Flächen-Angaben. Beginne mit der kleinsten Angabe.

____

200 mm^2 | 10 l (Liter) | 1 m^3 | 0,1 m^2 | 300 cm | 1000 cm^3 | 2,5 m | 20 cm^2

11 Gleichungen und Graphen

Ordne den Funktionsgleichungen die zugehörigen Graphen (g_1, g_2, …) zu.

$y = x + 1$	
$y = -x^2$	
$y = x^2 + 2x + 1$	
$y = x^2 + 2$	

$y = x^2 - 2$	
$y = 0{,}5x + 1$	
$y = -2x + 1$	
$y = -2x^2$	

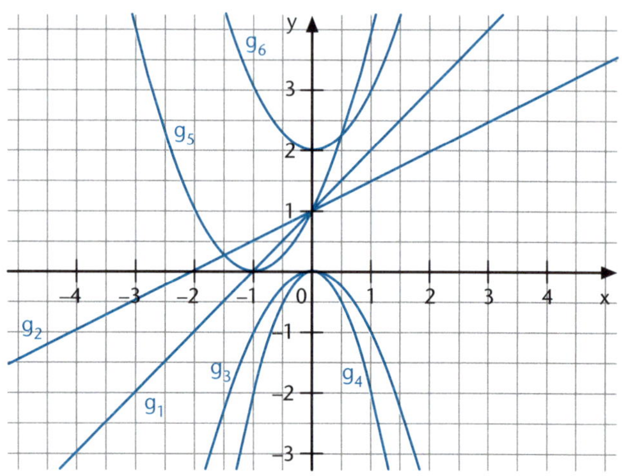

12 Holzkiste

Eine quaderförmige Holzkiste (4 m lang, 3 m breit, 3 m hoch) wird zum Versand von Produkten verwendet. Bestimme die Oberfläche dieser Holzkiste.

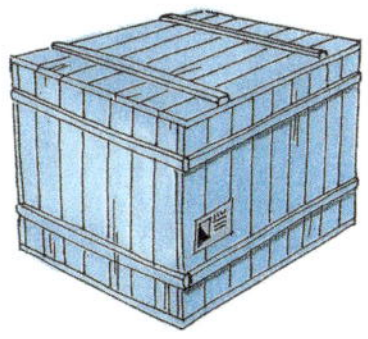

13 Netz eines Körpers

Abgebildet ist das Netz eines Körpers.

a) Zeichne das Schrägbild des Körpers (Grundfläche nach vorn) auf einem Extrablatt.

b) Wie heißt der Körper?

c) Berechne Volumen und Oberfläche des Körpers.

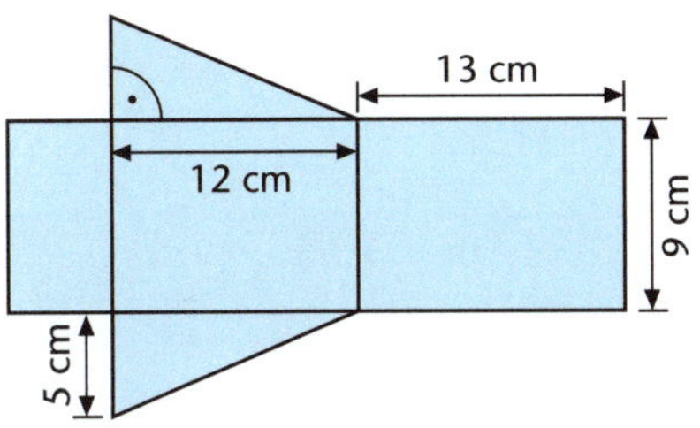

14 Fass

Der Durchmesser eines 80 cm hohen Fasses beträgt 60 cm. Wie viel Liter fasst es? Runde auf Hundertstel.

15 50 % einer Zahl

Welche Terme (Rechenausdrücke) geben genau 50 % einer beliebigen Zahl a an? Kreuze **alle** richtigen Terme an.

(1) $\frac{a}{50}$ ☐ (3) $0{,}5a$ ☐ (5) $\frac{1}{2}a$ ☐

(2) $\frac{50}{100}a$ ☐ (4) $a : 2$ ☐ (6) $\frac{5a}{10}$ ☐

TIPP: Setze für a verschiedene Zahlen ein.

16 Funktionsgleichung

Die Gleichung $y = 20 - 5 \cdot (x - 6)^2$ wird mithilfe einer Tabellenkalkulation untersucht.

◇	A	B	C	D	E	F	G	H	I	J	K
1	x	0	1	2	3	4	5	6	7	8	9
2	y	-160	-105	-60	-25	0	15	20	15	0	-25

a) In welcher Zelle findest du den y-Wert für $x = 5$?

Zelle: ____________

b) Für welche x-Werte wird $y = 0$?

x-Werte: ____________

c) Mit welcher Formel kann man den y-Wert in Zelle B2 berechnen?

Formel: __________________________________

d) Berechne ohne Tabellenkalkulation den Wert von y für $x = 10$.

y-Wert: ____________

17 Prozente

a) Wie viel sind 30 % von 250 €?

____

b) Von wie viel Kilogramm sind 5 % genau 10 kg?

____

c) Wie viel Prozent sind 25 cm von 5 m?

____

d) Berechne 3 % Zinsen von 620 € Spareinlage.

____

18 Bergauf

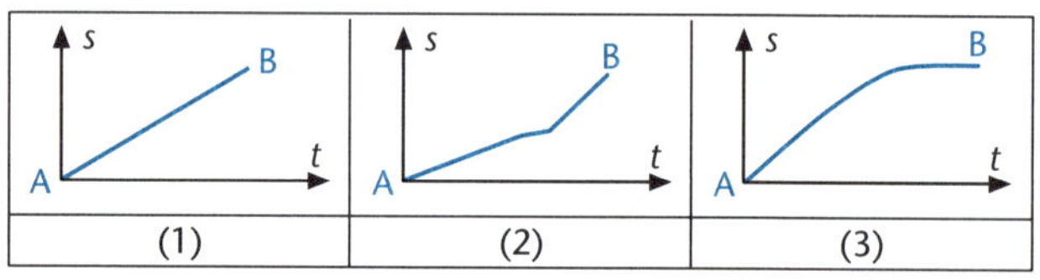

Die abgebildete Skizze zeigt eine Fahrradstrecke vom Start A bis zum Aussichtspunkt B. Welcher der abgebildeten Graphen (1), (2) oder (3) zeigt am ehesten die Zuordnung *Zeit t* → *Weg s*? Begründe deine Antwort.

____

____

____

____

____

____

19 Würfeln mit einem Quader

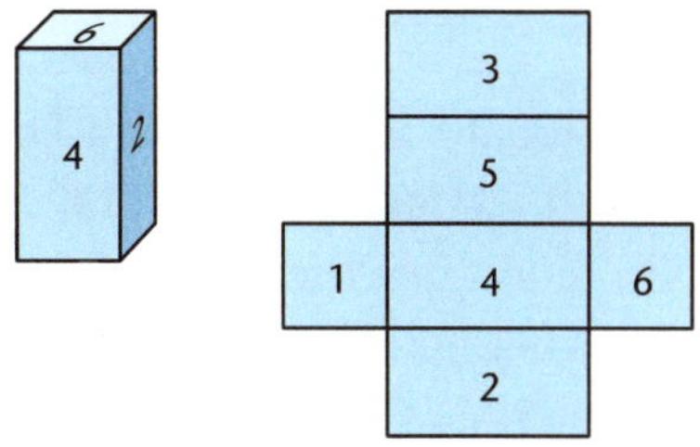

Die Grundflächen des abgebildeten Holzquaders sind Quadrate. Auf den Seitenflächen des Quaders stehen wie bei einem normalen Würfel die Zahlen 1 bis 6.
Mit dem Quader wurde 500-mal gewürfelt und davon 49-mal die Sechs erzielt.

a) Gib einen Näherungswert für die Wahrscheinlichkeit an, die Augenzahl 6 zu würfeln.

____

b) Schau dir genau das Netz des Quaders an und bestimme auch für die übrigen Augenzahlen 1 bis 5 Näherungswerte für die Wahrscheinlichkeiten.

Augenzahl	1	2	3	4	5	6
Wahrscheinlichkeit						

20 Baumhöhe

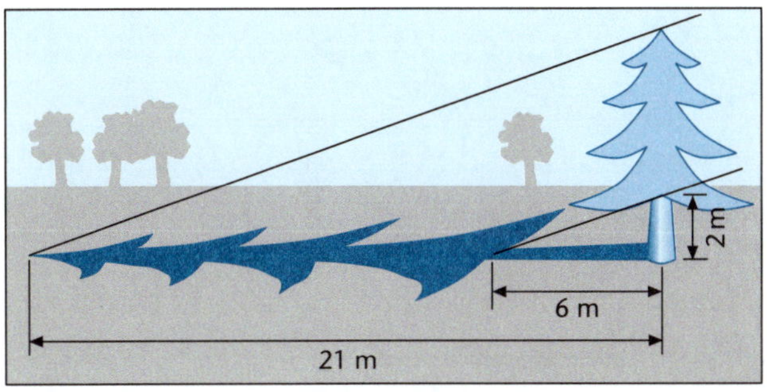

Nele hat an einem Baum und seinem Schatten die Längen gemessen. Wie hoch ist der Baum?

Baumhöhe: ____________________

21 Rechengeschichten

Welche der folgenden Sachtexte passen zu der Gleichung $x + 0{,}5x = 30$? Kreuze jeweils an!

1	Eine Lostrommel enthält 30 Lose. Es gibt doppelt so viele Gewinne wie Nieten.	☐ Ja	☐ Nein
2	Robert nimmt sich vor, 30 Tage lang täglich 1 Euro zu sparen. Die Hälfte der Zeit schafft er leider nur 50 Cent zu sparen.	☐ Ja	☐ Nein
3	Für die Gala werden 30 Liter Fruchtbowle bestellt. Zu einer 1-*l*-Flasche Mineralwasser wird jeweils 0,5 *l* frischer Fruchtsaft hinzugefügt.	☐ Ja	☐ Nein
4	Max ist nur halb so alt wie sein Bruder. Zusammen sind sie 30 Jahre alt.	☐ Ja	☐ Nein

22 Neue Preise

a) Vor einem Monat kostete ein BMX-Fahrrad, für das Anna sich interessiert, noch 639,– €. Heute ist es 15 % teurer geworden.
Wie hoch ist der neue Preis gerundet auf Euro?

Neuer Preis: ____________

b) Der Preis für einen Sturzhelm wurde von 59,– € auf 49,– € gesenkt. Berechne die Preisänderung in Prozent. Runde auf ganze Prozent.

Preissenkung: ____________

c) Eine orange Sicherheitsweste kostet nach einer Preissenkung um 5 % jetzt 14,80 €. Wie teuer war sie vor der Preissenkung? Runde auf eine Stelle nach dem Komma.

Neuer Preis: ____________

23 Regelmäßiges Sechseck

Das abgebildete *regelmäßige* Sechseck mit den Eckpunkten ABCDEF ist in verschiedene Teilfiguren zerlegt.

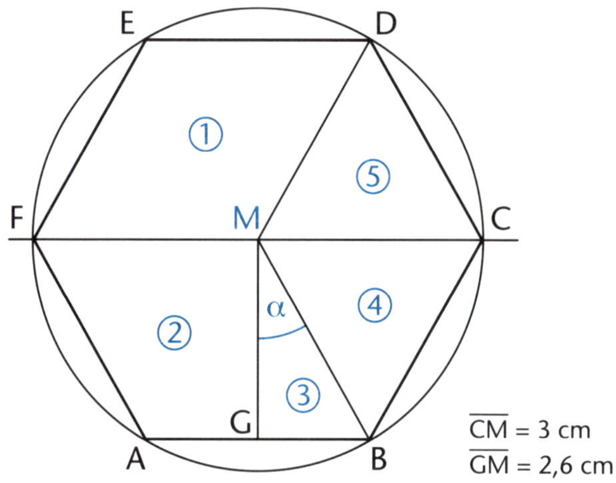

a) Wie oft passt das Dreieck BCM (Figur ④) in das Parallelogramm DEFM (Figur ①)?

____

b) Das Dreieck BMG (Figur ③) ist rechtwinklig. Wie groß ist der Winkel α?

____

c) Figur ② ist ein Trapez mit den Eckpunkten A, G, M und F. Wie groß ist der Umfang dieser Figur?

24 Busfahrt

Das Reiseunternehmen „Grenzenlos" bietet Busfahrten nach Paris an. Die Abbildung zeigt die Tankfüllung des Reisebusses während der Fahrt von Köln (**K**) nach Paris (**P**).

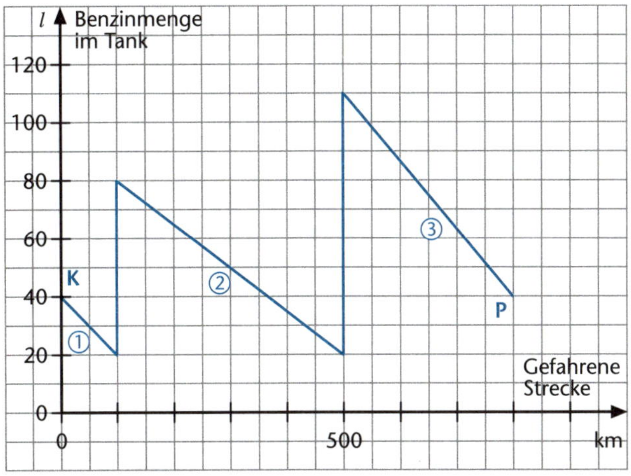

a) Wie oft wurde angehalten, um zu tanken?

____

b) Wie groß ist die Entfernung von Köln nach Paris ungefähr?

____

c) Auf welcher Teilstrecke ①, ② oder ③ war der Benzinverbrauch pro 100 km am größten?

____

d) Wie viel Liter Benzin verbrauchte der Bus auf der gesamten Fahrt?

____

25 Lotterie

Die 2000 Lose einer Lotterie auf einer Wohltätigkeitsveranstaltung setzen sich wie in dem Kasten rechts beschrieben zusammen.
Ein Los kostet 0,50 €.

80 % Nieten, 18 % Trostpreise im Wert von je 0,60 €, 1,5 % Preise im Wert von je 5,00 € und für die restlichen Lose gibt es Hauptpreise im Wert von je 30 €.

a) Die Lotterieveranstalter werben mit der Aussage „Jedes fünfte Los ist ein Gewinn".
Stimmt das? Begründe.

____

____

b) Es wurden alle 2000 Lose verkauft. Berechne den Gewinn des Lotterieveranstalters.

____

26 Taschengeld für den Urlaub

Mira kann im Urlaub 10 Tage lang täglich 4,50 € von ihrem Taschengeld ausgeben. Wie viel kann sie täglich ausgeben, wenn sie in nur 6 Urlaubstagen so viel Geld ausgeben möchte?

Schreibe einen Antwortsatz. ______________________________

27 Kreisförmige Tischdecke

Auf einem kreisförmigen Tisch befindet sich eine kreisförmige Tischdecke. Die Decke hängt so über die Tischkante, wie es die Zeichnung zeigt.

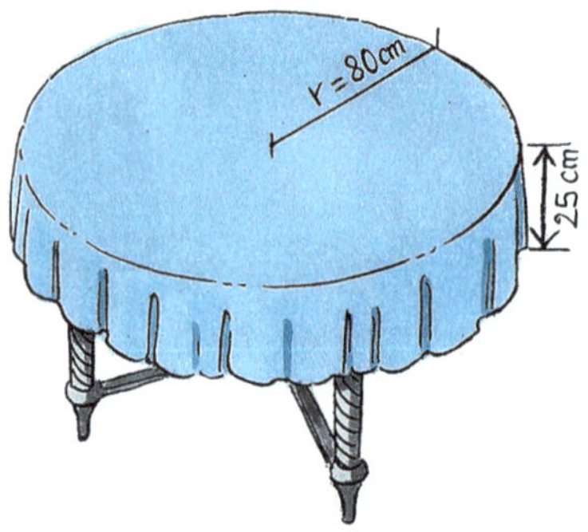

a) Wie viel m^2 ist die Tischdecke groß?

____

b) Wie viel Prozent der Tischdecke liegen auf dem Tisch?

____

28 Chormitglieder

30 % der Mitglieder eines Chores sind Männer. 65 % der Männer und 45 % der Frauen sind 60 Jahre alt oder älter. Wie viel Prozent aller Chormitglieder sind mindestens 60 Jahre alt? Rechne mithilfe eines Baumdiagramms.

29 Musik aus dem Netz

Verschiedene Online-Händler bieten Musiktitel zum Download an.

MUSICPOINT
Jedes Lied:
1 €

Poolmusic
Pro Song: **1,25 €**
Der erste Song gratis!
Mindestbestellmenge: 2 Lieder

SONGLOAD
Jedes Lied: **0,75 €**
Gebühr pro Bestellung: 2,50 €

a) Stelle die verschiedenen Angebote im Koordinatensystem dar.

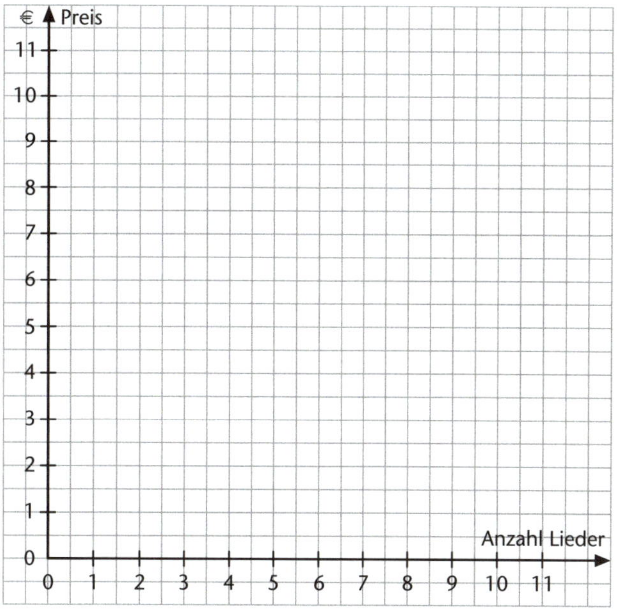

b) Wie lautet die Funktionsgleichung für das Angebot von SONGLOAD?

y = ____________________.

c) Mira möchte 8 Songs kaufen. Für welchen Anbieter sollte sie sich entscheiden? Begründe deine Empfehlung.

____

____

____

____

30 Agenturmeldung

„6 Prozent aller Münchner Theaterkarten sind Freikarten. Kurz gesagt: Jede 6. Karte eine Freikarte!"

Die Meldung ist fehlerhaft. Was ist falsch?

____

____

____

31 Unfälle auf dem Schulweg

Eine Zeitung berichtet über Unfälle von Schülerinnen und Schülern auf dem Schulweg.

	Schulweg mit Fahrrad	davon verunglückten
Jungen	1000	140
Mädchen	300	60

a) Die Zeitung meldet zu der nebenstehenden Statistik: „Von allen, die auf dem Schulweg mit dem Rad verunglücken, sind 70 % Jungen." Stimmt das? Begründe mit einer Rechnung.

____

____

b) Die Zeitung meldete auch: „Jungen sind beim Radfahren gefährdeter als Mädchen."
Erlaubt die Statistik diese Aussage? Begründe.

____

____

____

32 Zahlenrätsel

a) Finde zu den Zahlenrätseln eine passende Gleichung und löse sie.

(1) Verdoppelst du die Summe aus dem Fünffachen einer Zahl und 7, so erhältst du das um 53 vermehrte Produkt aus dieser Zahl und –3.

(A) $2(5x + 7) = -3x + 53$

(B) $2 \cdot 5x + 7 = -3x + 53$

(C) $2(5x + 7) = -3x \cdot 53$

(2) Subtrahierst du von einer Zahl –8, so erhältst du das Fünffache dieser Zahl vermehrt um 64.

(D) $x - 8 = 5x + 64$

(E) $x : 8 = 5x + 64$

(F) $x - (-8) = 5x + 64$

(3) Max verringert das Vierfache einer Zahl um 17, Moritz verdreifacht die Differenz zwischen dieser Zahl und 2. Beide erhalten das gleiche Ergebnis.

(G) $4x - 17 = 3x - 2$

(H) $4x - 17 = 3(x - 2)$

(I) $4(x - 17) = 3(x - 2)$

(1) ______ (2) ______ (3) ______

33 Haus mit Pultdach

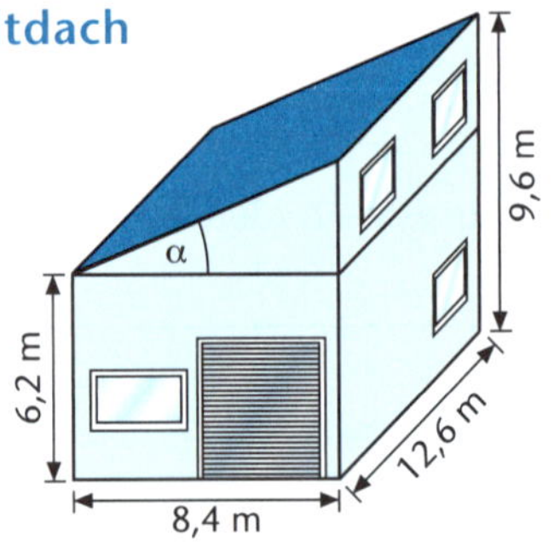

a) Berechne den umbauten Raum des Hauses.

______

b) Wie groß ist der Flächeninhalt der Seitenflächen?

______

c) Berechne den Neigungswinkel α des Daches.

34 Taschengeld

Eine Gruppe von Jugendlichen wurde nach der Höhe ihres monatlichen Taschengeldes befragt und das Ergebnis in einem Boxplot dargestellt. Formuliere einige Aussagen, die du am Boxplot ablesen kannst. Benutze dabei auch die Begriffe *Spannweite, Median, unteres Quartil, oberes Quartil* und *Streuung.*

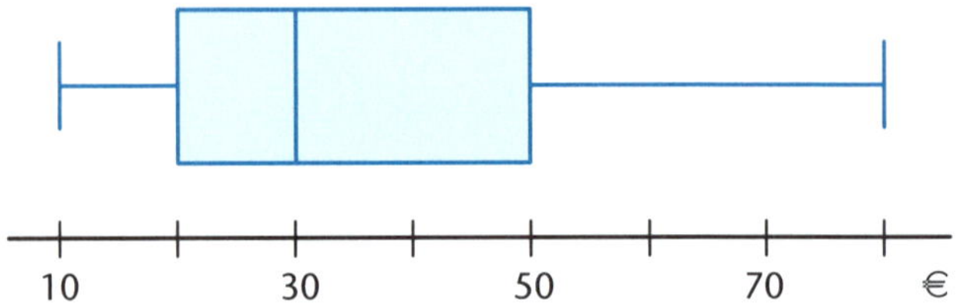

______

______

______

35 Sektglas

Wie verändert sich das Volumen des nebenstehend abgedruckten Sektglases, wenn man seine Höhe und seinen Radius verdoppelt? Schreibe auf, wie du rechnest.

36 Säulentrommel

In Selinunt (Sizilien) stand vor fast 2500 Jahren ein griechischer Tempel. Seit seiner Zerstörung liegen auch heute noch Säulentrommeln aus massivem Gestein im ehemaligen Tempelbereich.

a) Schätze die Maße der Säulentrommel:

Durchmesser: ____________ Höhe: ____________

b) $1\ m^3$ Säule wiegt etwa 2 t.
Wie schwer ist etwa die Säulentrommel?
Rechne mit deinen Schätzwerten aus a).

Masse: ______________________________

37 Füllungen

Ein quaderförmiger Behälter, dessen Volumen $64\,000\ cm^3$ beträgt, wird gleichmäßig mit einer Flüssigkeit gefüllt. Nach 160 Minuten ist der Behälter voll.

a) Wie viel cm^3 Flüssigkeit fließen pro Minute in den Behälter?

____

b) Welche Innenmaße (a, b und c) könnte ein solcher Behälter haben? Vervollständige die Tabelle.

	Länge a	Breite b	Höhe c
Körper I	80 cm	40 cm	
Körper II	50 cm	16 cm	

c) Stelle die Füllvorgänge im Koordinatensystem dar, indem du für jeden der zwei Körper den Graph der Funktion
Zeit (in min) → Füllhöhe (in cm) skizzierst.

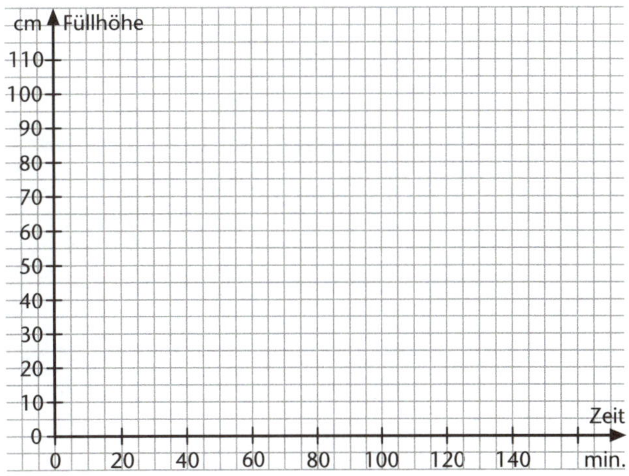

38 Lösungsmethoden

a) Alex und Bea sollen die Gleichung
$5 \cdot (x - 3) \cdot (x + 9) = 0$ lösen.
Alex meint: „Ich löse zuerst die Klammern auf, dann löse ich die quadratische Gleichung." Bea sagt: „Eine Lösung ist -9 und die andere sehe ich auch sofort." Bewerte die Vorschläge von Alex und Bea. Schreibe deinen Rechenweg auf und gib die Lösungen an.

Lösungen: ______________________

b) Löse die Gleichung $2x^2 - 6x = 20$.

Lösungen: ______________________

Lösungsweg für $5 \cdot (x - 3) \cdot (x + 9) = 0$

39 Bogenbrücke

Die Abbildung zeigt den parabelförmigen Bogen einer steinernen Brücke.

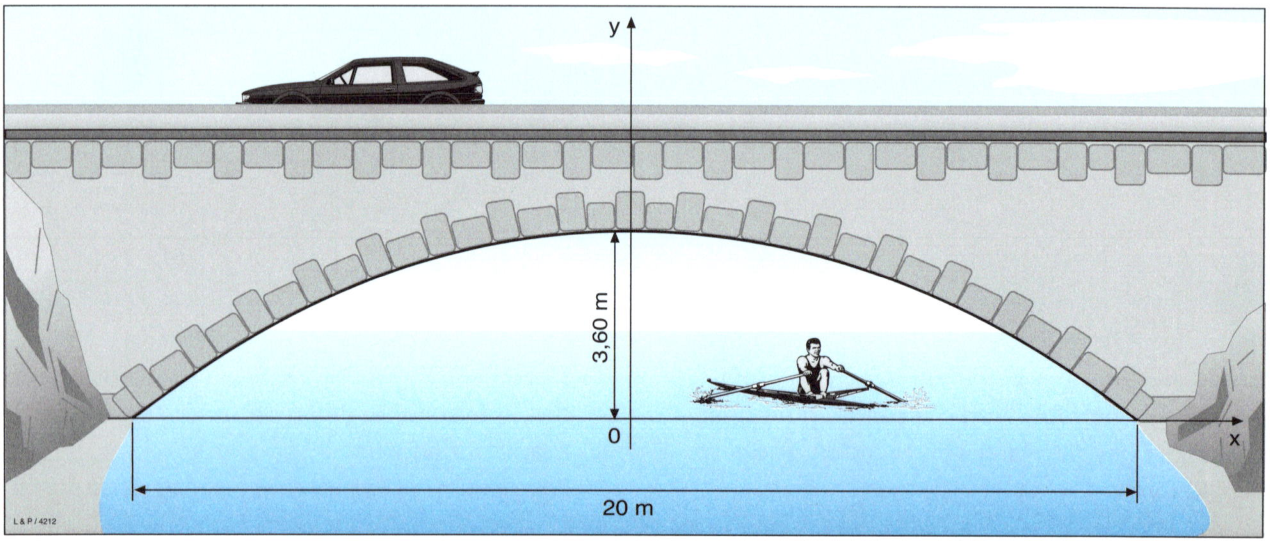

Der Bogen unter der Brücke kann mit einer Funktionsgleichung der Form $y = ax^2 + c$ beschrieben werden.

a) Bestimme c in dieser Funktionsgleichung. $c =$ ________

b) Bestimme a in dieser Funktionsgleichung. $a =$ ________

40 Zahnradbahn

Als Ingenieur Eduard Locher im 19. Jahrhundert die Idee hatte, eine Bahn auf den Pilatus zu bauen, hielten ihn viele für verrückt. Doch 1889 wurde die 4270 m lange Bahnstrecke von Alpnachstad nach Pilatus Kulm eröffnet (Dampfbetrieb bis 1937) – die bis heute steilste Zahnradbahn der Welt. Sie überwindet zwischen den beiden Orten einen Höhenunterschied von 1629 m. Wie weit sind auf einer Landkarte im Maßstab 1:25 000 Alpnachstad und Pilatus Kulm voneinander entfernt?

41 Kapitalvermehrung

Ein Kapital von 10 000 € wird zu 6 % fest angelegt. Nach ca. 7 Jahren ist das Kapital auf 15 000 € angewachsen. Nach wie vielen Jahren wird sich das Kapital auf 20 000 € verdoppelt haben? Kreuze an und begründe mit einer Rechnung.

☐ nach ca. 14 Jahren	☐ nach ca. 20 Jahren
☐ nach ca. 12 Jahren	☐ nach ca. 9 Jahren

42 Änderung des Kreisradius

Welche Aussagen sind falsch? Kreuze die falschen an. Begründe deine Antwort.
Wenn man den Radius eines Kreises …

a) … verdoppelt, dann verdoppelt sich auch die Länge des Umfangs. ☐

b) … verdoppelt, dann verdoppelt sich auch der Flächeninhalt. ☐

c) … verdreifacht, dann verdreifacht sich auch die Länge des Umfangs. ☐

d) … verdreifacht, dann verdreifacht sich auch der Flächeninhalt. ☐

Begründungen zu ____________:

____

____

____

____

____

43 Litfaßsäule

Eine Litfaßsäule ist eine Anschlagsäule, an die Plakate geklebt werden können. Das Bild zeigt die erste Litfaßsäule, die vor über 150 Jahren von dem Berliner Drucker Ernst Litfaß erfunden wurde, der sich über die wahllos an die Wände geklebten Plakate ärgerte. Schätze die Maße im Bild und berechne damit die Werbefläche der Litfaßsäule.

44 Stadion

In einem Stadion gibt es Sitzplätze für 60 000 Besucher.

a) Schätze den Platzbedarf für einen Sitzplatz und berechne den gesamten Platzbedarf für 60 000 Besucher.

b) Stell dir vor, alle Sitzplätze sind besetzt. Können dann alle Besucher ihren Sitzplatz verlassen und im Innenraum des Stadions (90 m x 120 m) einen „Stehplatz" finden? Rechne, runde und begründe deine Antwort.

45 Wohnmobil

Für die kommenden Sommerferien plant Familie Wiener drei Wochen (21 Tage) lang mit dem Wohnmobil Südfrankreich zu erkunden. Die geplante Reiseroute umfasst etwa 2500 km. Welches der drei Angebote würdest du Familie Wiener empfehlen? Begründe.

Die Angebote von drei Verleihfirmen lauten:

	Mietgebühr pro Tag	€ pro gefahrene Kilometer
Firma A:	20 €	0,20 €
Firma B:	30 €	0,10 €
Firma C:	32 €	0,05 €

46 Riesen-Bovist

Robert Dietrich im sächsischen Flößberg liegt mit einem Zollstock vor einem Riesen-Bovist. Obwohl der Pilz für mehrere Mittagessen reichen würde, bleibt das seltene Exemplar zur Besichtigung auf der Wiese stehen.
Malte, Erik und Luca berechnen näherungsweise das Volumen des Bovisten. Dabei nutzt jeder der drei ein anderes Vorgehen.
Malte meint: „Das ist $0{,}4\ \text{m} \cdot 0{,}4\ \text{m} \cdot 0{,}4\ \text{m}$, also $(0{,}4\ \text{m})^3$."
Erik entgegnet: „Ich rechne $\pi \cdot (0{,}2\ \text{m})^2 \cdot 0{,}3\ \text{m}$."
Luca sagt: „Ich rechne $\frac{4}{3}\pi \cdot (0{,}2\ \text{m})^3$. Dieses Ergebnis teile ich dann noch durch 2."
An welche Körperformen haben diese Schüler jeweils gedacht? Welches Ergebnis erhalten sie jeweils?

Malte:

Erik:

Luca:

47 Sonderpreis

In einer Verkaufsaktion wird der Preis für ein Mofa von 1500,– € um 15 % gesenkt. Bei Barzahlung gibt es noch einen Rabatt von 3 % auf den gesenkten Preis.

(1) Man berechnet 15 % von 1500,– € und subtrahiert das Ergebnis von 1500,– €.

(2) Man berechnet 85 % von 1500,– € und zieht davon noch 3 % ab.

(3) Den Preis bei Barzahlung kann man so berechnen: $1500\ € \cdot 0{,}85 \cdot 0{,}97$.

a) Mit welchen Methoden (1), (2), (3) wird der Mofapreis bei Barzahlung richtig berechnet?

Methoden: ______________________

b) Was kostet das Mofa bei Barzahlung?

Preis: ______________________

48 Behälter mit Kugeln

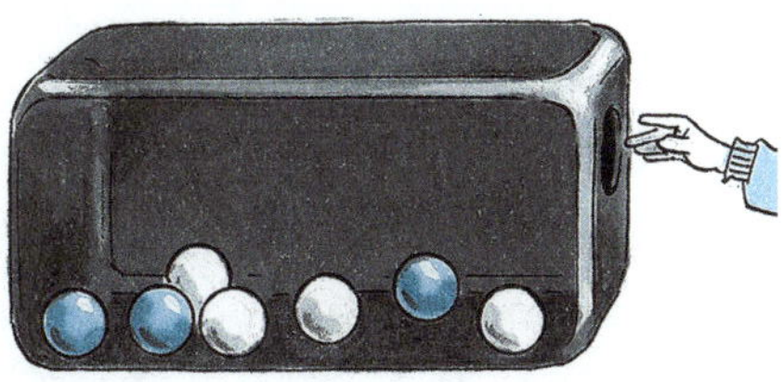

In einem Behälter sind 3 blaue und 4 weiße Kugeln. Marc schlägt Björn folgendes Spiel vor:

„Du darfst verdeckt nacheinander zwei Kugeln ziehen, ohne die zuerst gezogene Kugel in den Behälter zurückzulegen. Du gewinnst, wenn die beiden Kugeln die gleiche Farbe haben, sonst gewinne ich."

Zeichne ein Baumdiagramm und berechne die Gewinnchancen.

Baumdiagramm:

Gewinnchance für Marc: ______________________

Gewinnchance für Björn: ______________________

Bearbeitungszeit: 1. Prüfungsteil 30 Minuten; 2. Prüfungsteil 90 Minuten

Prüfungsteil 1: Aufgabe 1

a) Bestimme den Inhalt der grauen Fläche. Beschreibe – z. B. mithilfe der Abbildung –, wie du vorgegangen bist.

A ≈ ____________________

b) Eine Sekretärin benötigt für das Schreiben eines Textes 13 Minuten und schreibt dabei durchschnittlich 230 Zeichen pro Minute. Wie lange benötigt jemand für denselben Text, wenn er durchschnittlich 300 Zeichen pro Minute schreibt? Notiere deine Rechnung.

Antwort: ____________________

____

c) Wie hoch ist die durchschnittliche Lebenserwartung von Menschen ungefähr? Kreuze an.

☐ 60 Stunden ☐ 600 Stunden ☐ 6 000 Stunden

☐ 60 000 Stunden ☐ 600 000 Stunden ☐ 6 000 000 Stunden

d) Eine Firma verkauft Bürostühle in vier verschiedenen Farben.

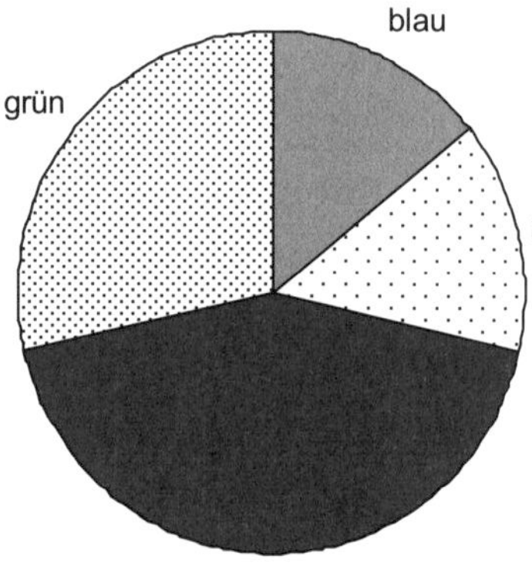

Im Januar 2009 wurden insgesamt 245 Bürostühle verkauft. Das Kreisdiagramm stellt die Anteile der verschiedenen Farben dar.

Bestimme daraus die Anzahl der grünen Stühle so genau wie möglich. Notiere deine Rechnung.

Antwort: ____________________

____

e) Für ihren Telefonanschluss hat Frau Gehring einen Vertrag zu folgenden Bedingungen abgeschlossen: Pro Monat zahlt sie eine Grundgebühr von 10,00 € und für jedes Gespräch – unabhängig von der Länge des Gesprächs – einen festen Betrag.
Im Monat April hat Frau Gehring 44 Gespräche geführt. Sie muss für den April insgesamt 16,60 € bezahlen. Welchen festen Betrag musste sie für ein einzelnes Gespräch bezahlen?
Notiere deine Rechnung.

Antwort: ______________________________

____

f) Nina bekommt eine positive Zahl mit einer Nachkommastelle genannt. Sie soll die Zahl verdoppeln und das Ergebnis auf eine ganze Zahl runden.
Martin bekommt dieselbe Zahl genannt, soll aber anders rechnen: Er soll die Zahl zuerst auf eine ganze Zahl runden und diese anschließend verdoppeln.

f1) Gib ein Beispiel an, bei dem Nina und Martin das gleiche Ergebnis erhalten.

Zahl: __________ Ninas Rechnung: ______________________________

Martins Rechnung: ______________________________

f2) Gib ein Beispiel an, bei dem Nina und Martin nicht das gleiche Ergebnis erhalten.

Zahl: __________ Ninas Rechnung: ______________________________

Martins Rechnung: ______________________________

f3) Wie groß kann die Differenz der Ergebnisse von Nina und Martin höchstens sein?

Kreuze an: ☐ 0 ☐ 1 ☐ 2 ☐ 3

Prüfungsteil 2: Aufgabe 2

Die Geschwindigkeitsanzeige eines Autotachometers ist überprüft worden, indem sie mit einer genaueren GPS-Messung verglichen wurde.

Tacho-Anzeige in km/h	GPS-Messung in km/h	Differenz der Geschwindigkeitswerte in km/h
20	17,9	
50	45,6	
125	119,0	

a) Trage die Differenzen der Geschwindigkeitswerte zwischen Tacho-Anzeige und GPS-Messung in die Tabelle ein.

b) Bei welcher Geschwindigkeit ist die prozentuale Abweichung von der GPS-Messung am größten? Begründe deine Entscheidung mit einer Rechnung.

Antwort: ______________________________

____

c) Der Tacho im Auto darf eine höhere Geschwindigkeit anzeigen, als wirklich gefahren wird. Die Vorschrift besagt:

Der Tacho darf die tatsächliche Geschwindigkeit um 10 % zuzüglich 4 $\frac{km}{h}$ überschreiten.

c1) Welche Geschwindigkeit darf der Tacho höchstens anzeigen, wenn tatsächlich mit 50 km/h gefahren wird? Notiere deine Rechnung.

Antwort: ______________________________

____

c2) Ein Tacho hält die Vorschrift ein und zeigt 94 km/h an. Wie groß ist die tatsächliche Geschwindigkeit mindestens? Notiere deine Rechnung.

Antwort: ______________________________

c3) Anna, Mehmet und Jessica haben jeweils eine Formel aufgestellt, um die maximal zulässige Tacho-Anzeige a zu berechnen, wenn die tatsächliche Geschwindigkeit v beträgt:

Anna: $a = v + v : 10 + 4$ Mehmet: $a = 1{,}1 \cdot v + 4$ Jessica: $a = v \cdot 1{,}04$

Welche Formel ist falsch? Begründe.

d) In einer Werkstatt werden Tachos überprüft. Die Prüfer wissen aus Erfahrung, dass 95 % aller Tachos in Ordnung („i. O.") sind. Heute müssen sie zwei Tachos überprüfen.

d1) Trage im Baumdiagramm an allen Zweigen die Wahrscheinlichkeiten ein.

d2) Wie wahrscheinlich ist es, dass beide Tachos in Ordnung sind? Notiere deine Rechnung.

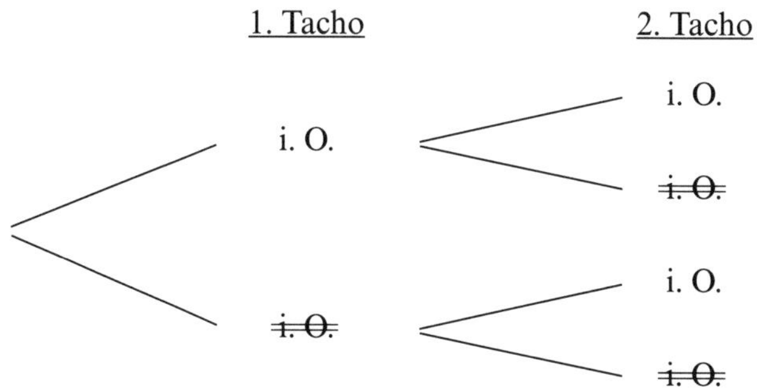

Antwort: ____________________

____

____

d3) Wie wahrscheinlich ist es, dass ein Tacho in Ordnung ist und der andere nicht? Notiere deine Rechnung.

Antwort: ____________________

____

Prüfungsteil 2: Aufgabe 3

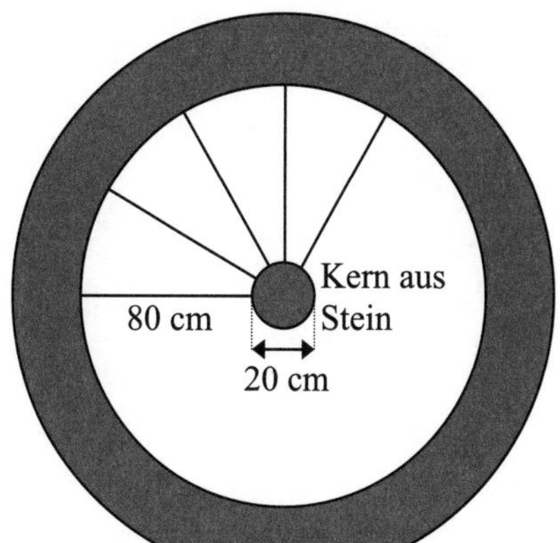

In einem runden Turm befindet sich eine Wendeltreppe, die von ganz unten bis zur Aussichtsplattform ins Freie führt. Der Turm und die Treppe werden in den Skizzen vereinfacht dargestellt.

Der Turm hat folgende Maße:
- Die Außenwand des Turmes ist 30 cm dick.
- Genau 12 Stufen ergeben zusammen eine vollständige Drehung (360°).
- Jede Stufe ist 18 cm hoch; alle Stufen haben die gleichen Maße.
- Die Aussichtsplattform befindet sich 16,20 m über dem Boden des Erdgeschosses und wird von einem Geländer begrenzt.

(Weitere Maße befinden sich in der oberen Skizze.)

a) Zeige, dass der äußere Umfang des Turms ungefähr 7,5 m beträgt.

b) Die Außenmauer des fensterlosen Turms soll gestrichen werden. Berechne den Inhalt der Fläche, die gestrichen werden soll.

Antwort: ______________________________

____

c) Wie viele Stufen hat die Treppe insgesamt? Notiere deine Rechnung.

Antwort: ______________________________

____

d) Herr Meyerbohm ist 2,02 m groß. Kann er auf der Treppe aufrecht stehen, ohne mit dem Kopf an die Stufe über sich zu stoßen? Notiere deine Rechnung.

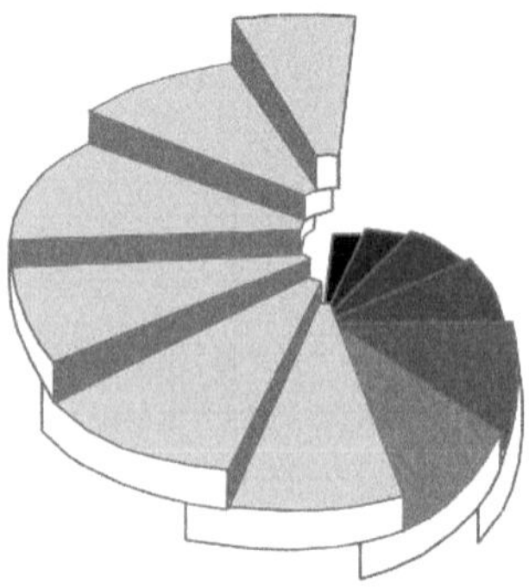

Antwort: ______________________________

e) Betrachte nun die gesamte Trittfläche einer Stufe.

e1) Konstruiere diese Trittfläche im Maßstab 1 : 10.

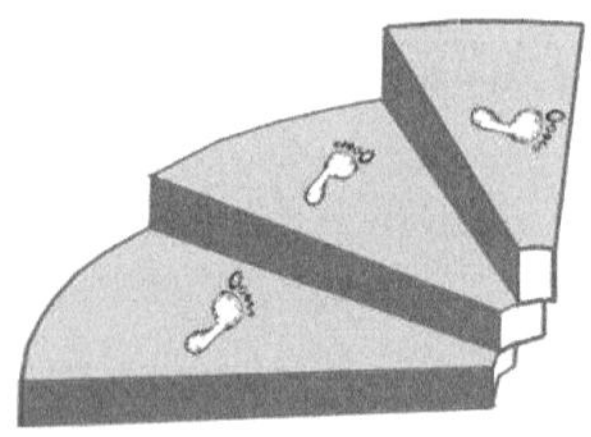

e2) Berechne den Inhalt der Trittfläche einer Stufe.

Antwort: ______________________________

Prüfungsteil 2: Aufgabe 4

Der Innenraum der „Parabelkirche“ ist renoviert worden. Die Kirche wird so bezeichnet, weil in ihr eine Vielzahl parabelförmiger Bögen zu sehen ist.

a) Im hinteren Teil der Kirche befindet sich der niedrigste Bogen (Bild 1). Durch welche der folgenden Gleichungen lässt sich die in Bild 1 eingezeichnete Parabel in dem gewählten Koordinatensystem näherungsweise beschreiben?

I $y = x^2 + 5$
II $y = -x^2 + 5$
III $y = -x^2 + 5 \cdot x$ Gleichung ☐

Begründe deine Entscheidung.

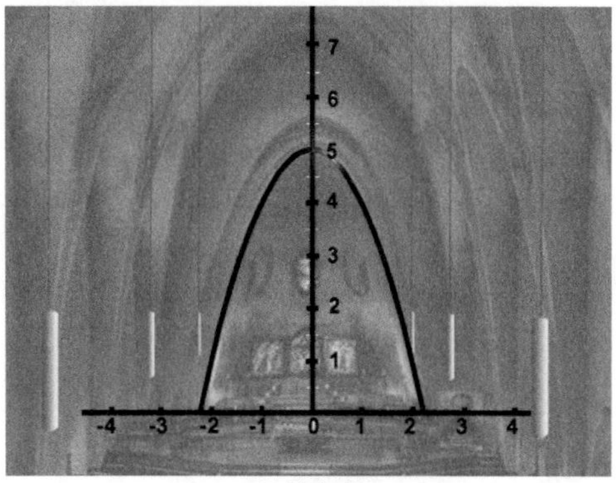

Bild 1

b) Die Bögen im Hauptraum der Kirche sind deutlich höher (Bild 2). In einem geeigneten Koordinatensystem, dessen x-Achse auf dem Boden der Kirche verläuft, kann die in Bild 2 eingezeichnete Parabel näherungsweise durch die folgende Gleichung beschrieben werden:
$y = -0{,}2 \cdot x^2 + 28$ (Werte für x und y in Metern)

b1) Wie hoch ist der Bogen, in den die Parabel gezeichnet wurde?

Antwort: ______________________________

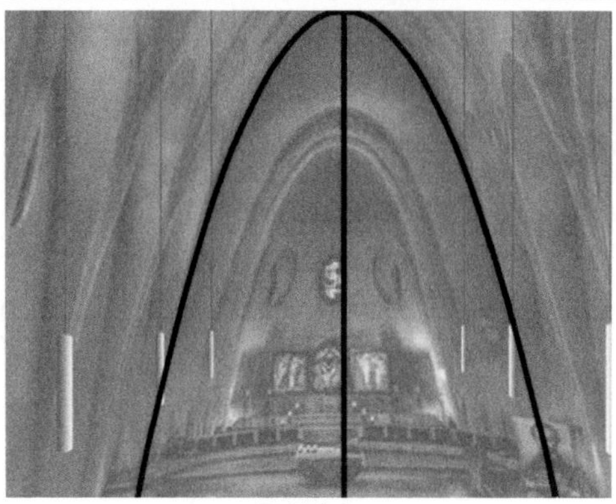

Bild 2

b2) Zeichne das geeignete Koordinatensystem mit Einteilung der Achsen in Bild 2 ein.

b3) In 25,50 m Höhe wurde ein Gerüst in diesem Bogen aufgebaut, um die Decke zu streichen (Bild 3).
Wie breit kann die Arbeitsfläche des Gerüstes höchstens sein? Notiere deine Rechnung.

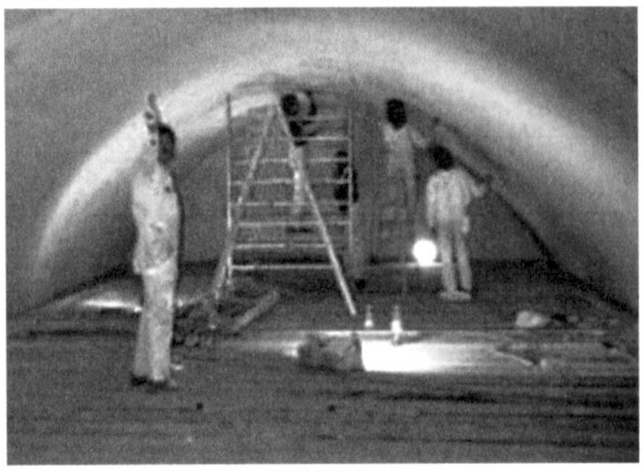

Bild 3

Antwort: ______________________________

____

c) Die mit der Renovierung beauftragte Firma schickt dem Bauherrn eine Rechnung über 40 000 €. Der Bauherr vereinbart mit der Firma, dass er den Rechnungsbetrag auch deutlich später bezahlen darf. Bis zur Zahlung wird der Rechnungsbetrag allerdings monatlich mit 0,75 % verzinst.

c1) Wie viel müsste der Bauherr nach einem Monat zahlen, wie viel nach zwei Monaten? Notiere deine Rechnung.

Antwort: ______________________________

____

c2) Wie viel müsste der Bauherr nach einem halben Jahr zahlen? Notiere deine Rechnung.

Antwort: ______________________________

____

c3) Gib eine Funktionsgleichung an, mit der berechnet werden kann, wie viel der Bauherr nach x Monaten zahlen müsste.

Antwort: ______________________________

____

Bearbeitungszeit: 1. Prüfungsteil 30 Minuten; 2. Prüfungsteil 90 Minuten

Prüfungsteil 1: Aufgabe 1

a) In welchem Maßstab müsste das abgebildete Modellauto vergrößert werden, damit es ungefähr so groß wäre wie das Original? Kreuze an!

☐ 1 : 10 ☐ 1 : 100 ☐ 1 : 1000 ☐ 1 : 10000

b) Kann man aus dem jeweiligen Netz einen geschlossenen Quader bauen? Kreuze an!

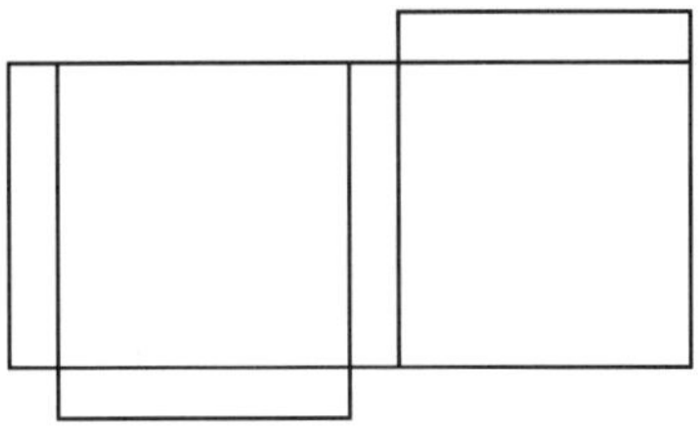

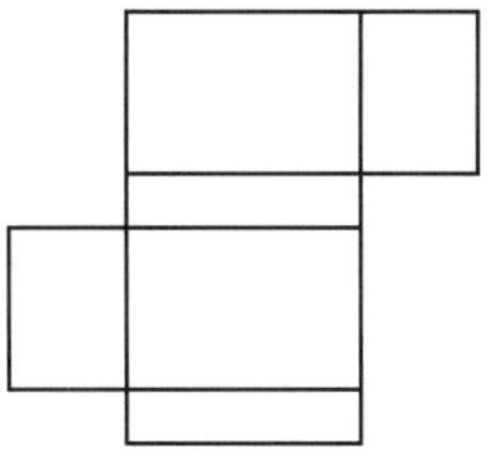

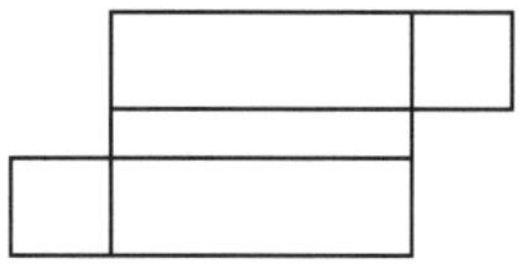

b1) ☐ ja ☐ nein **b2)** ☐ ja ☐ nein **b3)** ☐ ja ☐ nein

c) Berechne das Volumen des Werkstücks. Die Maße in der Zeichnung sind in cm angegeben. Notiere deine Rechnung.

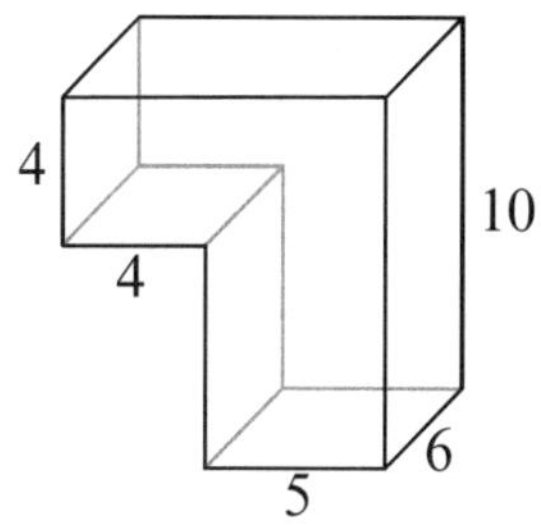

Volumen: ____________

d) Für den Bau von Treppen verwendet man häufig die folgende „Schrittmaßregel" (siehe Skizze):

$x + 2y = 63$ cm

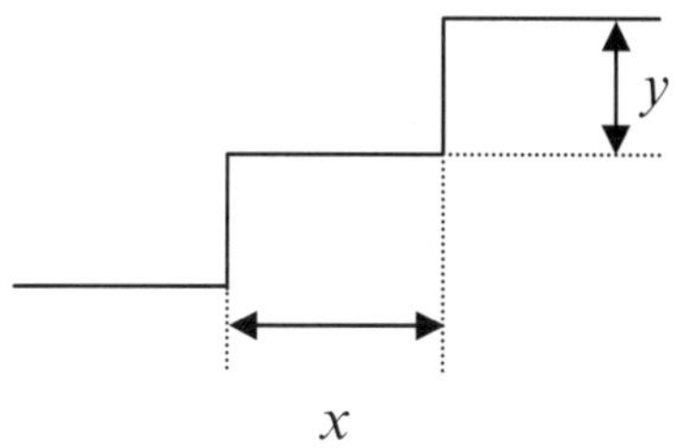

Gib ein Wertepaar für x und y an, das die Gleichung erfüllt und für den Bau einer Treppe sinnvoll ist.

Wertepaar:

____

e) Blitz und Donner entstehen zur gleichen Zeit am gleichen Ort. Der Schall legt einen Kilometer in 3,3 Sekunden zurück. Das Licht ist so schnell, dass man es auch in großer Entfernung nahezu im Moment des Blitzes sieht.

e1) Wie weit ist ein Gewitter entfernt, wenn es 17 Sekunden nach dem Blitz donnert? Notiere deine Rechnung.

Antwort: ____________

____

e2) Wie lange dauert es, bis es donnert, wenn der Blitz 8 km entfernt entsteht? Notiere deine Rechnung.

Antwort: ______________________________

____

f) Ein mit den Zahlen „1" bis „6" beschrifteter Quader wurde insgesamt 2000-mal geworfen. Das Diagramm zeigt die relative Häufigkeit des Wurfergebnisses „4" nach 100, 200, 300, 400 usw. Würfen.

f1) Wie oft ist die „4" bei 200 Würfen gefallen? Notiere deine Rechnung.

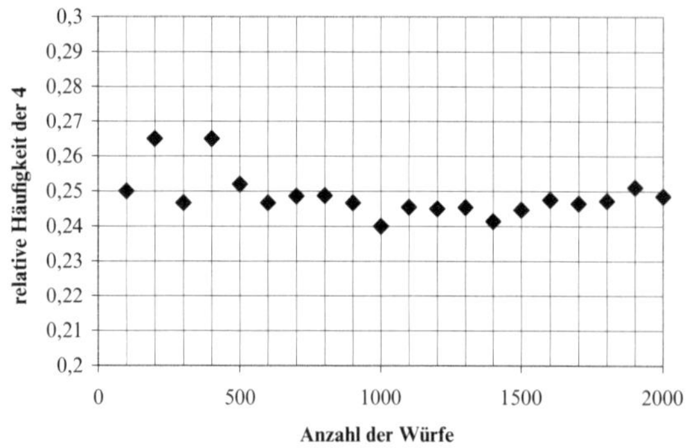

Antwort: ______________________________

f2) Gib mit Hilfe des Diagramms einen Schätzwert für die Wahrscheinlichkeit an, dass bei dem benutzten Quader eine „4" fällt.

Antwort: ______________________________

Prüfungsteil 2: Aufgabe 2

Auf vielen Getreidefeldern in den USA werden wegen der Trockenheit im Sommer Bewässerungsanlagen eingesetzt. Sie sind im Mittelpunkt fest montiert und lange „Arme" mit Wasserrohren fahren auf großen Rädern kreisförmig über die Felder (siehe Abbildung).

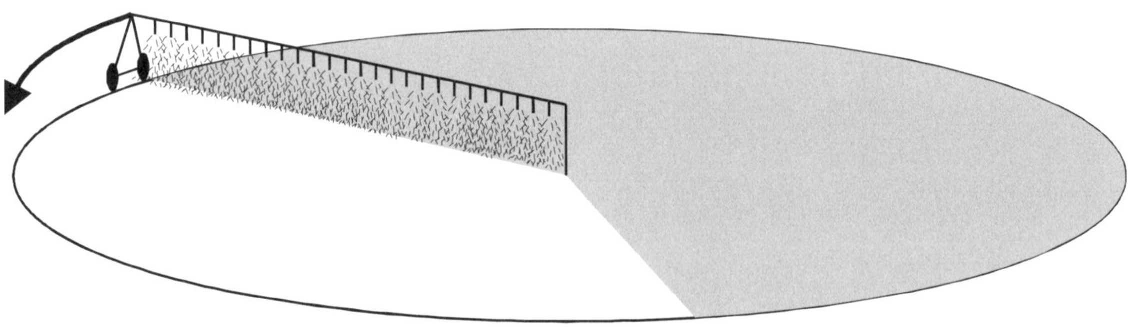

Farmer Jackson setzt Anlagen ein, die jeweils eine Armlänge von 225 m haben.

a) Berechne die Kreisfläche, die mit einer Anlage bewässert werden kann. Notiere deine Rechnung.

Antwort: ______________________________

____

b) Mit welcher Geschwindigkeit bewegt sich der äußere Endpunkt eines solchen Wasserrohres, wenn die Anlage drei Umdrehungen in einer Stunde macht? Gib die Geschwindigkeit in km/h an. Notiere deine Rechnung.

Antwort: ______________________

____

____

Aus dem Flugzeug sieht Jacksons Getreidefeld aus wie auf der Skizze rechts: Die bewässerten Kreisflächen sehen grün (hier: weiß) aus, das andere Gelände ist braun (hier: grau).

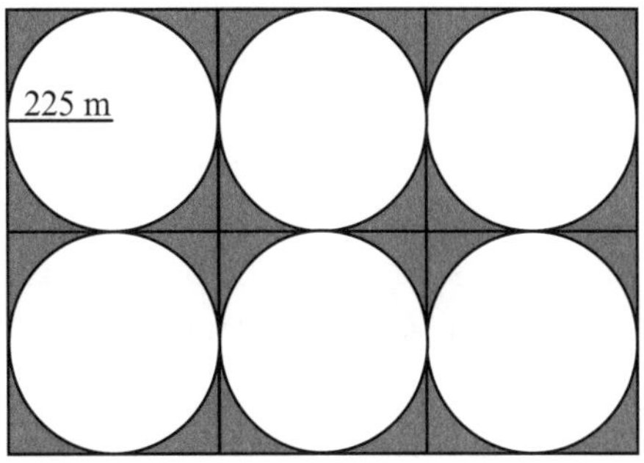

c) Die Fläche, die nicht bewässert wird, soll berechnet werden. Beschreibe einen möglichen Lösungsweg, ohne zu rechnen.

Beschreibung eines Lösungsweges:

____

____

____

____

____

Farmer Jackson muss seine Wasserleitungen erneuern, die von einem Brunnen in der Mitte des Geländes zu den Mittelpunkten aller Kreisflächen führen (siehe Pfeile).

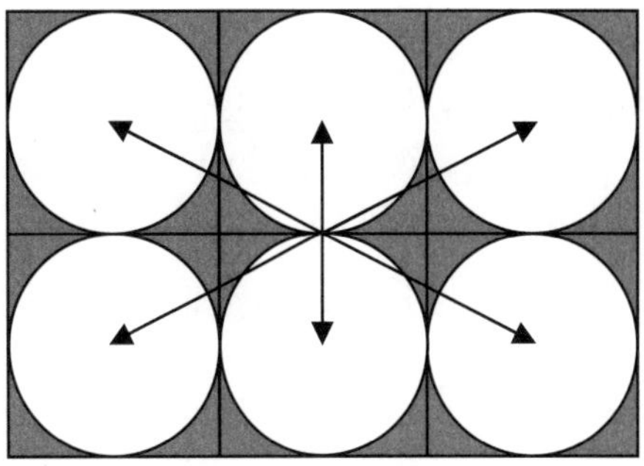

d) Berechne die Gesamtlänge aller Wasserleitungen. Notiere deine Rechnung.

Antwort: ______________________

____

____

Prüfungsteil 2: Aufgabe 3

In Untersuchungen mit Sportlern wurden Schätzwerte für Fehlerwahrscheinlichkeiten in unterschiedlichen Situationen ermittelt. Ziel war es, mögliche Fehler durch zielgerichtetes Training weitgehend auszuschließen.

	Situation	Fehlerwahrscheinlichkeit
A	Einfache und häufig durchgeführte Aufgabe	0,001
B	oft geübte Aufgabe unter Zeitdruck	0,01
C	schwierige Aufgabe	0,1
D	schwierige Aufgabe unter Stress	0,3

a) In welcher der beschriebenen Situationen tritt die Fehlerwahrscheinlichkeit $1 \cdot 10^{-2}$ auf? Notiere den zugehörigen Buchstaben. Buchstabe ☐

b) Ein Basketballspieler hat im Training eine Trefferquote von 90 % bei Freiwürfen. Welcher der Situationen entspricht dies? Notiere den zugehörigen Buchstaben. Buchstabe ☐

c) Schwierige Aufgaben unter Stress werden von Sportlern mit einer Fehlerwahrscheinlichkeit von 0,3 ausgeführt. Beurteile, ob die folgenden Aussagen stimmen. Kreuze an.

Das bedeutet, dass	stimmt	stimmt nicht
es in **etwa** 30 % der Fälle zu einem Fehler kommt.		
die Fehlerwahrscheinlichkeit $3 \cdot 10^{-1}$ beträgt.		
30 Fehler gemacht werden.		
in 3 von 10 Fällen **sicher** ein Fehler auftritt.		

d) In einem Spiel erhält ein Spieler zwei Freiwürfe. Seine Trefferwahrscheinlichkeit bei jedem Freiwurf in diesem Spiel beträgt stressbedingt nur noch 70 %.

d1) Trage in die Kästchen die Wahrscheinlichkeiten für die Äste ein.

d2) Wie groß ist die Wahrscheinlichkeit dafür, dass der Spieler bei beiden Freiwürfen trifft? Notiere deine Rechnung.

d3) Mit welcher Wahrscheinlichkeit wird er nur einmal treffen? Notiere deine Rechnung.

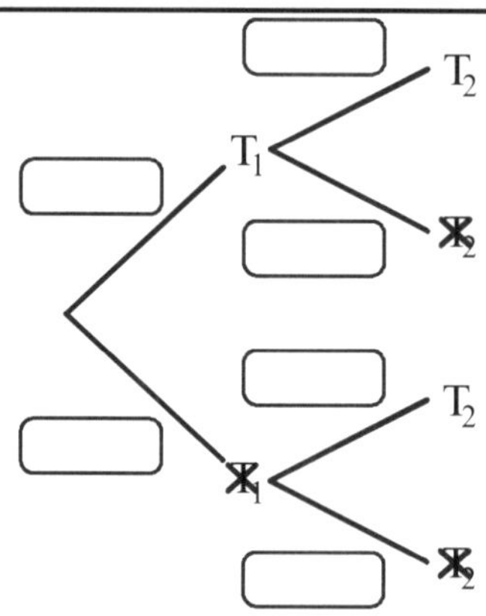

T_1 : Treffer beim ersten Freiwurf
$\not{T}_1$: kein Treffer beim ersten Freiwurf
T_2 : Treffer beim zweiten Freiwurf
$\not{T}_2$: kein Treffer beim zweiten Freiwurf

Antworten:

d2) ____________________

d3) ____________________

Prüfungsteil 2: Aufgabe 4

Das Foto oben zeigt eine Hängebrücke. Die Stahlseile sind in einer Höhe von 80 m über der Straße an den Brückenpfeilern befestigt.

Der Verlauf des Stahlseils zwischen den Brückenpfeilern kann annähernd durch eine Parabel beschrieben werden.

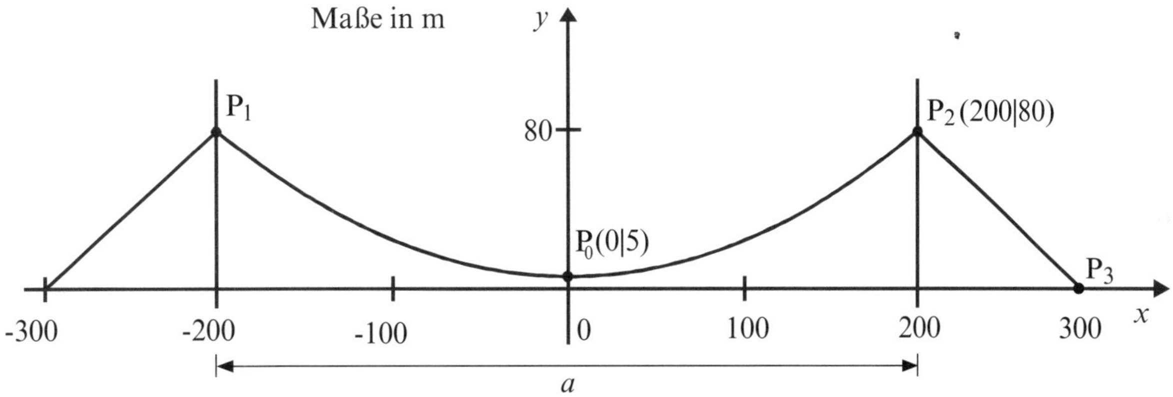

a) Wie hoch hängt das Stahlseil zwischen den Brückenpfeilern an seiner tiefsten Stelle (P_0) über der Fahrbahn? Notiere den Wert.

Antwort: ______________

b) Wie viele Meter beträgt der Abstand *a* der beiden Brückenpfeiler? a = ______________

c) Der Punkt P_2 hat die Koordinaten P_2 (200|80). Bestimme die Koordinaten von P_1. P_1 (|)

d) Eine der folgenden Funktionsgleichungen gehört zu der Parabel, die den Verlauf des Stahlseils beschreibt.

A $y = -0{,}001875 \cdot x^2 + 5$ B $y = 0{,}001875 \cdot x^2 + 5$ C $y = 0{,}001875 \cdot x^2 - 5$

d1) Notiere den zugehörigen Lösungsbuchstaben. Buchstabe ☐

d2) Erkläre, warum die beiden anderen Funktionsgleichungen die Parabel nicht beschreiben.

____

____

____

e) Berechne die Länge der Strecke $\overline{P_2P_3}$.
Notiere deine Rechnung.

Antwort: ______________

____

Die folgende Abbildung zeigt eine andere Hängebrücke. Die Stahlseile sind in einer Höhe von 48 m über der Straße an den Brückenpfeilern befestigt.

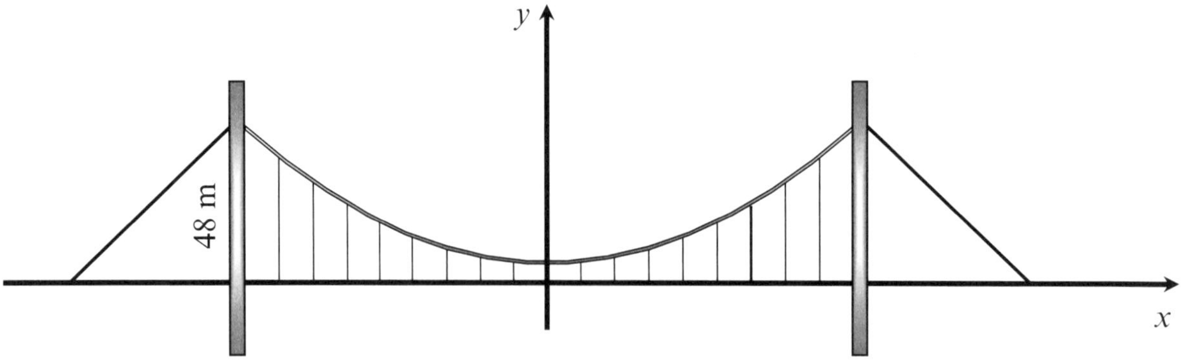

Das Stahlseil zwischen den Brückenpfeilern hat annähernd die Form einer Parabel.
Die Funktionsgleichung dieser Parabel lautet $y = 0{,}002 \cdot x^2 + 3$ (x und y in Metern).

f) Berechne mit Hilfe der Funktionsgleichung den Abstand zwischen den Brückenpfeilern. Notiere deine Rechnung.

Antwort: ______________________

Eine Bogenbrücke (vgl. Abbildung unten) hat annähernd die Form einer Parabel mit zugehöriger Funktionsgleichung $y = -0{,}007 \cdot x^2 + 1{,}3 \cdot x$ (x und y in Metern).

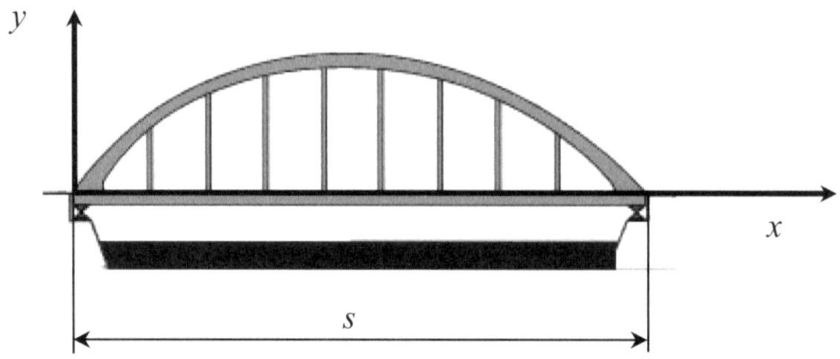

g) Bestimme die Spannweite s. Notiere deine Rechnung.

Antwort: ______________________

Prüfungsteil 1: Aufgabe 1

a) Schätze den Flächeninhalt der grauen Fläche ab. Beschreibe – ggf. mit Hilfe der nebenstehenden Abbildung – wie du vorgegangen bist.

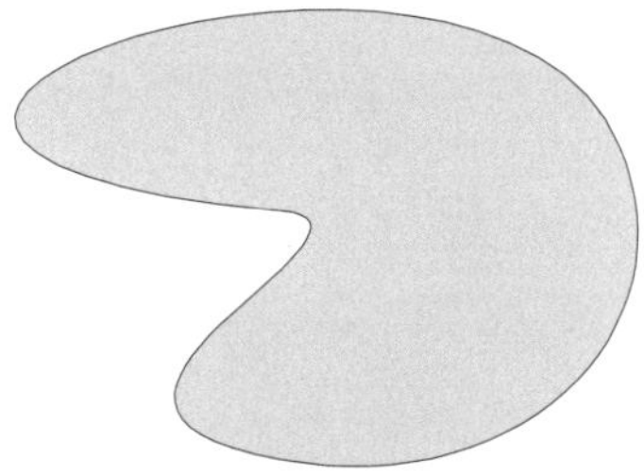

Antwort und Begründung: ______________________________

____

____

____

b) Peters Drucker kann 8 Seiten pro Minute drucken. Für den Druck einer Bedienungsanleitung benötigt er 6 Minuten. Karins Drucker kann 12 Seiten pro Minute drucken. Wie lange würde der Druck der Bedienungsanleitung auf ihrem Drucker dauern? Notiere deine Rechnung.

Antwort: ______________________________

____

____

c) Wie groß ist die Fläche eines Fußballfeldes ungefähr? Kreuze an.

☐ $5\ m^2$ ☐ $50\ m^2$ ☐ $500\ m^2$ ☐ $5000\ m^2$ ☐ $50\,000\ m^2$

d) Ein menschliches Haar wächst 0,3 mm pro Tag. In einem Märchen wird ein Mädchen in 10 m Höhe in einen Turm gesperrt. Ein Prinz klettert an ihrem Haar hoch. Wie alt müsste das Mädchen mindestens sein, damit ihr Haar 10 m lang sein kann? Notiere deine Rechnung.

Antwort: ______________________________

e) Bestimme den Flächeninhalt der grauen Fläche. Notiere deine Rechnung.

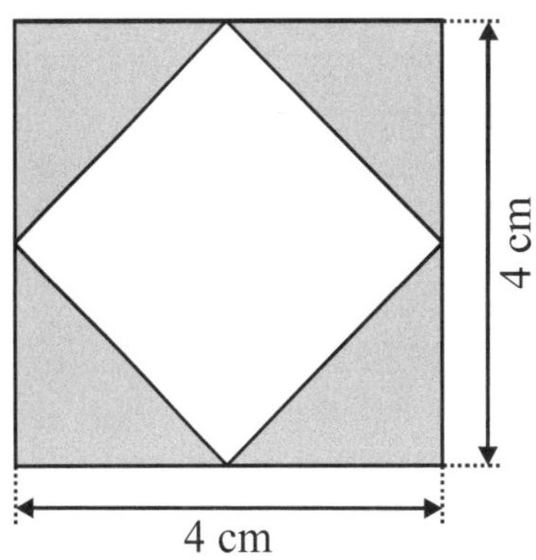

Antwort: ______________________________

f) Die Grafik zeigt die Anzahl der im jeweiligen Jahr geförderten Solaranlagen auf den Gebäuden von Hotels und Gaststätten in Österreich.

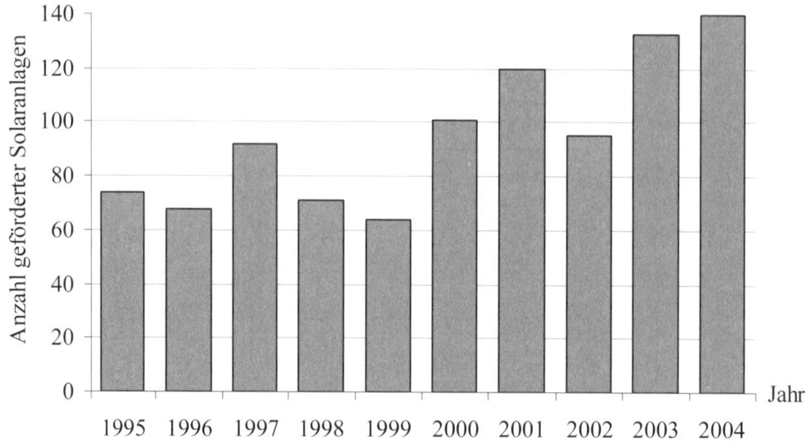

f1) In welchem dieser Jahre wurden die wenigsten Anlagen gefördert?

Antwort: ______________________________

f2) In welchem dieser Jahre gab es gegenüber dem Vorjahr den größten absoluten Rückgang geförderter Anlagen?

Antwort: ______________________________

Prüfungsteil 2: Aufgabe 2

Pralinenverpackungen dürfen nicht zu viel Inhalt vortäuschen (so genannte Mogelpackungen). Gesetzlich ist festgelegt (Eichgesetz):

Eine Pralinenverpackung darf für jedes Gramm Inhalt höchstens 6 cm^3 Volumen haben.

a) Welches Volumen darf eine Packung mit 100 g Pralinen höchstens haben? Notiere deine Rechnung.

Antwort: ______________________________

____

____

b) Eine Verpackung für Pralinen hat ein Volumen von 900 cm^3.

b1) Wie viel Gramm Pralinen muss diese Verpackung mindestens enthalten, damit die Vorgabe des Gesetzes erfüllt wird? Notiere deine Rechnung.

b2) Die Pralinenverpackung soll quaderförmig sein. Welche Kantenlängen könnte ein solcher Quader haben? Gib eine Möglichkeit an.

Antwort:

b1) ______________________________

b2) ______________________________

c) Zu Weihnachten wurden die Pralinen in einer pyramidenförmigen Verpackung mit einem Volumen von 900 cm^3 verpackt.

c1) Weise nach, dass die nebenstehend dargestellte quadratische Pyramide ein Volumen von 900 cm^3 hat. Notiere deine Rechnung.

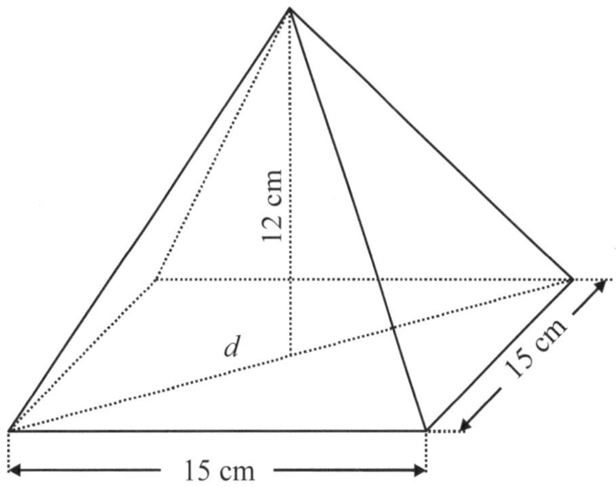

c2) Wie hoch ist eine quadratische Pyramide mit gleichem Volumen, wenn die Grundfläche eine Seitenlänge von 17 cm hat? Notiere deine Rechnung.

Antwort: ____________________

____

c3) Berechne die Länge der Flächendiagonalen *d* der Pyramide. Notiere deine Rechnung.

Antwort: ____________________

____

d) Eine Firma musste eine Strafe zahlen, weil sie beim Verpacken von 195 g Pralinen gegen das Eichgesetz verstoßen hat: Bei einer Kontrolle wurde das Verhältnis 8,4 cm^3 pro 1 g (statt höchstens 6 cm^3 pro 1 g) festgestellt. Um wie viel Prozent war das Volumen der Verpackung zu groß? Notiere deine Rechnung.

Antwort: ____________________

Formelsammlung (1)

Ebene Figuren (A: Flächeninhalt u: Umfang)

Quadrat

$A = a^2$

$u = 4 \cdot a$

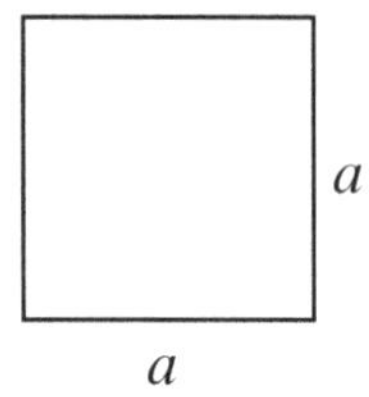

Rechteck

$A = a \cdot b$

$u = 2 \cdot a + 2 \cdot b$

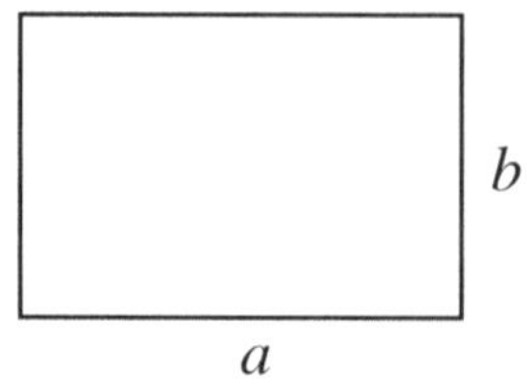

Dreieck

$A = \frac{g \cdot h}{2}$

$u = a + b + c$

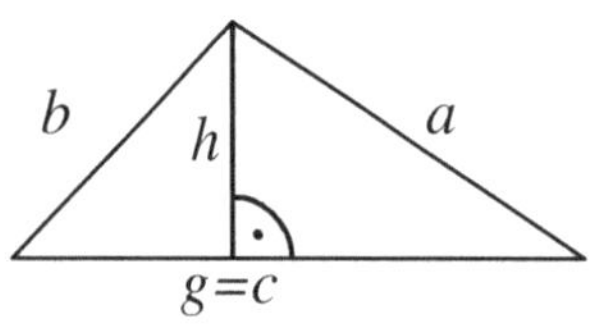

Satz des Pythagoras

Im rechtwinkligen Dreieck gilt:

$a^2 + b^2 = c^2$

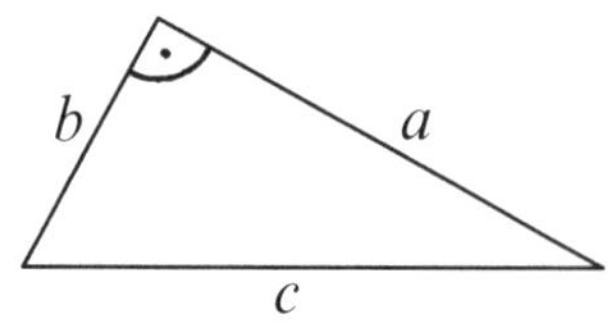

Höhen- und Kathetensatz

Im rechtwinkligen Dreieck gilt:

$h^2 = p \cdot q$

$a^2 = c \cdot p$

$b^2 = c \cdot q$

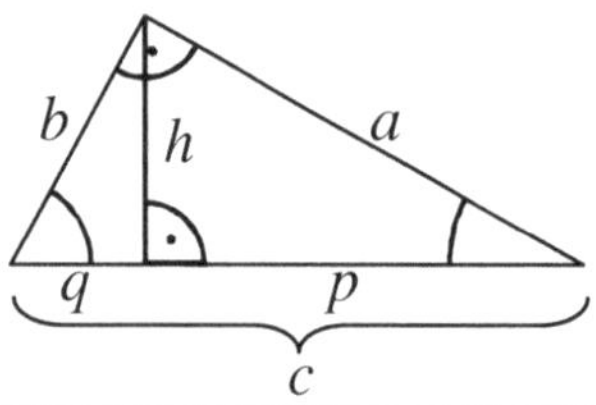

Parallelogramm

$A = g \cdot h$

$u = 2 \cdot a + 2 \cdot b$

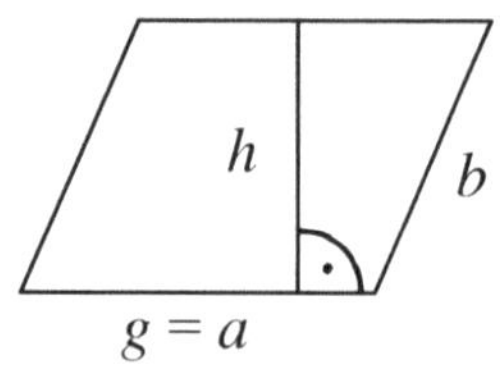

Trapez

$A = \frac{a + c}{2} \cdot h$

$u = a + b + c + d$

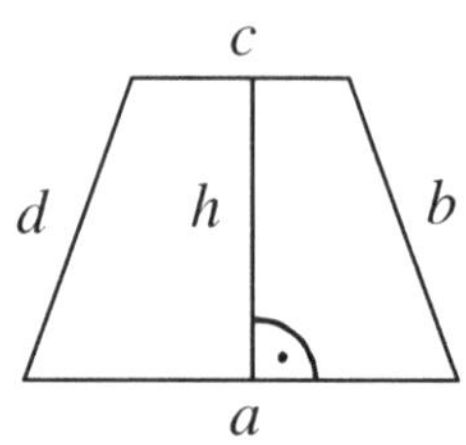

Kreis

$d = 2 \cdot r$

$A = \pi \cdot r^2 = \pi \cdot \frac{d^2}{4}$

$u = 2 \cdot \pi \cdot r = \pi \cdot d$

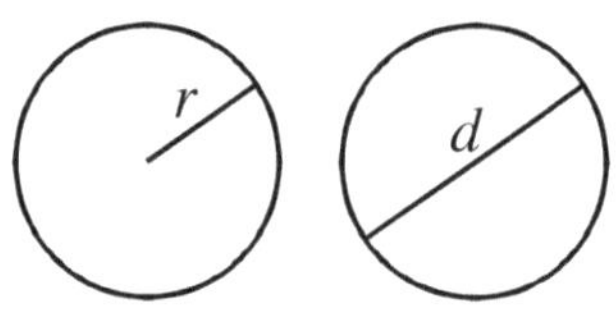

Kreissektor und Kreisbogen

$A = \frac{\pi \cdot r^2 \cdot \alpha}{360°}$

$u = \frac{\pi \cdot r \cdot \alpha}{180°}$

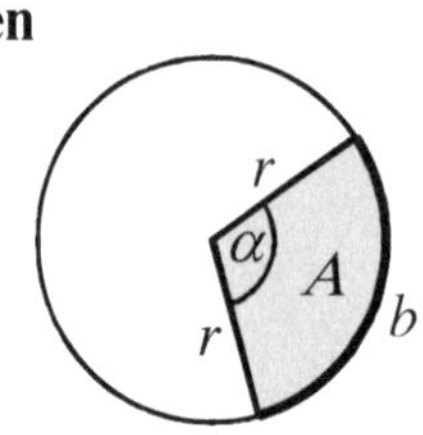

Kreisring

$A = \pi \cdot r_a^2 - \pi \cdot r_i^2$

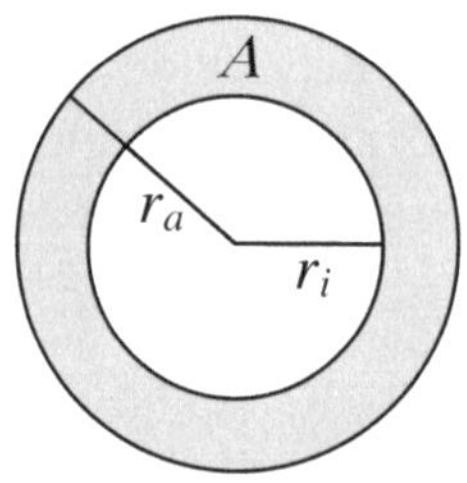

Zentrische Streckung und Ähnlichkeitsbeziehungen

Wird das Original Δ(ABC) bei einer zentrischen Streckung mit dem Streckungszentrum Z und dem Streckungsfaktor k ($k \neq 0$) auf das Bild Δ(A′B′C′) abgebildet, dann sind beide Dreiecke zueinander ähnlich. Das bedeutet: Die Winkelgrößen bleiben erhalten.

Beispiel: $k \neq 0$

$\frac{\overline{AB}}{\overline{AC}} = \frac{\overline{A'B'}}{\overline{A'C'}}$ usw.

außerdem gilt:

$\frac{\overline{ZA}}{\overline{ZA'}} = \frac{\overline{AB}}{\overline{A'B'}} = \frac{1}{k}$ usw.

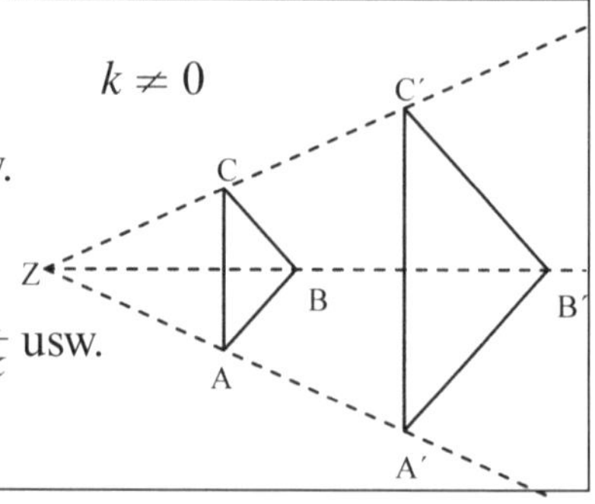

Formelsammlung (2)

Körper (*V:* Volumen *O:* Oberfläche *G:* Grundfläche *M:* Mantelfläche)

Würfel

$V = a^3$

$O = 6 \cdot a^2$

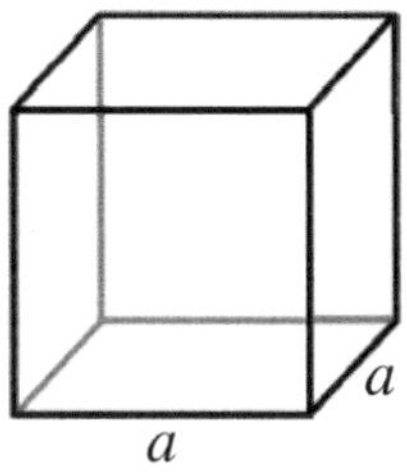

Quader

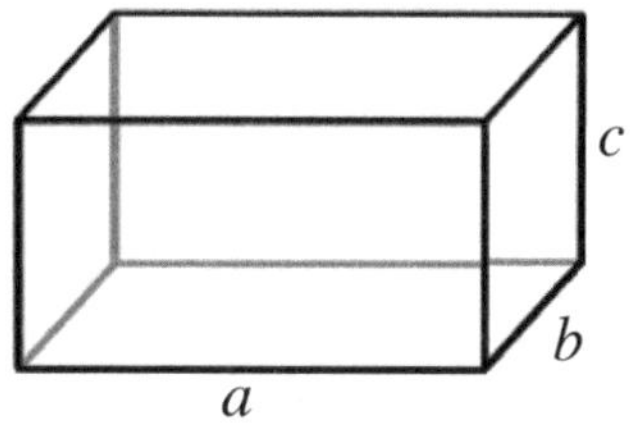

$V = a \cdot b \cdot c$

$O = 2 \cdot a \cdot b + 2 \cdot a \cdot c + 2 \cdot b \cdot c$

Prisma

$V = G \cdot h$

$O = 2 \cdot G + M$

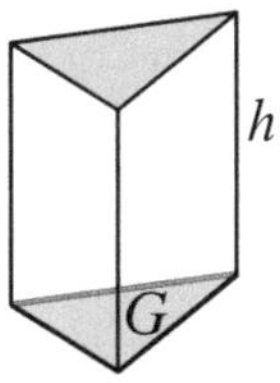

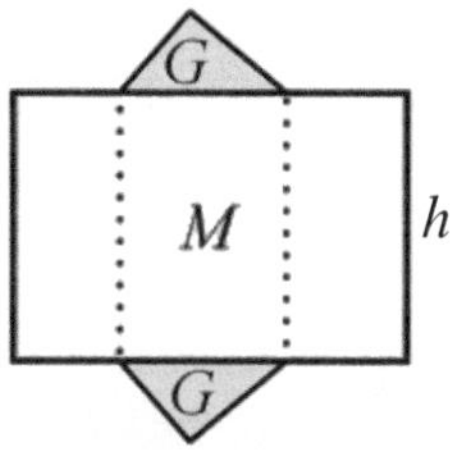

Zylinder

$V = \pi \cdot r^2 \cdot h$

$O = 2 \cdot \pi r^2 + 2 \pi \cdot r \cdot h$

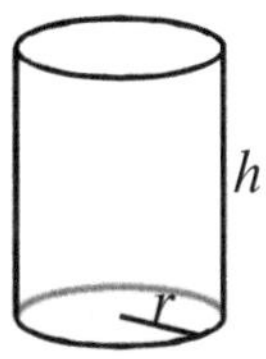

Quadratische Pyramide

$V = \frac{a^2 \cdot h}{3}$

$O = a^2 + 2 \cdot a \cdot h_s$

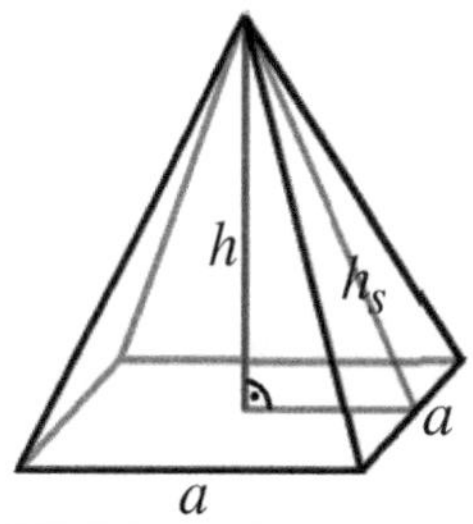

Kegel

$V = \frac{\pi \cdot r^2 \cdot h}{3}$

$O = \pi \cdot r^2 + \pi \cdot r \cdot s$

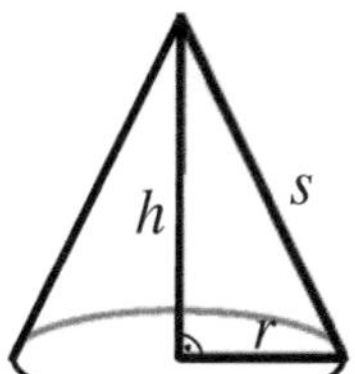

Kugel

$V = \frac{4 \cdot \pi \cdot r^3}{3}$

$O = 4 \cdot \pi \cdot r^2$

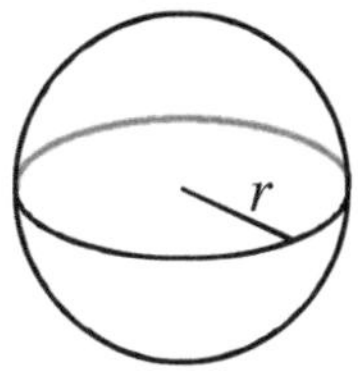

Maßeinheiten

Länge
1 km = 1000 m
1 m = 10 dm
1 dm = 10 cm
1 cm = 10 mm

Fläche
1 m^2 = 100 dm^2
1 dm^2 = 100 cm^2
1 cm^2 = 100 mm^2
1 a = 100 m^2 1 ha = 10000 m^2

Volumen
1 m^3 = 1000 dm^3
1 dm^3 = 1000 cm^3
1 cm^3 = 1000 mm^3

Liter (*l*)
1 *l* = 1 dm^3
1 m*l* = 1 cm^3

Masse
1 t = 1000 kg
1 kg = 1000 g
1 g = 1000 mg

Formelsammlung (3)

Prozentberechnung

G: Grundwert W: Prozentwert $p\,\%$: Prozentsatz	$W = \frac{G \cdot p}{100}$

Zinseszinsen (exponentielles Wachstum)

K_0: Kapital am Anfang K_n: Kapital nach n Jahren n: Zeit in Jahren $p\,\%$: Zinssatz	Zinsfaktor: $q = \frac{100 + p}{100}$	$K_n = K_0 \cdot q^n$

Binomische Formeln

$(a + b)^2 = a^2 + 2 \cdot a \cdot b + b^2$	$(a - b)^2 = a^2 - 2 \cdot a \cdot b + b^2$	$(a + b) \cdot (a - b) = a^2 - b^2$

Potenzgesetze

Für $m, n \in \mathbb{R}$ bei Basen aus $\mathbb{R}^+$ bzw. für $m, n \in \mathbb{Z}$ bei Basen aus $\mathbb{R} \setminus \{0\}$

$a^m \cdot a^n = a^{m+n}$ $a^m : a^n = a^{m-n}$	$a^n \cdot b^n = (a \cdot b)^n$ $a^n : b^n = (a : b)^n$	$(a^m)^n = a^{m \cdot n}$	$a^0 = 1$ $a^{-n} = \frac{1}{a^n}$

Wurzelgesetze (… für $a, b \geq 0$)

$\sqrt[n]{a} \cdot \sqrt[n]{b} = \sqrt[n]{a \cdot b}$	$\frac{\sqrt[n]{a}}{\sqrt[n]{b}} = \sqrt[n]{\frac{a}{b}}\ (b > 0)$	$\sqrt[n]{\sqrt[m]{a}} = \sqrt[m]{\sqrt[n]{a}} = \sqrt[m \cdot n]{a}$	$(\sqrt[n]{a})^m = \sqrt[n]{a^m}$

Lineare Funktionen: $y = m \cdot x + n$

m: Steigung der Geraden g durch die Punkte $P_1(x_1|y_1)$ und $P_2(x_2|y_2)$

$m = \frac{y_2 - y_1}{x_2 - x_1} \qquad (x_2 \neq x_1)$

n: y-Achsenabschnitt

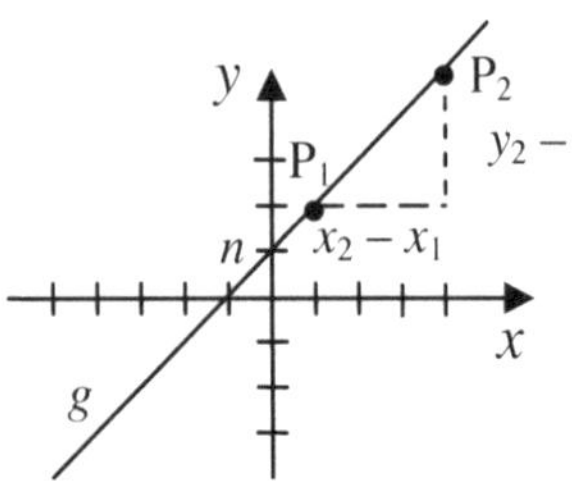

Quadratische Funktionen:

Allgemeine Form:
$y = a \cdot x^2 + b \cdot x + c\ (a \neq 0)$

Scheitelpunktform:
$y = d \cdot (x - e)^2 + f$
➔ S $(e|f)$

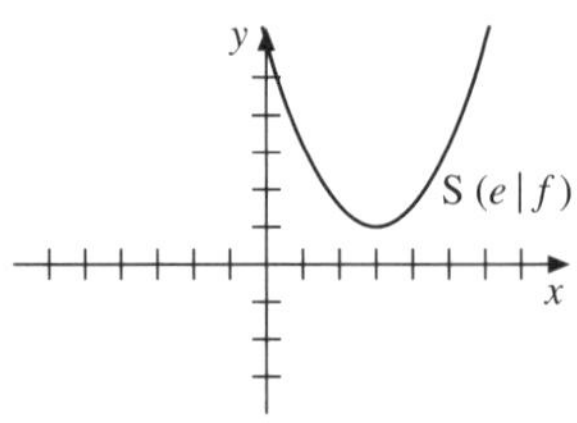

Quadratische Gleichungen:

Normalform:	Lösung:
$x^2 + p \cdot x \quad q = 0$	$x_{1/2} = -\frac{p}{2} \pm \sqrt{\left(\frac{p}{2}\right)^2 - q}$; wenn $\left(\frac{p}{2}\right)^2 - q \geq 0$, sonst keine Lösung

Formelsammlung (4)

Trigonometrie (im rechtwinkligen Dreieck)

Im rechtwinkligen Dreieck gilt:

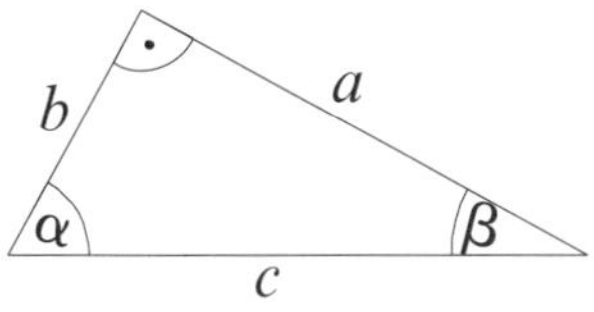

$$\sin\alpha = \frac{a}{c} = \frac{\text{Gegenkathete}}{\text{Hypotenuse}}$$

$$\cos\alpha = \frac{b}{c} = \frac{\text{Ankathete}}{\text{Hypotenuse}}$$

$$\tan\alpha = \frac{a}{b} = \frac{\text{Gegenkathete}}{\text{Ankathete}}$$

Beschreibende Statistik / Stochastik

Arithmetisches Mittel (Mittelwert $\overline{x}$) der Datenreihe $x_1, \ldots, x_n$

$$\overline{x} = \frac{x_1 + x_2 + \ldots + x_n}{n}$$

Median (Zentralwert)
In einer der Größe nach geordneten Datenreihe mit einer ungeraden Anzahl von Daten steht der Median in der Mitte. Bei einer geraden Anzahl von Daten ist der Median nicht eindeutig bestimmt (man nimmt dann z. B. das arithmetische Mittel der in der Mitte stehenden Werte oder einen dieser beiden Werte).

Laplace-Versuch
Zufallsversuch, bei dem alle Ergebnisse gleich wahrscheinlich sind (z. B. Münzwurf). Die Wahrscheinlichkeit P für das Eintreten eines Ereignisses E berechnet man wie folgt:

$$P(E) = \frac{\text{Anzahl der günstigen Ergebnisse}}{\text{Anzahl der möglichen Ergebnisse}}$$

Mehrstufige Zufallsversuche lassen sich in einem Baumdiagramm darstellen. Dabei kann ein Ergebnis als Pfad veranschaulicht werden. Die Wahrscheinlichkeiten lassen sich mithilfe von Produkt- und Summenregel berechnen.

1. Pfadregel (Produktregel)
Die Wahrscheinlichkeit eines Pfades ergibt sich aus dem Produkt der Wahrscheinlichkeiten entlang des Pfades.

$$P(E) = p_1 \cdot p_2$$

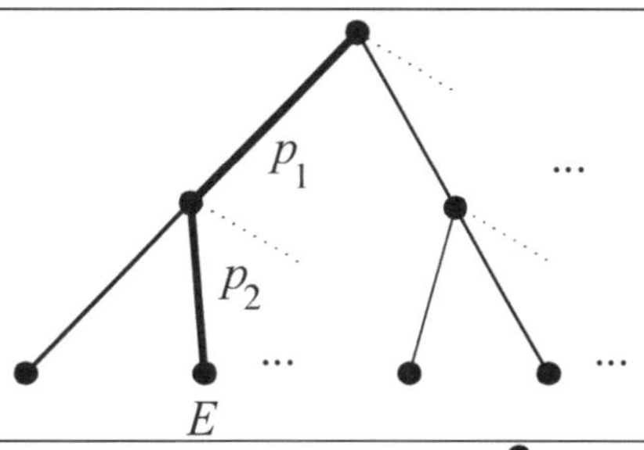

2. Pfadregel (Summenregel)
Die Wahrscheinlichkeit eines zusammengesetzten Ereignisses ist gleich der Summe der Einzelwahrscheinlichkeiten.

$$P(E) = P(E_1) + P(E_2)$$
$$= p_1 \cdot p_2 + q_1 \cdot q_2$$

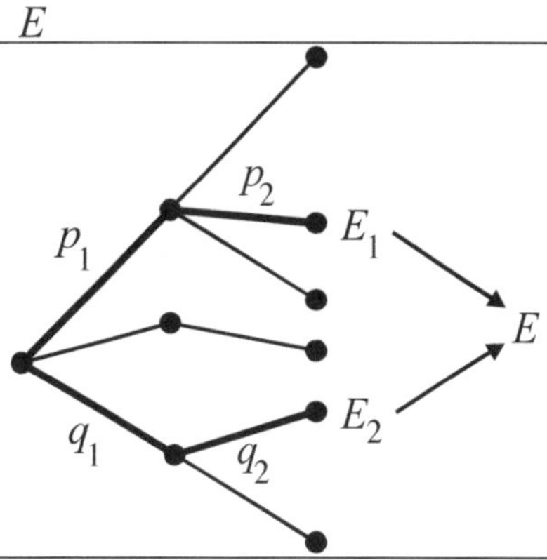

Stichwortverzeichnis